供港食品全程溯源与实时监控关键技术及其应用

主　编　陈枝楠
副主编　包先雨　詹爱军
编　委　陈　新　仲建忠　李　军　陈　勇
　　　　吴绍精　郭　云　季永佩　王　洋
　　　　常会友　叶允明　曹　庸　王郑平
　　　　胡勇军　陈雪香　韦婷婷　郑锦坤
　　　　李清泉　游沛源　薛莉萍　谭　松
　　　　杨子江　徐　伟　程天任　李　猛
　　　　闫毅宣

中国科学技术大学出版社

内容简介

本书采用现代生物技术和仪器分析技术等对供港乳制品、果蔬、红酒和冷冻食品供应链中的主要有害物质进行现场移动检测,搭建食品安全平台,阻断有害物质在食品供应链中的传播,实现供港食品溯源与实时监控和预警。本书的主要内容包括研究开发生物传感技术、生物芯片技术、集成应用胶体金试纸条等现场快速检测技术;研究预警系统信息收集与分析,采用预警信息收集与分析技术、预测技术,实现供港食品安全的早期预警以及预警信息的推送;研究对多来源(多种采集点)、有噪声的数据进行预处理的技术等。

本书可供对食品检测及相关专业感兴趣的人士阅读借鉴。

图书在版编目(CIP)数据

供港食品全程溯源与实时监控关键技术及其应用/陈枝楠主编.—合肥:中国科学技术大学出版社,2017.1
ISBN 978-7-312-04001-6

Ⅰ.供… Ⅱ.陈… Ⅲ.食品安全—安全监控—研究 Ⅳ.TS201.6

中国版本图书馆 CIP 数据核字(2016)第 232570 号

出版	中国科学技术大学出版社 安徽省合肥市金寨路96号,230026 http://press.ustc.edu.cn
印刷	合肥市宏基印刷有限公司
发行	中国科学技术大学出版社
经销	全国新华书店
开本	710 mm×1000 mm 1/16
印张	25.25
字数	509 千
版次	2017 年 1 月第 1 版
印次	2017 年 1 月第 1 次印刷
定价	50.00 元

前 言

"民以食为天,食以安为先。"食品安全始终是各国政府和广大消费者普遍关心的热点问题。因此,我国于 2009 年 6 月 1 日颁布实施了《中华人民共和国食品安全法》。2015 年颁布的新的食品法进一步强调源头管理和全过程溯源管理,强调风险分析和食品安全标准的实施,让民众放心消费、"透明"消费。食品溯源体系的建立和产业化应用是实现安全食品放心消费、提升食品加工业质量控制水平的重要科技支撑。近年来,政府与企业都采取了一系列措施,为加强食品安全与卫生做了大量工作,取得了阶段性的成效。但是,由于食品安全涉及领域广、环节多,是一项十分复杂的社会系统工程,存在的问题依然比较突出,有关食品安全的问题也一再引发广大消费者的忧虑和不安。人们认识到:对食品安全的担忧并非"杞人忧天",它是影响到社会和谐稳定的公共安全问题。

相比之下,近年中国内地的食品合格率只在 90% 左右,而内地供港食品安全率却达到了惊人的 99.999%。对供港食品的这种超高安全率,很多新闻媒体报道时,总是将原因归结为国家不计成本的财政补贴和前期投入,尤其是行政资源的大量投入。事实上,除了国内检验检疫部门一直对供港食品安全"紧绷着神经"外,还有一大批食品安全科技人员积极投身到供港食品安全保障技术领域,包括平台建设、供应链优化、快速检测、质量控制、追踪溯源及风险监测与控制等。

为了向国内外广大食品安全科技工作者和有兴趣的读者介绍供港食品安全保障技术和施行措施,笔者根据自己多年的科学研究和项目实践经验编写了本书。本书描述了有效的供港食品全程溯源与监控平台方案,并从信息管理子系统和安全预警子系统两个方面对平台功能实现进行了具体介绍;试制了电化学发光检测仪器,开展了禽流感、沙门氏菌和柠檬黄电化学发光检测,盐酸克伦特罗和三聚氰胺电化学发光检测,莱克多巴胺电化学发光检测,以及邻苯二甲酸酯和有机磷农药电化学发光检测的方法研究;试制了胶体金层析卡判读仪和荧光层析卡判读仪,以及盐酸克伦特罗、莱克多巴胺和沙丁胺醇胶体金检测卡;给出了多种食品安全有害物质仪器确证方法,如 GC-MS 法测定红酒中 16 种邻苯二甲酸酯类物质,液相色谱法测定乳制品中三聚氰胺等。结合上述研究成果,笔者对口岸检验检疫部门进行了深入调研,并利用检验检疫行业的应用特点,开发了供港食品全程溯源服务平台、安全农产品舆情监控信息平台、进口葡萄酒 COID 商品信息溯源系统、供港食品数据挖掘平台等应用系统,制定了一系列的相关技术标准,探索性地建立了多个典型的行业应用案例。

  本书既考虑到供港食品安全平台建设的总体方案和若干食品有害物质的检测方法,全面介绍当前备受关注的核心开发技术,又注意到具体应用中的细节问题,并从方案设计、平台开发、检测方法、软硬件集成等不同方面分析讲解了行业应用中的难题。

  本书在编写过程中参考了大量国内外的相关书籍、刊物和网站,在此向这些资料的笔者表示衷心的感谢!

  由于笔者水平有限,书中存在错误和不当之处在所难免,恳请广大读者和专家批评指正。

作 者

2016 年 5 月

目　　录

前言 …………………………………………………………………（ⅰ）

第1章　引言 ………………………………………………………（1）
　1.1　研究背景和意义 ……………………………………………（1）
　1.2　研究范围和目标 ……………………………………………（4）
　1.3　研究思路和总体方案 ………………………………………（5）
　　1.3.1　研究思路 ………………………………………………（5）
　　1.3.2　总体方案 ………………………………………………（6）
　1.4　内容安排 ……………………………………………………（8）

第2章　供港食品全程溯源与实时监控平台 …………………（9）
　2.1　平台介绍 ……………………………………………………（9）
　2.2　平台方案 ……………………………………………………（10）
　2.3　平台信息管理系统实现 ……………………………………（13）
　　2.3.1　栏目操作与管理 ………………………………………（14）
　　2.3.2　文档操作与管理 ………………………………………（18）
　　2.3.3　数据备份与还原 ………………………………………（22）
　　2.3.4　系统更新 ………………………………………………（24）
　2.4　供港食品安全预警系统实现 ………………………………（26）
　　2.4.1　系统登录 ………………………………………………（26）
　　2.4.2　基础资料维护 …………………………………………（27）
　　2.4.3　田间日常作业 …………………………………………（33）
　　2.4.4　采购管理 ………………………………………………（38）
　　2.4.5　销售管理 ………………………………………………（40）
　2.5　小结 …………………………………………………………（43）

第3章 电化学发光检测仪试制及相关检测方法 (44)

3.1 电化学发光检测仪试制 (46)
3.1.1 研究背景 (46)
3.1.2 研究内容 (48)
3.1.3 小结 (53)

3.2 禽流感、沙门氏菌和柠檬黄电化学发光检测方法 (54)
3.2.1 材料与方法 (54)
3.2.2 实验结果 (57)
3.2.3 讨论 (68)
3.2.4 小结 (68)

3.3 盐酸克伦特罗和三聚氰胺电化学发光检测方法 (69)
3.3.1 材料与方法 (69)
3.3.2 实验结果 (70)
3.3.3 讨论 (75)
3.3.4 小结 (75)

3.4 莱克多巴胺电化学发光检测方法 (76)
3.4.1 材料与方法 (76)
3.4.2 实验结果 (77)
3.4.3 讨论 (82)
3.4.4 小结 (82)

3.5 邻苯二甲酸酯和有机磷农药电化学发光检测方法 (82)
3.5.1 材料与方法 (82)
3.5.2 实验结果 (83)
3.5.3 讨论 (85)
3.5.4 小结 (85)

第4章 胶体金层析卡判读仪和瘦肉精胶体金检测卡研发 (86)

4.1 胶体金层析卡判读仪和荧光层析卡判读仪试制 (86)
4.1.1 研究背景 (86)
4.1.2 研究内容 (87)
4.1.3 小结 (88)

4.2 盐酸克伦特罗、莱克多巴胺和沙丁胺醇胶体金检测卡研制 (88)
4.2.1 研究背景 (88)
4.2.2 材料 (90)
4.2.3 方法及结果 (92)

4.2.4　讨论 ………………………………………………………… (111)
　　4.2.5　小结 ………………………………………………………… (113)

第5章　食品安全有害物质仪器确证方法 ……………………………… (114)
5.1　GC-MS法测定红酒中16种邻苯二甲酸酯类物质 ……………… (114)
　　5.1.1　背景 ………………………………………………………… (114)
　　5.1.2　材料与方法 ………………………………………………… (115)
　　5.1.3　结果 ………………………………………………………… (117)
　　5.1.4　讨论 ………………………………………………………… (122)
　　5.1.5　结论 ………………………………………………………… (123)
5.2　GC-MS法检测果蔬、红酒中有机磷农药残留 ………………… (124)
　　5.2.1　背景 ………………………………………………………… (124)
　　5.2.2　材料和方法 ………………………………………………… (124)
　　5.2.3　结果分析 …………………………………………………… (126)
　　5.2.4　结论 ………………………………………………………… (130)
5.3　高效液相色谱法测定乳制品中三聚氰胺 ……………………… (131)
　　5.3.1　背景 ………………………………………………………… (131)
　　5.3.2　材料与方法 ………………………………………………… (132)
　　5.3.3　结果分析 …………………………………………………… (134)
　　5.3.4　结论 ………………………………………………………… (135)
5.4　高效液相色谱法检测盐酸克伦特罗 …………………………… (136)
　　5.4.1　背景 ………………………………………………………… (136)
　　5.4.2　材料和方法 ………………………………………………… (137)
　　5.4.3　结果分析 …………………………………………………… (139)
　　5.4.4　结论 ………………………………………………………… (144)

第6章　供港食品全程溯源服务平台 …………………………………… (145)
6.1　平台介绍 …………………………………………………………… (145)
　　6.1.1　背景 ………………………………………………………… (145)
　　6.1.2　主要内容 …………………………………………………… (146)
　　6.1.3　整体流程 …………………………………………………… (146)
6.2　平台功能组成 ……………………………………………………… (148)
　　6.2.1　溯源信息管理 ……………………………………………… (148)
　　6.2.2　二维码管理 ………………………………………………… (150)
　　6.2.3　员工管理 …………………………………………………… (153)

6.2.4 二维码扫描 ……………………………………………………… (154)
 6.3 平台实现 …………………………………………………………… (154)
  6.3.1 基础架构 ……………………………………………………… (154)
  6.3.2 具体实现 ……………………………………………………… (158)
 6.4 运行效果分析 ……………………………………………………… (163)
 6.5 小结 ………………………………………………………………… (168)

第7章 安全农产品舆情监控信息平台 …………………………………… (170)
 7.1 平台介绍 …………………………………………………………… (170)
  7.1.1 实施目标 ……………………………………………………… (170)
  7.1.2 主要内容 ……………………………………………………… (170)
  7.1.3 整体架构 ……………………………………………………… (171)
 7.2 平台功能组成 ……………………………………………………… (172)
  7.2.1 信息抓取 ……………………………………………………… (172)
  7.2.2 最新舆情 ……………………………………………………… (173)
  7.2.3 舆情简报 ……………………………………………………… (174)
  7.2.4 热门话题 ……………………………………………………… (175)
  7.2.5 动态监测 ……………………………………………………… (176)
  7.2.6 舆情查看 ……………………………………………………… (177)
  7.2.7 监控设置 ……………………………………………………… (178)
  7.2.8 舆情预警 ……………………………………………………… (180)
  7.2.9 用户管理 ……………………………………………………… (181)
 7.3 平台实现 …………………………………………………………… (182)
  7.3.1 架构设计 ……………………………………………………… (182)
  7.3.2 核心技术 ……………………………………………………… (182)
 7.4 运行效果分析 ……………………………………………………… (193)
  7.4.1 舆情热点 ……………………………………………………… (194)
  7.4.2 目标网站分析 ………………………………………………… (196)
  7.4.3 目标企业监控情况 …………………………………………… (200)
  7.4.4 舆情新闻检索展示 …………………………………………… (200)
 7.5 小结 ………………………………………………………………… (206)

第8章 进口葡萄酒 COID 商品信息溯源系统 …………………………… (207)
 8.1 研究背景 …………………………………………………………… (207)
 8.2 系统简介 …………………………………………………………… (208)

8.2.1　系统技术要点 ･････････････････････････････････････ (208)
　　8.2.2　研究范围和主要内容 ･･･････････････････････････････ (213)
　　8.2.3　技术方案 ･･･ (214)
　　8.2.4　总体框架和技术路线 ･･･････････････････････････････ (214)
　　8.2.5　技术实现 ･･･ (215)
8.3　平台使用及功能介绍 ･･････････････････････････････････････ (216)
　　8.3.1　源产地管理 ･･･････････････････････････････････････ (216)
　　8.3.2　装箱管理 ･･･ (219)
　　8.3.3　出货管理 ･･･ (220)
　　8.3.4　用户管理 ･･･ (221)
　　8.3.5　制造商管理 ･･･････････････････････････････････････ (222)
　　8.3.6　备货管理 ･･･ (223)
　　8.3.7　出货管理 ･･･ (225)
　　8.3.8　系统维护 ･･･ (226)
8.4　系统平台外部登录 ･･ (229)
8.5　网站平台 COID 查询界面 ･････････････････････････････････ (230)
8.6　小结 ･･ (230)

第 9 章　供港食品数据采集与自动上传技术 ････････････････････ (232)
9.1　研究背景 ･･ (232)
9.2　厂家自检数据自动上传技术 ････････････････････････････････ (232)
9.3　实验室检测数据自动采集技术 ･･････････････････････････････ (233)
　　9.3.1　模块说明 ･･･････････････････････････････････････ (234)
　　9.3.2　数据采集 ･･･････････････････････････････････････ (236)
　　9.3.3　数据处理 ･･･････････････････････････････････････ (248)
9.4　小结 ･･ (258)

第 10 章　供港食品数据挖掘平台 ････････････････････････････････ (259)
10.1　平台介绍 ･･ (259)
　　10.1.1　背景 ･･･ (259)
　　10.1.2　主要内容 ･･･････････････････････････････････････ (260)
　　10.1.3　技术架构 ･･･････････････････････････････････････ (263)
10.2　平台选择的技术路线和关键技术 ･･････････････････････････ (264)
　　10.2.1　技术思路 ･･･････････････････････････････････････ (264)
　　10.2.2　研究路线图 ･････････････････････････････････････ (264)

  10.2.3　关键技术说明 ……………………………………………………（265）
  10.2.4　供港食品数据挖掘系统 …………………………………………（278）
 10.3　平台实现 …………………………………………………………………（279）
  10.3.1　系统总控模块 ……………………………………………………（279）
  10.3.2　插件管理模块 ……………………………………………………（280）
  10.3.3　工作流管理模块 …………………………………………………（283）
  10.3.4　项目管理模块 ……………………………………………………（285）
  10.3.5　统一数据存储服务模块 …………………………………………（285）
  10.3.6　日志与容错模块 …………………………………………………（289）
  10.3.7　建模系统模块 ……………………………………………………（290）
 10.4　运行效果分析 ……………………………………………………………（291）
 10.5　小结 ………………………………………………………………………（296）

附录 1　电子标签与条码应用转换规则 ………………………………………（297）

附录 2　供港食品全程 RFID 溯源信息规范　总则 …………………………（337）

附录 3　供港食品全程 RFID 溯源规程　第 1 部分:水果 …………………（346）

附录 4　供港食品全程 RFID 溯源规程　第 2 部分:蔬菜 …………………（354）

附录 5　供港食品全程 RFID 溯源规程　第 3 部分:冷冻食品 ……………（362）

附录 6　H5 亚型禽流感病毒压电免疫传感器检测方法 ……………………（370）

附录 7　H9 亚型禽流感病毒压电免疫传感器检测方法 ……………………（375）

附录 8　西尼罗河热病毒核酸液相芯片检测方法 ……………………………（380）

参考文献 …………………………………………………………………………（385）

第 1 章 引 言

1.1 研究背景和意义

供港食品是指经由内地种植、养殖、生产、加工、包装、运输、通关等程序检验合格的,通过合法途径运往香港特区,以保证其民众的基本生活需求的食品。供港食品的质量安全问题直接关系到香港同胞的身体健康,关系到香港的经济繁荣和社会稳定,中央重视、媒体关注、社会和民众关心。但近年来,供港食品安全形势严峻,发生了"毒菜事件""染色橙""瘦肉精""西瓜注红药水""孔雀石绿"等输港食品安全事故,严重影响了香港同胞的生活和社会的安定。

李克强总理在 2014 年政府工作报告中明确指出,要建立从生产加工到流通消费的全程监管机制、社会共治制度和可追溯体系,健全从中央到地方直至基层的食品药品安全监管体制;严守法规和标准,用最严格的监管、最严厉的处罚、最严肃的问责,坚决治理餐桌上的污染,切实保障"舌尖上的安全"。李克强总理连用三个"严"字,强调了食品安全问题的重要性,更表现出保障"舌尖上的安全"的决心。所谓最严格的监管,一要从源头上加强管理,建立严密的食品监管网络,对种植、养殖、生产、加工、包装、储运、销售各环节实行全过程监管,确保食品安全;二要加强标准体系建设,完善国家标准,主要指标符合国际标准;三要加强食品检验检疫,严格执行质量追溯和退市召回制度;四要定期发布产品质量和食品安全信息,有效保护人民群众的知情权和监督权;五要加强国际交流合作,积极做好信息沟通工作;六要加强质量法制建设和诚信体系建设,树立企业食品安全第一责任人意识和负责形象。

"十一五"以来,我国在输港食品安全领域展开了大量研究,在食品的同位素溯源、条形码溯源、RFID 溯源方面取得了突破进展,具体实施时主要采用两种方法进行追溯:一种方法是从上往下进行追踪,即从种植、养殖基地、原材料供应商、生产加工商、物流运输商至终端销售商,这种方法用于查找造成质量问题的原因,确定产品的原产地和特征;另一种方法是从下往上进行回溯,也就是消费者在购买时发现了安全问题,可以向上层层进行溯源,最终确定问题所在,这种方法主要用于问题产品的召回。在"十一五"期间,项目多是在事后对食品安全原因进行追溯的,而不能做到事前实时预警与应急处理。在"十二五"期间,我们充分考虑到"十一五"项目中存在的问题,并在此基础上进一步展开,将食品有害物质的快速移动检测技术、检测数据实时上传技术与政府部门信息数据库的集成应用技术相结合,研发了供港食品全程溯源与实时监控系统,为食品安全及大规模应用探索出一条有效的途径。

本书从食品快速移动检测技术与方法着手,以供港乳制品、冷冻食品、果蔬、进口酒类为对象,对食品中的有害物质进行全程溯源与实时监控,为监管机构提供食品安全应急信息,及时应对食品安全事件,为政府、企业和消费者提供一个高效监管与信息共享的服务平台。

1. 确保巨量供港食品的安全,不仅是单纯的经贸问题,也是直接关系到香港社会稳定的重要政治问题,具有重大战略意义

内地与香港两地之间经贸依存度极高。香港作为内地的巨大的农产品及食品贸易伙伴,不仅本身具有巨大的消费能力,而且也是一条极其重要的把内地的农产品及食品销往更广阔的国际市场的出口通道。鉴于香港食品大多来自内地,因此内地的食品安全不仅事关内地人员的健康安全,而且也直接关系到680万香港人的健康安全,是实现香港经济和社会可持续发展的基本保证之一。随着CEPA(关于建立更紧密经贸关系的安排)的全面实施,香港与内地,尤其与深圳、广东乃至泛珠江三角洲地区的经贸合作更加紧密,经深圳输入香港的食品占据了香港绝大部分的市场份额。据统计,香港回归十年内,从深圳口岸供港活禽4亿余只,活畜1900万头,水产品57万吨,冰鲜禽产品37万吨,供港蔬菜28.86万批123.85万吨,供港水果9.47万批151.48万吨,供港点心10.6万吨,供港牛奶约8.5万吨,其中大部分食品占香港市场的85%以上。上述商品都是香港市民日常生活的必需品,一旦出现质量问题,势必影响香港的繁荣与稳定。因此,确保供港食品的安全卫生质量,已不仅仅是一个单纯的经济问题,还是关乎香港社会稳定的重要政治问题。

2. 建立供港食品全程溯源与实时监控平台是降低供港食品安全事件发生风险、维护内地食品安全声誉的关键所在

近年来,因食品安全质量影响到香港社会及经济生活稳定的事件时有发生,个别事件的影响还余波未尽。2004年底,香港食物环境卫生署抽查发现部分超市出售的某地出产的脐橙含有香港地区禁用的染色剂,被媒体称为"染色橙事件",导致内地供港脐橙数量锐减,同时售价大幅下滑,几个月之后,内地橙基本在香港市场上消失。2005年,继四川发生猪链球菌疫情导致内地供港活猪及猪肉数量大幅下降后,香港食物环境卫生署又在市场抽查中发现内地供港的活鳗鱼及其制成品中含有有毒物质"孔雀石绿",短期内香港市民对内地水产品存在一定程度的恐慌心理,使内地活鱼对港出口大受影响,导致当年深圳口岸供港活鱼数量急剧下降61.8%。2010年7月某地供港的"毒菜事件",虽然纯属人为制造,但严重影响了香港市民的生活,使得香港市民对某地供港蔬菜安全产生怀疑,不敢放心购买和食用。

供港食品全程溯源与实时监控技术可在最短时间内追溯到食品有害物质和问题的源头,尽早采取控制和预警,阻断有害物质的继续传播,最大程度降低经济影响,维护内地供港食品安全的信誉。

3. 建立供港食品全程溯源与实时监控平台是对供港食品有害物质实行有效控制和预警的重要手段

近年来,国家不断加大对供港食品安全体系建设的力度,初步建立了以活禽、冷冻食品、果蔬等供港食品为主的深港一体化食品安全公共信息平台。但是,整个供港食品安全系统工程缺乏连接政府决策部门、各级检验检疫部门与原材料采购、生产、存储、运输、通关等环节之间的信息平台,使整个供港食品的有害物质现场检测、实验室检测等基本情况不能得到全面了解,有关食品有害物质的信息无法快速传递与共享,一旦发现食品质量问题,就无法及时预警和阻断。因此,迫切需要建立供港食品全程溯源与实时监控平台,以提高内地与香港双方处理紧急重大食品安全事件的应急反应能力和协调指挥能力。

4. 供港食品全程溯源与实时监控平台的建立和应用有利于增强香港政府和市民对内地供港食品安全的信心

针对香港市民对内地输入的食品及加工产品质量安全的信心严重不足,甚至丧失,内地供港食品及其加工产品贸易额近几年滑坡十分严重的现象,极有必要采取有力措施恢复香港消费者对来自内地的供港食品安全的信心,而建立供港食品全程溯源与实时监控平台及其示范无疑是增强香港消费者信心的重要手段,通过制定相关法律和制度,约束和限制违规生产的发生,并通过溯源技术和数据挖掘技术从源头上控制和杜绝有害物质等的引入和传播,尽快查清有问题的食品及其产品的迁移历史以及可能进入食物链的产品,通过可稽查的食品安全可追溯系统来确保食品的安全生产。

5. 供港食品全程溯源与实时监控平台的建立与应用是迅速加强供港食品及其产品安全管理的重要手段

国家对供港食品安全一直高度重视,专门制定了《供港澳蔬菜检验检疫监督管理办法》《供港澳活禽检验检疫管理办法》等,对供港食品实施注册场登记制度、强制免疫制度、出口前隔离检疫制度,采取了禽流感抗体和病原检测、监装、加施封识和离境前的查验等措施。但是这种依赖注册场、检疫和监管的方式还比较落后,要彻底改变过去供港食品安全检测与监测被动的局面,必须寻求新的解决办法。从供港食品及其加工产品的溯源性入手,建立食品及其加工产品标识溯源体系,用科学管理手段建立从生产、运输到供港的全过程标识溯源技术,实现对供港食品有害物质的快速准确追踪、建立预警及快速反应体系和双方互认的检测方法体系和标准,提出控制技术,防范突发事件的发生,将使食品及其加工产品供港管理水平迈上一个崭新的台阶。

1.2 研究范围和目标

本书的研究范围主要是搭建供港食品全程溯源与实时监控平台,对供港食品从原料的种植到收获、加工、存储、运输以及销售整个过程中的各个环节,针对对人体健康有害或有毒的物质应用快速移动检测设备进行实时检测,并将供港食品的供应链全过程信息,包括原料、产地、注册备案、报检以及境外检测等信息记录在平台中,为平台相关应用提供数据基础。利用研制或集成的食品有害物质快速移动检测设备,对食品中的有害物质进行实时检测,检测结果通过移动终端 MID 无线通信模块发送到信息服务平台,从而保证了检测结果的真实性和实时性,有效地避免了人为因素造成的结果偏差问题。在平台数据基础之上,与出入境检验检疫信息数据库、检测实验室信息数据库以及国外食品风险通报、预警等信息数据库进行互联互通,能够及时获得国内外最新风险信息,做到及早发现、及时预警、及早处理,杜绝有害物质在食品供应链中继续传播和危害,提高监测、监管的有效性,提高服务水平。

本书目标包括建立供港食品全程溯源与实时监控平台,经应用成功后,在条件成熟的情况下,在出入境检验检疫系统乃至全国范围内进行推广。

① 研究开发生物传感、生物芯片技术,集成应用胶体金试纸条等现场快速检测技术,实现食品有害物(沙门氏菌等微生物、有机磷等农药残留、莱克多巴胺等兽药残留、流感等人畜共患病、三聚氰胺与邻苯二甲酸酯等非法添加物等)的快速检测与流动检测。

② 利用移动式电化学发光检测仪、免疫学快速检测仪等快速移动检测设备进行检测,数据实时上传,并进行实验室确证,检测数据同步上传,与出口地检测标准,国内检测、安全标准以及交易方合同约定的检测标准进行实时对比,当出现异常情况时,实时报警。

③ 研究应用移动互联网技术对供港食品的原材料采购、加工、存储、运输、通关以及销售环节的关键数据采集,包括供港食品卫生证书中的供应商、收货人、装货港、卸货港、离境时间、出口许可证号、运输标识、货品描述、包装信息、总净容量等,进口红酒的品牌、葡萄摘采年份、葡萄品种、产区、酒精含量、净含量等,并与检验检疫系统信息系统进行交互。

④ 实现统一采集指标、统一编码规则、统一传输格式、统一接口规范、统一追溯规程,提炼出检验检疫行业统一的检测数据标准格式,并与国家标准相协调。

⑤ 研究平台中的数据特点,采用多维度关联规则挖掘、神经网络集成学习方法等数据挖掘技术,对已检出有害物质的来源、种类、分布与扩散等多维度数据进行分析和挖掘,并建立相应的风险预测模型,从而对同类产品或原材料、产地等潜在风险进行及时、动态的提示和预警,为风险管理决策提供科学依据,使相关监管机构和生产流通企业能及时阻断有害物质在食品供应链中的继续传播,实现食品安全有害物质的全程溯源与实时监控。

1.3 研究思路和总体方案

1.3.1 研究思路

本书采用现代生物技术和仪器分析技术等对供港乳制品、果蔬、进口红酒和冷冻食品供应链中的主要有害物质进行现场移动检测,搭建食品安全平台,阻断有害物质在食品供应链中的传播,实现供港食品溯源与实时监控和预警。研究内容包括如下方面:

① 研究预警系统信息的收集与分析,采用预警信息收集与分析技术、预测技术,实现供港食品安全的早期预警以及预警信息的推送。

② 研究对多来源(多种采集点)、有噪声的数据进行预处理的技术,包括各种检测数据的噪声过滤、平滑化、归一化等技术,在此基础上研究多维度时序关联规则挖掘方法,对已检出有害物质的种类、扩散方法、地域、产地分布与产品流通过程等多维信息进行关联分析,从而总结出有害物质的分布、关联因素、传播规律和模式。

1.3.2 总体方案

首先研制现场移动检测设备,应用无线传输技术和数据库技术,在食品供应链全过程中,将检测结果实时上传到平台上,与实验室检测数据,国内外标准、规范及风险信息进行对比。当出现风险时,应用数据挖掘技术,找出可能受到相关影响的产品原料或流程,实时发布警告信息,阻断危害物在食品供应链中传播。

经分析,适合各环节的关键数据采集方式如下:

1. 原材料采购环节

通过与企业自身 ERP 系统之间的交互,读取企业的原材料采购信息。

2. 生产加工环节

在生产加工过程中给产品(或对应流水线位)加贴 RFID 标签或条码,通过架设在流水线上的读写器向标签写入相关质量信息,同时通过视频监控系统对生产过程进行监管。

3. 存储环节

通过龙门架、读写器、视频监控等手段监控产品入库和出库两个环节。

4. 运输环节

通过无线通信等技术实时定位集装箱或车辆,对于冷冻食品,通过温度、湿度传感技术记录其运输环节中的温度、湿度信息。

5. 通关环节

通过安装在车辆或集装箱上的无线通信设备——车载卡,实现和口岸电子通道之间的实时通信,监控食品的通关流程。

6. 消费环节

通过架设在超市的 RFID 读写终端或条码扫描终端,使消费者能及时读取所购买产品的相关质量信息。

在图 1.1 和图 1.2 中,通过对供港物流链的深入研究,在原料采购、生产加工、存储、运输以及通关等环节选取数据采集关键点,建立起适合食品安全监管模式的物流链前端数据采集机制。物联网的前端数据采集是整个监管和溯源体系的基础,数据采集的准确性、多样性、及时性直接关系到溯源信息的真实性以及质量监管的执法依据。本研究将结合 RFID、无线通信、图像识别与处理、多媒体、传感器网络等技术,建立多样化的物流网前端数据采集模式,力求丰富数据来源与数据展现方式,为消费者和监管部门提供丰富的质量信息与执法依据。

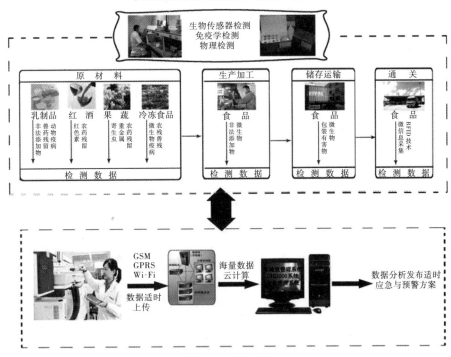

图 1.1　总体方案

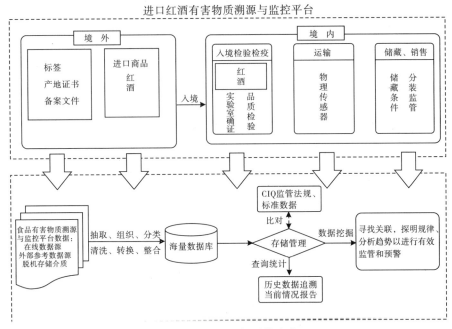

图 1.2　进口红酒总体方案

1.4 内容安排

本书可大致分为三部分内容,具体安排如下。

引言部分:描述研究背景和意义、前期研究基础、研究范围和目标、研究思路和总体方案等。

主体部分:逐一论述各项研究内容的研究方案、研究方法、研究过程、研究结果等信息,提供必要的图、表、实验及观察数据等信息,并对使用到的关键装置、仪表仪器、材料原料等进行描述和说明。

结论部分:阐述主要研究发现,包括研究成果的作用、影响、应用前景,以及研究中的问题、经验和建议等,并给出今后进一步研究的方向。

第 2 章 供港食品全程溯源与实时监控平台

2.1 平台介绍

平台主要利用生物传感、生物芯片和现代仪器分析技术等对供港乳制品、果蔬、冷冻食品和进口红酒等重要食品供应链中的主要有害物质(沙门氏菌等微生物、有机磷等农药残留、莱克多巴胺等兽药残留、流感等人畜共患病、三聚氰胺与邻苯二甲酸酯等非法添加物)进行现场移动检测,实验室检测与确证。利用先进的数据采集技术对供港食品的原材料采购、生产加工、存储、运输、检测、通关等环节中关键数据进行采集与存储,并研发基于 Windows 的移动终端 MID,实现检测数据自动实时上传;与出入境检验检疫现有信息系统进行数据集成与共享,实现上传数据的格式标准化、统一采集指标、统一编码规则、统一传输格式、统一接口规范、统一追溯规程,建立供港食品全程溯源与实时监控平台。针对平台中的数据特点,利用多维度关联规则挖掘、神经网络集成学习等技术,对已检出有害物质的来源、种类、分布与扩散等多维度数据进行分析和挖掘,建立相应的风险预测模型,从而对同类产品或原材料、产地等潜在风险进行及时、动态的提示和预警,及时阻断有害物质在食品供应链中继续传播,实现食品有害物质的实时监控预警。该成果的实施,将为监管机构供港食品风险控制和决策提供技术支持,同时可全面提升行政执法监管的有效性和实效性。

为了实现这个目标,笔者主要从"提升企业竞争力""保障食品安全""强化政府监管效率"三个方面来设计平台实现思路,如图 2.1 所示。通过风险评估与管理可以极大地提升企业品牌的知名度,提升消费者的消费信心,同时通过基于 RFID 和二维码等技术的智能物流和供应链管理全程自动化监控、运输和风险管理,在保障输港食品全流通过程安全的同时降低流通成本。

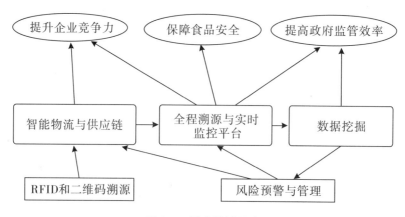

图 2.1　平台设计思路

2.2　平　台　方　案

平台在实施过程中,将采用需求分析、方案设计、系统集成以及实际应用相结合的实施方法,将各个技术问题有机地结合起来,并集成得到面向食品行业的供港食品全程溯源与实时监控平台(http://218.17.204.49/index.html)和查询平台(http://218.17.204.49/cx.html),如图 2.2 所示,形成了从种植基地、生产加工、物流运输至口岸通关的各个关键控制点。

(a) 供港食品全程溯源与实时监控软件界面

图 2.2　供港食品全程溯源与实时监控平台

第 2 章　供港食品全程溯源与实时监控平台　　11

食品溯源查询

| 商品条码查询… | 溯源一下 |

(b) 供港食品全程溯源查询软件界面

图 2.2(续)

　　同时,在统一开发平台需求分析的前提下,建设单位通过制定相关的数据信息规范标准,实现了"五个统一":统一采集指标、统一编码规则、统一传输格式、统一接口规范、统一追溯规程,且制定的出入境检验检疫 S/N 行业标准与国家标准相符合。

　　利用智能 RFID 周转箱进行物流运输,可通过便携式 RFID 阅读器进行收货确认、商品查询,也可通过在加工厂安装 RFID 阅读器,实现入库、出货监装等功能,同时支持在种植基地及生产加工环节进行视频实时监控。最终通过各个环节(种植、生产加工、物流运输、口岸通关)的信息整合,实现全程 RFID 追踪、溯源及相关研发成果的应用。同时,监控系统平台与检验检疫 CIQ2000 业务系统以及 LIMS 实验室管理系统进行无缝对接,实现了供港食品质量信息的完美共享,并运用网络爬虫技术从互联网上采集相关舆情信息,结合数据挖掘对检验检疫数据仓库中的数据分析,从而辅助相关职能部门进行供港食品风险评估和决策支持,如图 2.3 所示。

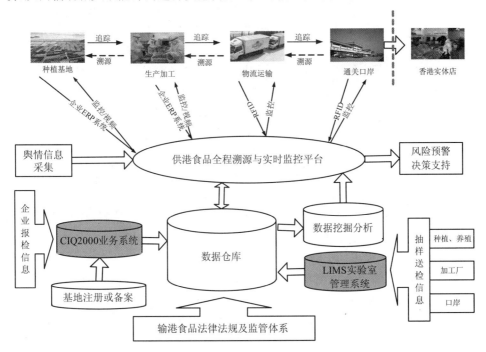

图 2.3　技术实施方案

本系统应用的供港食品主要包括果蔬、乳制品、冷冻品及进口红酒等。以果蔬为例,其具体实施思路如下:

在种植阶段,种植者把产品的名称、品种、产地、批次、施用农药、生产者信息及其他必要的内容通过企业 ERP 系统输入到供港食品全程溯源与实时监控平台系统中,利用计算机系统和数据库系统对初始产品的信息和生产过程进行记录;在产品收购时,利用计算机 ERP 管理系统对产品进行快速分拣,根据产品的不同情况给以不同的收购价格。本书成果示范基地覆盖云南省、浙江省、江西省、广东省梅县、海丰县、山东省莱西市等地,种植果蔬总面积约 2500 亩(1 亩=1/15 公顷)。

在生产加工阶段,利用企业 ERP 系统中的信息对产品进行分拣,符合加工条件的产品才允许进入下一个加工环节。对进入加工环节的产品,利用 RFID 标签进行相关信息记录,对不同的产品进行有针对性的处理,以保证产品质量;加工完成后,由加工者把采摘日期、加工者信息、加工方法、加工日期、产品等级、保质期、存储条件等内容按需添加到 RFID 标签和二维码中,并建立 RFID 标签与二维码内容的转换关系,实现一一映射。

本系统应用示范单位——华润五丰农产品(深圳)有限公司,拥有专业的果蔬加工配送队伍和管理规范的供港加工厂,加工厂建筑面积约 3000 平方米,并分为水果、蔬菜加工区,配送果蔬品种超过 150 种。

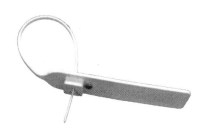

图 2.4 RFID 电子铅封

在物流运输阶段,尤其是从加工厂至口岸通关运输途中,利用 RFID 技术自主研制设计一种一次性 RFID 电子铅封(符合 NFC 标准),如图 2.4 所示,确保车辆运输途中(种植基地至加工厂,加工厂至口岸)产品未变动,且车辆中途通行时间受监管。通关时,利用 RFID 内的电子通关凭证和数据库内的存根进行比对通关。

在口岸通关阶段,如图 2.5 所示,口岸执法人员利用 RFID 手机(内嵌 NFC)或专用手持机读取 RFID 标签(符合 NFC 标准),了解通关产品的状况,对产品实行验放管理,同时对供港食品进行确认。具体流程是:装载内地供港食品的集装箱/货柜车应预先向口岸管理部门申请,获得已写入相关信息的 RFID 电子铅封,并在产地对集装箱/货柜车进行施封(由口岸管理部门外派的下厂监管人员实施);当集装箱/货柜车到达某出境口岸时,由口岸监管人员通过 RFID 手机或专用手持机进行查验,比对并确认集装箱/货柜车上 RFID 电子铅封的合规性,确认是已通过正规程序获批的供港食品时施行免验,实现快速通关。本系统中的查验软件程序支持防伪认证功能,可以很好地解决 RFID 系统的运行成本及应用范围等难题,而且电子铅封工作有效距离短、安全性高。

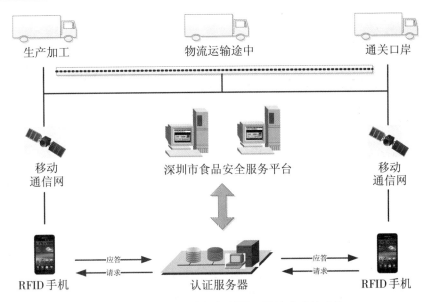

图 2.5 基于 RFID 电子铅封的口岸快速验放系统

在香港实体店销售时,消费者可以通过智能手机或其他移动设备对产品最终小包装上的二维码进行扫描,获取输港食品信息的来源及其他用户的关注信息,在确保食品质量安全的同时,可以大大提升企业品牌知名度。

2.3 平台信息管理系统实现

点击并登录网站后台或在浏览器中输入 http://localhost/dede/login.php,出现如图 2.6 所示的登录界面,如在外网服务器,可以写成对应域名或 IP 地址。

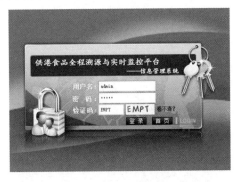

图 2.6 平台信息管理系统登录界面

输入设置好的用户名与密码,点击"登录",即可进入管理后台,如图 2.7 所示。

图 2.7　系统登录成功界面

2.3.1　栏目操作与管理

1. 增加栏目

点击"核心"—"常规操作"—"栏目管理/添加",即出现已有栏目列表,如图 2.8 所示。

图 2.8　栏目管理

点击图中加框选中的两处,都可以非常方便地增加栏目,点击"添加",如图 2.9 所示。

图 2.9 添加栏目

相关选项的说明如下：

【常规选项】 对添加栏目的基本属性进行设置，其中栏目名称与内容模型为必填项，更详细的说明详见图 2.10。

图 2.10 添加栏目——常规选项

【高级选项】 主要对栏目模式、HTML 页面命名及相关 SEO 配置进行说明，如图 2.11 所示，建议对程序不了解的用户不要进行此项操作。

【栏目内容】 栏目内容是替代原来栏目单独页的更灵活的一种方式，可在栏目模板直接调用。

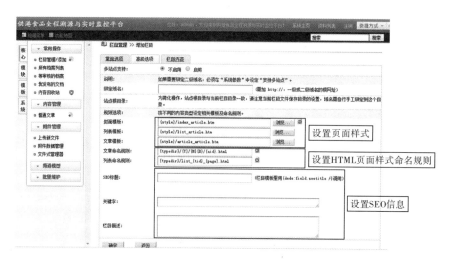

图 2.11　添加栏目——高级选项

按上述提示填写对应的内容,没有说明的部分默认即可,点击"确定",则栏目增加成功。除此之外,我们还可以增加二级栏目,操作类同。

2. 修改栏目

点击栏目名称后面的修改小图标或者"更改",如图 2.12 所示,即可打开栏目修改窗口,更改需要修改的内容,保存即可,具体说明详见"增加栏目"部分。

图 2.12　修改栏目

对于栏目的常规信息修改,点击图 2.12 中的 1 处的修改即可,如图 2.13 所示,修改完成后点击"保存"。如果不需要修改或者修改错误了,点击"取消"或右上角的"关闭"即可返回。

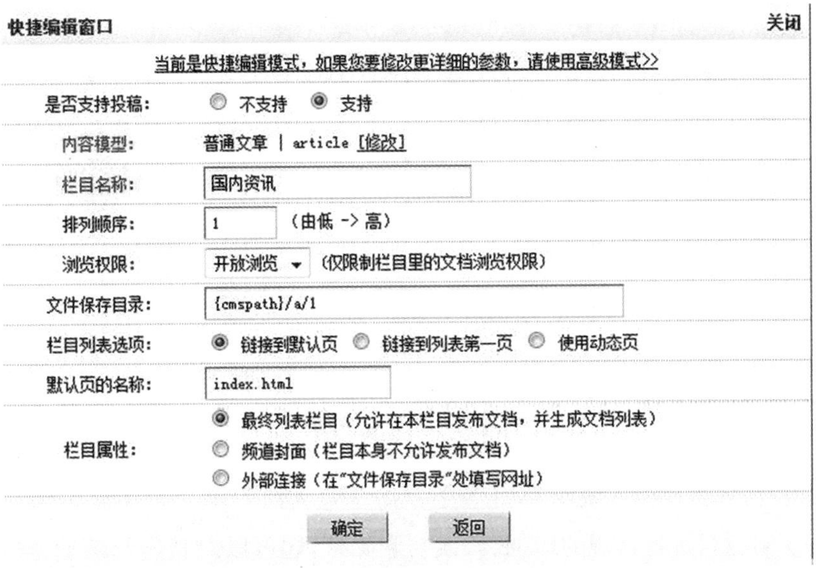

图 2.13 修改栏目——常规

如果需要更高级的修改，可以点击图 2.13 中的"修改"，即可打开栏目的高级修改页面，这个页面与直接点击图 2.12 中标记 2 处的修改效果是一样的，具体如图 2.14 所示。

图 2.14 修改栏目——高级

修改栏目的高级页面与添加的页面相似，操作也是类同的，具体详见"增加栏目"部分的内容。

3．删除栏目

点击栏目名称后面的"删除"，如图 2.15 所示，点击"确定"即可删除对应栏目，此操作不可逆,建议谨慎操作。

图 2.15　删除栏目

4. 栏目的其他相关说明

除了对栏目进行常规的增加、修改与删除外,还可以对其进行移动,操作非常简单,在需要移动的栏目后面点击"移动",在弹出的窗口选择需要移动到的位置,点击"确定"即可,如图 2.16 所示;还可以动态预览栏目内容;同时我们还可以通过点击栏目,或者点击对应栏目中的"内容"查看栏目的文档列表。

图 2.16　移动栏目

2.3.2　文档操作与管理

1. 增加文档

文档是保存在对应的栏目中的,这里以在"国内资讯"栏目下增加内容为例,点击栏目列表中的"国内资讯",出现的页面如图 2.17 所示。

第 2 章　供港食品全程溯源与实时监控平台

图 2.17　文档列表

点击加框选中的地方,即可弹出增加文档的窗口,不同之处是点击左边增加图标弹出的窗口,在"文章主栏目"处需要手动选择,而上面的"添加文档"按钮则默认为当前栏目,填写好对应内容后,点击"确定"即可,默认文档命名是按设置好的命名规则确定的,如果有需要可以自己手动输入文档名称,如图 2.17 所示,为了方便查看,下面用图 2.18 对其进行具体说明。

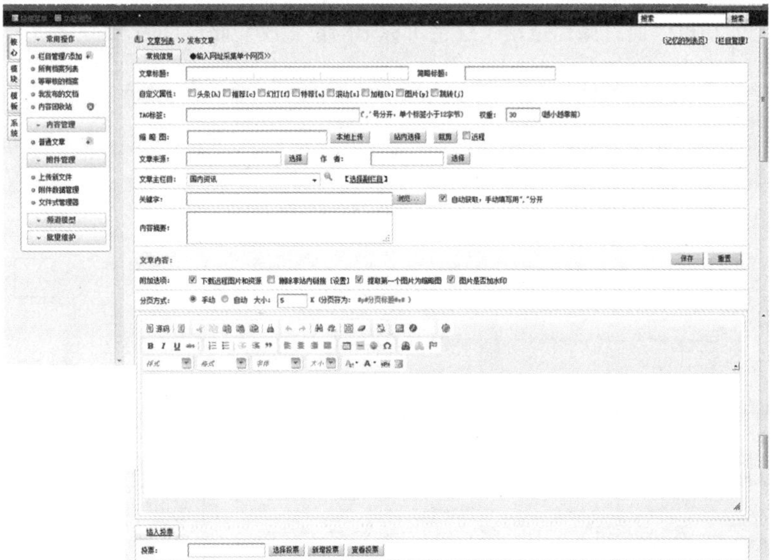

(a) 文档添加 1

图 2.18　文档添加

(b) 文档添加 2

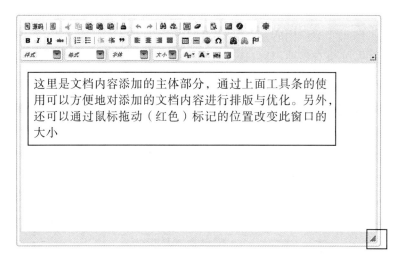

(c) 文档添加 3

(d) 文档添加 4

图 2.18(续)

说明 除文章标题与文章主栏目必填外,其他都可以不填写,如有需要,可以根据自己的要求填写。

2. 修改文档

在后台文档列表页,点击需要修改的文档或者点击其后台的操作对应的修改图标,即可弹出修改页面,此页面与增加页面相似,不同之处在于部分操作在高级选项卡中。

3. 删除文档

删除文档可以批量操作,在文档列表页选中需要删除的文档,然后点击下面的"删除"按钮,弹出删除确认框,点击"确定"即可。对于删除的文档并没有完全清除,而是放在回收站中,如果确定不需要,可以将其清除。

4. 图片水印设置

点击"系统",在"系统设置"菜单下点击"图片水印设置",出现如图 2.19 所示页面,按系统提示设置好水印,点击保存即可。默认状态是我们不开启自动加水印功能,因为有的时候并不能很好地控制水印的位置,不过这个功能的确很方便,实际使用中我们可以根据需要设置。

(a) 图片水印设置 1

图 2.19 图片水印设置

(b) 图片水印设置 2

图 2.19(续)

2.3.3 数据备份与还原

1. 数据备份

登录后台后,点击左侧的"系统",然后选择"数据备份/还原",点击底部的"提交"按钮,即可开始数据备份。等待数分钟后,系统提示备份成功,即完成数据备份,如图 2.20~图 2.22 所示。

2. 数据还原

登录后台后,点击左侧的"系统",然后选择"数据备份/还原",点击右上角的"数据还原"按钮,系统自动列出已经备份好的数据,当有多个数据库时,会分类列出,此时我们默认即可。点击底部的"开始与还原数据"按钮,即可开始数据还原,等待数分钟后,系统提示数据还原成功,即完成数据还原。

注 为保险起见,数据还原过程中保留数据文件,还原成功后点击"系统基本参数",然后点击正文的"确认",确认新的系统配置。

第2章 供港食品全程溯源与实时监控平台

图 2.20 数据备份——提交

图 2.21 数据备份——备份中

图 2.22 数据备份——完成

2.3.4 系统更新

为提高搜索引擎的友好度,本站采用的都是静态页面,故在增加、修改、移动或删除栏目或文档内容后,需要更新对应的版块,前台页面才能正常显示。

为了操作方便,我们可以采用"批量维护"—"一键更新系统"来快速地进行系统更新,如图 2.23 所示。

图 2.23 一键更新

这里有指定时间、指定 ID 的选择,如果不清楚,可以选择"更新所有"。

当内容非常多、数据库变大时,上面的更新方法的效率就会变得非常低。下面介绍几种常用的更新方法,如图 2.24～图 2.27 所示。

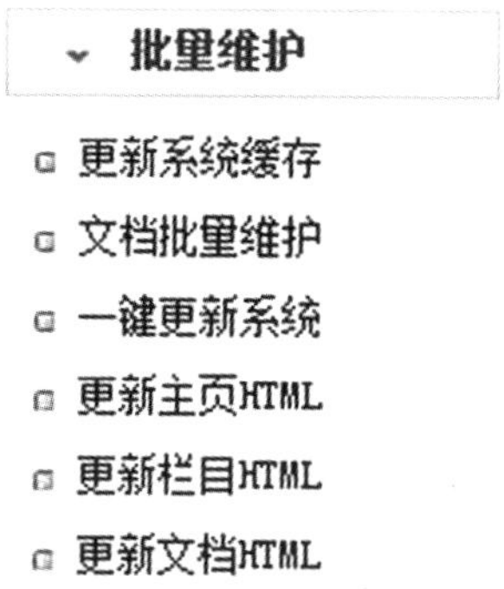

图 2.24 批量维护菜单

说明 更新系统缓存:清除缓存数据,提高运行效率(见图 2.25);
更新主页:快速更新主页(见图 2.26);

更新栏目:快速批量更新栏目或指定栏目(见图2.27);
更新文档:快速更新指定栏目文档并更新当前栏目及其子栏目。

图 2.25　更新系统缓存

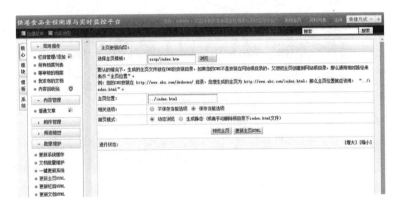

图 2.26　更新主页

图 2.27　更新栏目

2.4　供港食品安全预警系统实现

2.4.1　系统登录

打开软件后,输入正确的果蔬种植企业用户名和密码(见图 2.28),如用户名 gzds,密码 123456。输入正确后,可以进入供港食品安全预警系统果蔬种植业务管理系统。

图 2.28　输入用户名和密码

下面将以蔬菜为例开展分析,供港食品安全预警系统果蔬种植业务管理系统的主界面如图 2.29 所示。

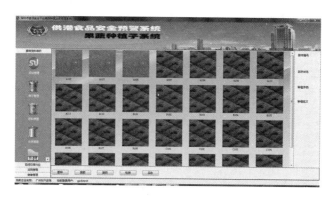

图 2.29　供港食品安全预警系统果蔬种植业务管理系统的主界面

2.4.2 基础资料维护

"基础资料维护"导航栏可以通过图 2.30 所示的界面进入。

图 2.30　进入"基础资料维护"导航栏

1. 田块管理

点击"基础资料维护"导航栏中的"田块管理",进入"田块管理"模块,如图 2.31 所示。

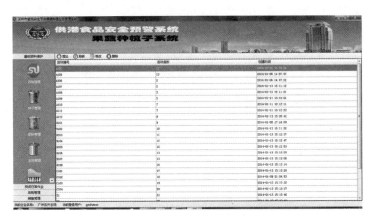

图 2.31　进入"田块管理"模块

（1）增加田块

"增加田块"的界面如图 2.32 所示。

（2）修改田块

在列表中选择一个田块后，可以对其进行修改，如图 2.33 所示。

图 2.32　"增加田块"界面

图 2.33　"修改田块"界面

（3）删除田块

在列表中选择一个田块后，可以对其进行删除。

2. 种子管理

点击"基础资料维护"导航栏中的"种子管理"，进入"种子管理"模块，如图 2.34 所示。

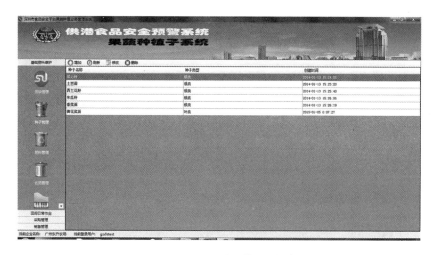

图 2.34　进入"种子管理"模块

（1）增加种子

"增加种子"的界面如图 2.35 所示。

(2) 修改种子

在列表中选择一个种子后,可以对其进行修改,如图 2.36 所示。

图 2.35 "增加种子"界面

图 2.36 "修改种子"界面

(3) 删除种子

在列表中选择一个种子后,可以对其进行删除。

3. 肥料管理

点击"基础资料维护"导航栏中的"肥料管理",进入"肥料管理"模块,如图 2.37 所示。

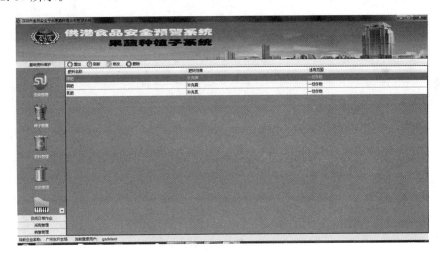

图 2.37 进入"肥料管理"模块

(1) 增加肥料

"增加肥料"的界面如图 2.38 所示。

(2) 修改肥料

在列表中选择一个肥料后,可以对其进行修改,如图 2.39 所示。

图 2.38 "增加肥料"界面　　　　　图 2.39 "修改肥料"界面

(3) 删除肥料

在列表中选择一个肥料后,可以对其进行删除。

4. 农药管理

点击"基础资料维护"导航栏中的"农药管理",进入"农药管理"模块,如图 2.40 所示。

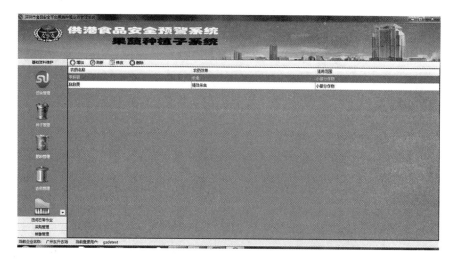

图 2.40 进入"农药管理"模块

(1) 增加农药

"增加农药"的界面如图 2.41 所示。

(2) 修改农药

在列表中选择一个农药后,可以对其进行修改,如图 2.42 所示。

(3) 删除农药

在列表中选择一个农药后,可以对其进行删除。

图 2.41 "增加农药"界面

图 2.42 "修改农药"界面

5. 农作物管理

点击"基础资料维护"导航栏中的"农作物管理",进入"农作物管理"模块,如图 2.43 所示。

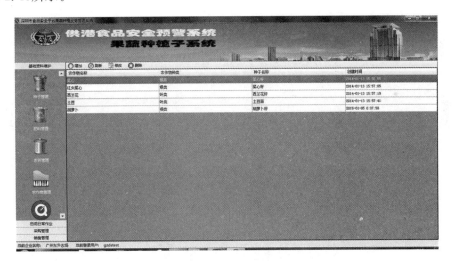

图 2.43 进入"农作物管理"模块

(1) 增加农作物

"增加农作物"的界面如图 2.44 所示。

(2) 修改农作物

在列表中选择一个农作物后,可以对其进行修改,如图 2.45 所示。

(3)删除农作物

在列表中选择一个农作物后,可以对其进行删除。

图 2.44 "增加农作物"界面　　　　图 2.45 "修改农作物"界面

6. 人员管理

点击"基础资料维护"导航栏中的"人员管理",进入"人员管理"模块,如图 2.46 所示。

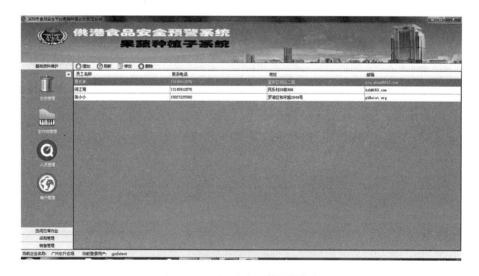

图 2.46 进入"人员管理"模块

(1)增加员工

"增加员工"的界面如图 2.47 所示。

(2)修改员工信息

在列表中选择一个人员后,可以对其进行修改,如图 2.48 所示。

(3) 删除人员

在列表中选择一个人员后,可以对其进行删除。

图 2.47 "增加员工"界面　　　　图 2.48 "修改员工信息"界面

2.4.3 田间日常作业

通过左侧"田间日常作业"导航栏可以进入"田间日常作业"管理界面,如图 2.49 所示。

图 2.49 进入"田间日常作业"管理界面

1. 田块作业

"田块作业"的界面如图 2.50 所示。

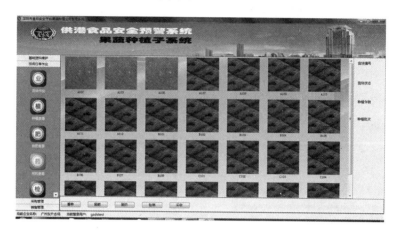

图 2.50 "田块作业"界面

2. 播种操作

"增加种植记录"的界面如图 2.51 所示。

图 2.51 "增加种植记录"界面

3. 施肥操作

"增加施肥记录"的界面如图 2.52 所示。

图 2.52 "增加施肥记录"界面

4. 施药操作

"增加施药记录"的界面如图 2.53 所示。

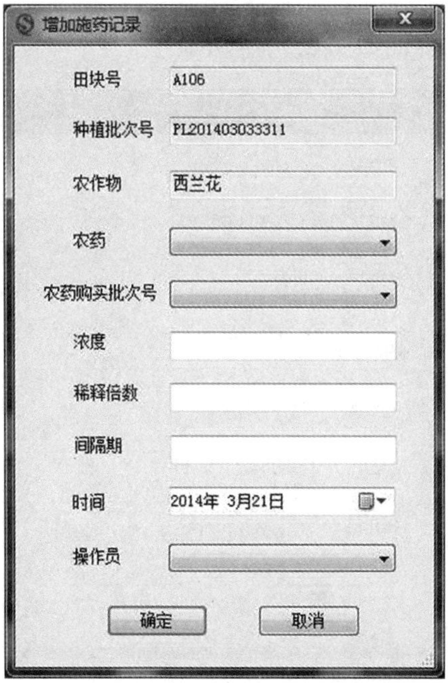

图 2.53 "增加施药记录"界面

5. 检测操作

"增加检验记录"的界面如图 2.54 所示。

图 2.54 "增加检验记录"界面

6. 采收操作

"增加采收记录"的界面如图 2.55 所示。

图 2.55 "增加采收记录"界面

7. 种植记录查看

种植记录查看如图 2.56 所示。

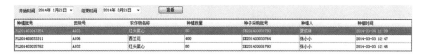

图 2.56　种植记录查看

8. 施肥记录查看

施肥记录查看如图 2.57 所示。

图 2.57　施肥记录查看

9. 用药记录查看

用药记录查看如图 2.58 所示。

图 2.58　用药记录查看

10. 检测记录查看

检测记录查看如图 2.59 所示。

图 2.59　检测记录查看

11. 采收记录查看

采收记录查看如图 2.60 所示。

图 2.60　采收记录查看

2.4.4 采购管理

通过左侧“采购管理”导航栏可以进入“采购管理”界面，如图 2.61 所示。

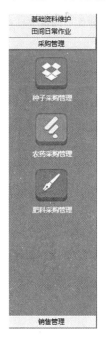

图 2.61 进入“采购管理”界面

1. 种子采购管理

(1) 种子采购记录查看

种子采购记录查看如图 2.62 所示。

增加 刷新 删除

购买批次号	种子名称	购买数量	购买时间	供应商	经手人
SE201403030288	胡萝卜籽	8000	2014-03-03 12:43:20	广州农业有限公司	何江海
SE201403039606	黄花菜苗	5000	2014-03-03 12:43:06	广州农业有限公司	何江海
SE201403036665	香菜苗	6000	2014-03-03 12:42:56	广州农业有限公司	何江海
SE201403032216	香菜苗	1500	2014-03-03 12:42:43	广州农业有限公司	张小小
SE201403031793	菜心籽	2000	2014-03-03 12:42:22	广州农业有限公司	何江海
SE201403033764	西兰花籽	1000	2014-03-03 12:42:14	广州农业有限公司	夏成林
SE201403031906	土豆苗	100	2014-03-03 12:42:07	广州农业有限公司	夏成林
SE201403031999	东瓜籽	8000	2014-02-03 12:42:31	广州农业有限公司	夏成林

图 2.62 种子采购记录查看

(2) 增加种子采购

“购买种子登记”界面如图 2.63 所示。

图 2.63 "购买种子登记"界面

2. 农药采购管理

(1) 农药采购记录查看

农药采购记录查看如图 2.64 所示。

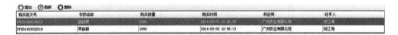

图 2.64 农药采购记录查看

(2) 增加农药采购

"购买农药登记"界面如图 2.65 所示。

图 2.65 "购买农药登记"界面

3. 肥料采购管理

(1) 肥料采购记录查看

肥料采购记录查看如图 2.66 所示。

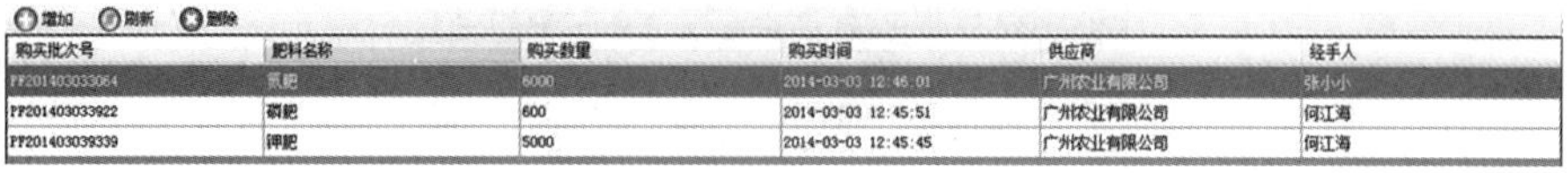

购买批次号	肥料名称	购买数量	购买时间	供应商	经手人
PF201403033064	氮肥	6000	2014-03-03 12:46:01	广州农业有限公司	张小小
PF201403033922	磷肥	600	2014-03-03 12:45:51	广州农业有限公司	何江海
PF201403039339	钾肥	5000	2014-03-03 12:45:45	广州农业有限公司	何江海

图 2.66　肥料采购记录查看

（2）增加肥料采购

“购买肥料登记”界面如图 2.67 所示。

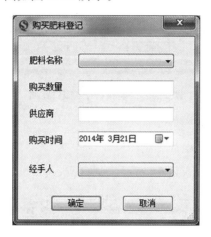

图 2.67　“购买肥料登记”界面

2.4.5　销售管理

通过左侧的“销售管理”导航栏可以进入“销售管理”界面，如图 2.68 所示。

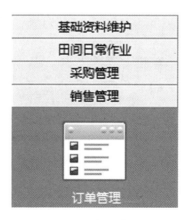

图 2.68　进入“销售管理”界面

1. 查看销售记录

查看销售记录如图 2.69 所示。

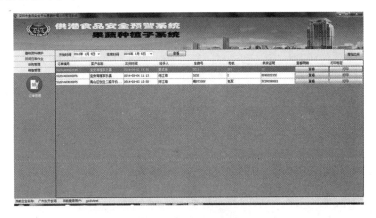

图 2.69 查看销售记录

2. 查看销售记录明细

"订单明细"界面如图 2.70 所示。

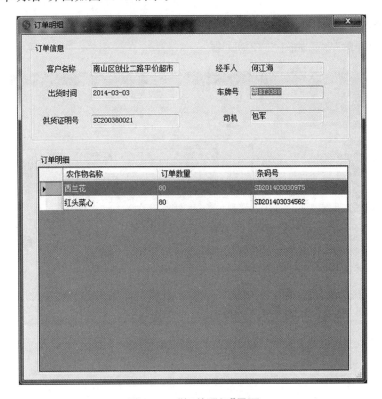

图 2.70 "订单明细"界面

3. 打印销售记录明细标签

"标签打印"界面如图 2.71 所示。

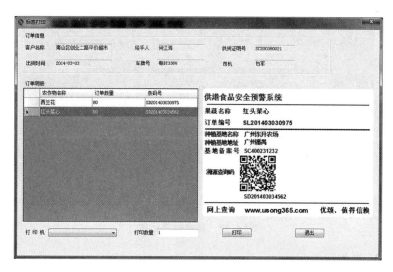

图 2.71 "标签打印"界面

4. 增加销售记录

"增加订单"界面如图 2.72 所示。

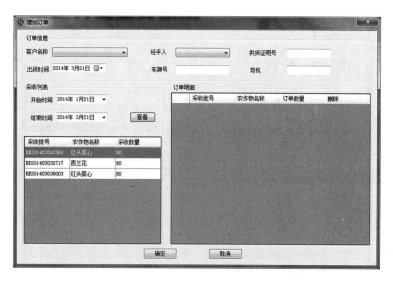

图 2.72 "增加订单"界面

2.5 小　　结

本章主要从整体平台系统的角度阐述了供港食品全程溯源与实时监控系统的平台方案,并从信息管理系统和安全预警系统两个方面对平台实现进行了具体介绍。该平台主要是针对供港食品有害物质实施全流程的溯源、风险分析与预警功能工作,包括有机磷、莱克多巴胺、三聚氰胺、邻苯二甲酸酯等有害物质。系统基于B/S架构实现,并提供第三方数据接口,与出入境检验检疫业务系统(CIQ2000)和实验室信息管理系统等多个系统进行数据交换,实现了数据格式统一和信息共享。

第3章 电化学发光检测仪试制及相关检测方法

"国以民为本,民以食为天,食以安为先"。食品安全是一个国家经济发展水平和人民生活质量的重要标志,也是社会文明的象征。但目前国内外的食品安全形势严峻,各类食品安全事故频发,严重影响了人民生活、社会安定。

近年,国内外食品安全事故频发。德国大肠杆菌疫情造成了35人死亡,3000余人感染,给欧洲农产品出口国带来了重大损失。"塑化剂""染色馒头""毒生姜""狐狸肉""黑心油"事件以及曾经对中国乳业造成灾难性影响的"三聚氰胺"事件,不断地冲击着人们的神经。而在"瘦肉精"事件中,"瘦肉精"健美猪从河南出厂到南京屠宰,经历了十八道检验,能够一路通行无阻,这是对当前社会上食品安全复杂性的一个侧面反映,也为打赢食品安全战役的艰巨性与持久性敲响了警钟。

经过调查发现,德国大肠杆菌疫情的原因在于豆苗中的微生物致病细菌,"塑化剂"事件的原因在于生产者非法添加有毒物品,"染色馒头"事件的原因在于生产者滥用食物添加剂,"毒生姜"事件的原因在于销售者使用非法添加物,"狐狸肉""黑心油"事件的原因在于生产者原料造假,"瘦肉精"事件的原因在于生产者使用非法添加物。这些事件反映出了当前食品安全事故的复杂性。

禽流感(AI)是由A型流感病毒引起的病毒性、烈性传染病,是目前危害世界及我国养禽业的最重要的疫病之一,世界动物卫生组织(OIE)将该病确定为A类动物疫病,我国也将其列为一类传染病。该病血清亚型众多,抗原变异性强,宿主广泛,无交叉保护性,因此使得禽流感防不胜防,暴发频繁,成为养禽业的一大毁灭性疾病。禽流感还与人类流感及人类健康的关系非常密切。禽流感不仅可作为人流感的最大基因库而威胁人类,而且可作为人类的病原而直接感染人类。1997年在我国香港地区首次发现能直接感染人类的H5N1禽流感亚型,截至2013年3月,全球共报告了人感染高致病性H5N1禽流感622例,其中死亡了371例。2013年3月我国又首次发现人感染H7N9禽流感病例,截至2015年1月16日我国累计报告人感染H7N9确诊病例已超过300例,死亡率达到40%以上。因此,建立特异性强、灵敏度和准确度高的检测禽流感的方法成为迫在眉睫的问题。目前,禽流感的检测方法主要包括病原学方法,如病毒的分离鉴定和电镜技术;免疫学方法,如琼脂扩散试验(AGP)、血凝试验(HA)和血凝抑制试验(HI)、血清中和试验(NT)、酶联免疫吸附试验(ELISA)、压电免疫传感技术等;分子生物学方法,如反转录聚合酶链反应(RT-PCR)、实时定量 RT-PCR(RRT-PCR)、基因芯片技术等。

沙门氏菌(Salmonella)属肠道菌科,是一群形态、培养、生化反应和抗原构造相类似的重要肠道菌。沙门氏菌属可分为肠道沙门氏菌和邦戈尔沙门氏菌两个菌种,已确认的血清型超过 2500 种,其中肠道沙门氏菌几乎包括了所有对人和温血动物致病的各种血清型。沙门氏菌广泛分布于自然界,是引起食物中毒的重要病原菌,在中国食物中毒中沙门氏菌引起的病例占第一位,常引起人类急性腹泻、呕吐、腹部疼痛、高烧和败血症等疾病。

瘦肉精是一类动物用药,包括莱克多巴胺(Ractopamine)、克伦特罗(Clenbuterol)及沙丁胺醇等。将瘦肉精添加于饲料中,可以增加动物的瘦肉量、减少饲料使用、使肉品提早上市、降低成本,但人们食用含"瘦肉精"的猪肉过量后会出现恶心、头晕、肌肉颤抖、心悸、血压上升等中毒症状,对身体健康产生极大危害。目前瘦肉精的主要检测方法有色谱法、免疫分析法和综合化学法等。色谱检测法有高效液相色谱法(HPLC)、气相色谱-质谱联用法(GC-MS)、高效液相色谱-质谱联用法(HPLC-MS)、毛细管电泳法(CE)等。

三聚氰胺(Melamine)为三嗪类含氮杂环有机化合物,因其含氮量高达 66% 且价廉易得,一度被添加至食品和饲料中,引发食品安全危机。我国卫生部等五部门 2008 年第 25 号公告规定婴幼儿配方乳粉中三聚氰胺的限量值为 1.0 mg/kg,液态奶(包括原料乳)、奶粉、其他配方乳粉中三聚氰胺的限量值为 2.5 mg/kg;国外对乳制品的三聚氰胺限量值更为严格,2012 年 7 月 4 日国际食品法典委员会规定液态婴儿配方奶中的三聚氰胺含量不得超过 0.15 mg/kg,这对三聚氰胺的检测提出了更高的要求。目前已报道的三聚氰胺检测方法很多,其中高效液相色谱法、气相色谱-质谱联用法、液相色谱-质谱/质谱法三种方法为我国原料乳与乳制品中三聚氰胺检测的国家标准,技术较为成熟,可实现三聚氰胺的定量准确检测。

塑化剂又称增塑剂,是一种增加材料的柔软性或使材料液化的添加剂,其本质是一类邻苯二甲酸酯类,主要用于塑料制品中,增加塑料的弹性。研究显示,塑化剂为激素类环境污染物,对人体和动物均有一定的危害,可致癌、致畸及免疫抑制。目前常用的塑化剂检测方法有气相色谱(GC)、高效液相色谱法、气相色谱-质谱联用法、高效液相色谱-质谱联用法。

有机磷农药一直是世界上应用最广泛的农药之一。1930~1985 年,有 147 种有机磷杀虫剂被开发成商品。近几十年来,有机磷农药的销售额一直居各类农药之首,我国使用有机磷杀虫剂的比例更是占所有农药的 70% 以上。农药残留不仅污染生态环境,危及生物生长,同时也对人类健康构成直接或潜在的危害。有机磷农药对人体的危害主要是通过抑制血液和组织中的乙酰胆碱酯酶的活性,导致神经递质乙酰胆碱大量蓄积，引起一系列神经症状，重者还会肌肉抽搐、昏迷、痉挛、呼吸困难，最后呼吸麻痹而死亡。人长期摄入有机磷农药可表现出肝功能下降、血糖升高、白细胞吞噬功能减退等一系列病理变化。有机磷农药还有致畸、致癌、致突变等作用。目前常用的检测方法有色谱法、高效液相色谱法、气相色谱法、波谱法、免疫法等。

柠檬黄是一种人工合成的偶氮染料。它被广泛应用于制作黄颜色的食品和饮料。研究表明，柠檬黄能对健康引起很多不良的影响，例如遗传毒性、细胞抑制毒性等。柠檬黄作为我国允许使用的食用合成色素，其最大用量规定为 0.1 g/kg。目前我国已发布的食品中合成着色剂的国家标准参考检验方法有 3 种，一是高效液相色谱法，二是薄层色谱法，三是极谱法。

这些病毒、致病菌、小分子等有毒有害物质的检测方法存在检测周期过长、成本高、较难实现自动化、检测条件要求高或易出现假阳性等不足，因此，建立一种更加简单、快速、灵敏、准确、低成本的方法具有特别重要的现实意义，本章研究的电化学发光检测仪和电化学发光检测方法就具有上述优点。

3.1　电化学发光检测仪试制

3.1.1　研究背景

电致化学发光(Electrochemiluminescence，ECL)，又称电化学发光，是指通过施加一定的电压，使化学发光试剂进行电化学反应，在电极表面产生某种新的电生物质，这些电生物质之间或电生物质与其他物质之间进一步反应并提供能量，使发光物质的基态电子跃迁至激发态，激发态物质返回基态时而产生发光现象；或者是利用电极所提供的能量直接使发光物质发生氧化还原反应，产生某种不稳定的中间态物质，这种物质迅速分解导致光辐射。

ECL 检测方法就是根据反应物浓度与 ECL 强度之间存在一定的线性关系，通过测量产生的 ECL 的强度，对物质进行定量测定的一种痕量分析方法。

ECL 检测技术是化学发光和电分析化学相结合的一种分析技术。它兼备了两种方法共同的优点。

1. 可控性与选择性良好

ECL 反应是在电化学激发信号诱导下，在电极表面进行的，其反应的速度、时间、方式等严格受到电化学激发信号的控制。

2. 灵敏度高,检出限低

在 ECL 反应中,可以通过改变电化学激发信号和其他电化学参数来提高其灵敏度。另外,ECL 自身的反应就可以提供形成激发态物质所需的能量,不需要外加光源,从而避免了外来光的干扰,减少了噪声,使信噪比得到了提高,从而降低了检出限。

3. 分析速度快

ECL 反应的速度受发光反应控制,而由于激发态发光物质的寿命很短,致使发光反应成为一个瞬间过程,因而整个 ECL 分析的速度较快。

4. 仪器简单

ECL 不需要激发光源,无须额外的装置来消除激发光源所产生的散射光,因此 ECL 背景信号低,在简单的仪器设备上可实现灵敏的检测。

5. 应用范围广

ECL 反应是在电极表面进行的,克服了一般化学发光反应中存在的一些问题。ECL 法可以对某些由于试剂不稳定而无法进行化学发光分析的物质进行分析,从而极大地扩展了 ECL 分析的应用范围。因此,近年来,ECL 技术日益受到研究人员的广泛关注。

6. 试剂可循环使用

某些发光试剂(如三联吡啶钌,$Ru(bpy)_3^{2+}$)在电极表面发生的氧化还原反应是可逆的,可以循环利用。也可通过一定的方法将这类发光试剂固定在工作电极表面,以减少昂贵试剂的消耗,从而有效地降低了实验成本。

发光试剂是研究电致化学发光反应的基础。1927 年,Dufford 等发现格林试剂(Grignard)在溶剂醚中电解时可以产生发光;1929 年,Harvey 等在碱性介质中电解鲁米诺时发现了鲁米诺在阴极和阳极附近的发光现象,从此便揭开了电致化学发光研究的序幕。20 世纪 60 年代中期,Kuwana 等率先对鲁米诺在铂电极上的电化学发光动力学和发光机理进行了研究。之后某些稠环芳烃电解产生发光的现象,激起了人们对稠环芳烃电致化学发光研究的热潮。芘类化合物、红荧烯、呋喃、吲哚类以及蒽和它的衍生物等的电致化学发光现象相继被发现,同时人们对其发光机理也进行了研究。1972 年,Bard 等首次发现了 $Ru(bpy)_3^{2+}$ 这一电致化学发光新体系,他们将 $Ru(bpy)_3^{2+}$ 电化学还原或氧化,分别产生 $Ru(bpy)_3^{+}$ 或 $Ru(bpy)_3^{3+}$,二者再反应产生激发态的 $Ru(bpy)_3^{2+*}$,激发态的 $Ru(bpy)_3^{2+*}$ 回到基态,同时发光。之后 $Ru(bpy)_3^{2+}$ 成为研究最多的无机发光材料,可用于胺类化合物、草酸、NADH、氨基酸、丙酮酸等的测定。

现有的电化学发光试剂及在此基础上建立的电化学发光体系主要包括以鲁米诺为代表的酰肼类化合物的电致化学发光体系;以光泽精为代表的吖啶类化合物的电致化学发光体系;以 9,10-二苯基蒽(DPA)为代表的多环芳香烃类化合物的电致化学发光体系;过氧化草酸酯(PO)的电致化学发光体系;$Ru(bpy)_3^{2+}$ 的电致化学发光体系。

3.1.2 研究内容

项目研发的电化学发光检测仪由电化学分析仪、多功能化学发光检测仪以及多功能化学发光检测器等三个部分组成,可实现药物、氨基酸、多肽、蛋白质及核酸检测分析。仪器内部集成了与系统计算机通信的标准 RS232 串行接口,可有效地完成系统计算机与多通道数据采集分析仪及相应控制部件的数据传输。

3.1.2.1 仪器构成

1. 仪器进样机构

仪器采用印刷电极作为检测电极,具有设计灵活、重复性好、适用于各种材质、成本低廉等优点。仪器进样机构要严密遮光,方便放取印刷电极,如图 3.1 所示。

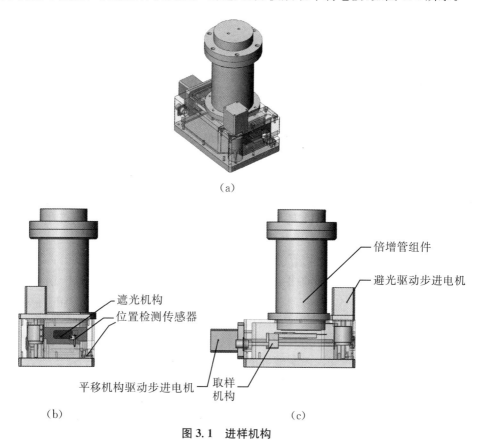

图 3.1 进样机构

仪器电路构成如图 3.2 所示。

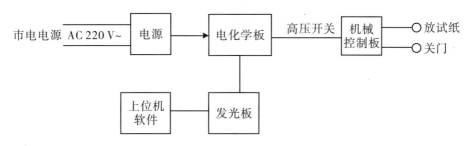

图 3.2　仪器电路构成示意图

2. 电源部分

市电经过开关电源后变为 3 路,即 24 V 电机驱动、±15 V、+5 V。

3. 电化学板

通过三电极系统放入溶液,加入不同的电位和扫描方式,进行氧化和还原的反应,不同物质有不同的波形数据,取出数据进行分析对比。

4. 发光板

通过电化学作用的物质会发光,发光会反映物质的特性;通过高位数采样电路检测发光强度,完成光到电信号的转变。

5. 机械运动控制

完成放片和关门动作,做到避光和操作自动,由 2 台步进电机通过按键控制操作。

6. 上位机软件

完成电化学和发光信号联动采集和显示。

3.1.2.2　配套软件简介

1. 软件安装界面

系统分析软件工作于 WIN 9X/NT/2000/XP 操作平台。软件安装界面如图 3.3 所示。

2. 软件主页面窗口

软件主页面窗口如图 3.4 所示。

图 3.3　软件安装界面

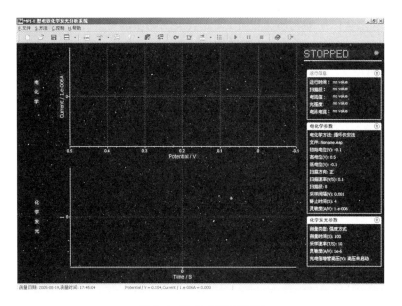

图 3.4　软件主页面窗口

整个界面的最上方是菜单条,与绝大多数标准的 Windows 应用程序一样,一切的操作都可以在这里进行控制。菜单条的下方是快捷工具栏,一些常用的操作,如参数设定,仪器的启动、停止等,都可以直接通过点击快捷按钮进行操作。

中间主体部分分为电化学图谱和化学发光图谱两个部分,可以同时显示电化学和化学发光的实时图谱。窗口的右侧有一系列的组合框,可以随着设定的化学方法不同,显示不同的检测参数,以方便操作人员随时了解相关信息。

在窗口的最底部是状态条,可以实时显示检测的相关信息,并且可以提供鼠标所在图谱位置的精确坐标,还可以提供峰值信息、峰面积以及出峰位置等信息。利用 USB 接口,实现数据信息实时上传功能。

3. 菜单项目

(1) 文件菜单

文件菜单如图 3.5 所示。

- 新建——建立一个新的检测工程。
- 打开——从文件打开已经存在的工程,包括运行参数以及采样数据。
- 保存——将当前的检测工程和采样数据保存到文件。
- 选择串口——选择与仪器相连的计算机的串口(默认为 COM1)。
- 退出——退出检测系统。

(2) 方法菜单

方法菜单如图 3.6 所示。

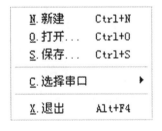

图 3.5　文件菜单　　　　　图 3.6　方法菜单

- 电化学方法——弹出电化学方法选择对话框,可以进行电化学方法的选择。
- 电化学参数设定——根据选择的电化学方法的不同,弹出相应的选项对话框,进行参数设定。
- 化学发光参数——对化学发光进行参数设定。
- 光电倍增管高压——为光电倍增管设定高压。
- 毛细管高压——设定毛细管电泳分析的各种参数(进样高压、进样时间、分离高压、运行时间)。

(3) 控制菜单

控制菜单如图 3.7 所示。

- 开始——开始检测。
- 暂停——暂停检测。

- 停止——停止检测。
- 电化学图谱量程——设定电化学的量程。
- 化学发光图谱量程——设定化学发光的量程。
- 滤波器参数——设定滤波器参数的三个参数值。
- 颜色设定——设定叠加的背景谱图的颜色。
- 电极电流极性设置——默认氧化为正。

（4）数据处理菜单

数据处理菜单如图3.8所示。

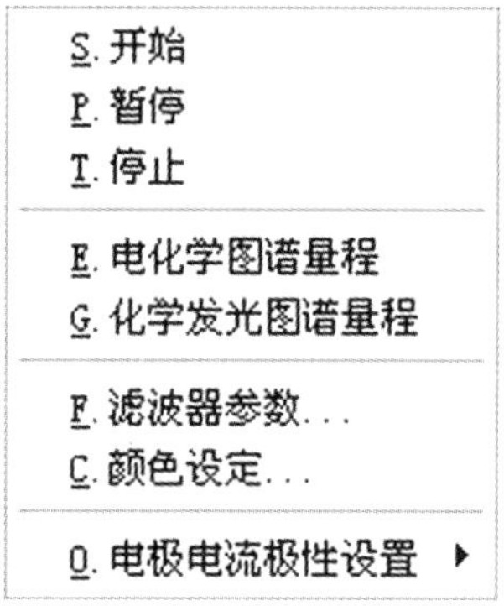

图3.7　控制菜单 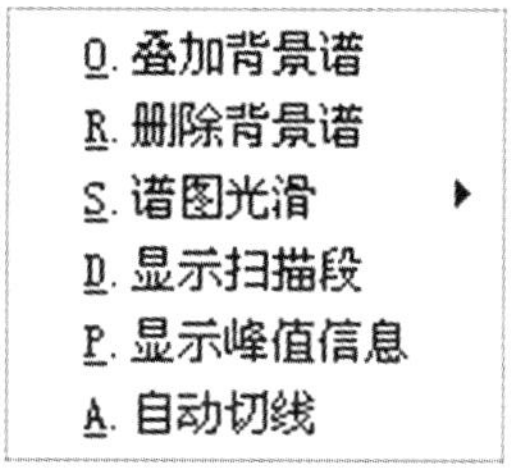　　　图3.8　数据处理菜单

- 叠加背景谱——叠加所选的谱图。
- 删除背景谱——删除所选的谱图。
- 谱图光滑——光滑谱图曲线（可单独光滑一个谱图，也可以全部光滑）。
- 显示扫描段——显示选定的扫描段（指循环伏安法中的任意一圈）。
- 显示峰值信息——显示循环伏安氧化、还原电位以及各自绝对电流值。
- 自动切线——在谱图显示寻找绝对电流值的切线。

（5）快捷工具栏项目

快捷工具栏项目如表3.1所示。

表3.1　快捷工具栏项目

按钮	功　能	按钮	功　能
	建立新文件		打开已有文件
	保存		谱图显示选择
	电化学方法选择		电化学方法参数设定

续表

按钮	功能	按钮	功能
	化学发光参数设定		设置 PMT 高压
	运行		暂停
	停止运行		消除第一次曲线
	化学发光谱图中横坐标的转换		图谱设置(自动量程)
	滤波器参数设定		显示扫描段
	显示电化学谱图中峰值的电化学信息		在显示的谱图中寻找绝对电流值的切线
	帮助		退出程序

3.1.2.3 该仪器具备的技术指标

① 测量动态范围:大于 5 个数量级,测量精度:优于 0.05%。
② 放大器增益:$1\times,5\times,10\times,50\times$。
③ 滤波器频率:10 Hz,20 Hz,50 Hz,100 Hz。
④ 放大器输出漂移:优于 0.05%。
⑤ 信号噪声:$\leqslant$0.5 mV(P-P 值,$1\times$)。
⑥ 输入阻抗:$\geqslant$10 MΩ。
⑦ 积分放大器积分时间:0.001~10 s。
⑧ 系统自动调零。
⑨ 增益自动控制。
⑩ 采样速率:1~200 次/s。

3.1.3 小结

项目研发的电化学发光检测仪简单、快速、灵敏、经济、重现性好,适用于食品中有害物质的快速检测。仪器内部集成了与系统计算机通信的标准 RS232 串行接口,可有效地完成系统计算机与多通道数据采集分析仪及相应控制部件的数据传输,为提高仪器的易操作性及数据的批量处理提供了便利。

3.2 禽流感、沙门氏菌和柠檬黄电化学发光检测方法

3.2.1 材料与方法

3.2.1.1 实验试剂

① H9 禽流感亚型病毒、沙门氏菌、柠檬黄。

② H9 单克隆抗体、H9 多克隆抗体、沙门氏菌属特异性单克隆抗体、沙门氏菌属特异性多克隆抗体、柠檬黄单克隆抗体、柠檬黄多克隆抗体、牛血清白蛋白(BSA)偶联柠檬黄。

③ 棉拭子样品。取 3 只健康鸡的喉棉拭子样品和 7 只患 H9 禽流感的鸡的喉棉拭子样品,溶于 1 mL、pH 7.4、0.01 mol/L PBS 中。健康鸡和患病鸡均经 ELISA 法检测确认。

④ $Ru(bpy)_3Cl_2 \cdot 6H_2O$、G-25 葡聚糖凝胶、硅胶、Triton X-100、$Ru(bpy)_3^{2+}$-NHS-ester、Sulfo-NHS-LC-Biotin、Dynabeads® M-280 Streptavidin、EDAC、1-甲基咪唑、DMSO、Tween-20、$Na_2HPO_4 \cdot 12H_2O$、$NaH_2PO_4 \cdot 2H_2O$、NaCl、KCl、KH_2PO_4。

⑤ BCA TM Protein Assay Kit。

3.2.1.2 实验溶液

① PBS:称取 NaCl 8 g,KCl 0.2 g,$Na_2HPO_4 \cdot 12H_2O$ 1.44 g,KH_2PO_4 0.24 g,溶于 900 mL 水中,调 pH 7.4 后定容至 1 L,常温保存。

② PBST:将 500 μL Tween-20 加入到 1 L PBS 中,混匀即可。

③ 0.25%、2%BSA:取 0.25 g 或 2 g BSA 溶于 100 mL PBS 中分别制得,4 ℃保存。

④ 0.1 mol/L 1-甲基咪唑:取 0.41 g 甲基咪唑溶于超纯水中,用 1 mol/L 盐酸调 pH 至 7.0,定容至 50 mL,常温保存。

3.2.1.3 实验设备

喷射式流动注射电化学发光分析系统、微量振荡器、电热恒温水槽、超纯水系统、生化培养箱、电子天平、离心机、蛋白层析系统、pH 计、透析袋、15 mL 超滤离心管(离心容量 4 mL、截留分子量 10 kD)、八孔磁分离架、96 孔酶标板、酶标仪。

3.2.1.4 实验方法

1. BCA 法测定蛋白浓度

① 将 2 mg/mL BSA 标准品用生理盐水依次稀释为 0、0.025 μg/μL、0.125 μg/μL、0.25 μg/μL、0.5 μg/μL、0.75 μg/μL、1 μg/μL、1.5 μg/μL 和 2 μg/μL。

② 按样品个数计算好 BCA 检测试剂的用量后,将 BCA 试剂盒 A 液、B 液按 50∶1 配成工作液。

③ 取 25 μL 的标准品或样品于各个酶标板上的孔中,每孔加 200 μL 的工作液后混匀,每个样品做 2 孔。用摇床振荡混匀 30 s。

④ 37 ℃孵育 30 min 后,冷却至室温。

⑤ 利用酶标仪在 562 nm 处检测各样品吸光度值。

⑥ 绘制标准曲线,计算各样品中的蛋白含量。

2. 酯化 $Ru(bpy)_3^{2+}$ 标记抗体制备方法

① 将 1 mL 约 2 mg/mL H9 抗体/沙门氏菌抗体/柠檬黄分别置于超滤离心管中,通过超滤离心去除其中的 PBS 缓冲液,相对离心力为 3077×g,时间为 15 min。更换 1 mL 含 0.1 mol/L 碳二亚胺(EDAC)的 0.1 mol/L 1-甲基咪唑溶液(pH 7.0)。

② 将 1 mg $Ru(bpy)_3^{2+}$-NHS-ester 溶于 200 μL 二甲基亚砜(DMSO),取摩尔比过量 50 倍的 $Ru(bpy)_3^{2+}$-NHS-ester 溶液加入到 H9 抗体/沙门氏菌抗体/柠檬黄抗体中。

③ 振荡混匀。置于常温、黑暗、振荡条件下孵育 2 h。

④ 通过 G-25 葡聚糖凝胶柱分离过量未反应的 $Ru(bpy)_3^{2+}$-NHS-ester。将 G-25 葡聚糖凝胶填料装入柱中(ø2 cm×32 cm)。将柱子垂直夹在试管夹上,待凝胶自然沉降后,用 PBS(0.01 mol/L,pH 7.4)平衡柱子。平衡完毕后,将孵育好的抗体混合物加入到柱顶部,控制流速 0.5 mL/min。通过紫外分光光度计收集最先流出的 Ru-抗体。

⑤ 将收集的 Ru-抗体装入透析袋中,置于硅胶中于 4 ℃浓缩过夜,收集浓缩后 Ru-抗体约 2 mL 于 4 ℃保存。

3. 活化生物素标记抗体制备方法

① 取 2 mg Sulfo-NHS-LC-Biotin 溶于 360 μL 超纯水中,制成 0.01 mol/L 生物素溶液。

② 取摩尔比过量 20 倍的生物素溶液溶于 1 mL 2 mg/mL H9 抗体/沙门氏菌抗体/柠檬黄抗体中(注意:抗体缓冲液中不能含有 Tris 或其他带有氨基基团的物质,否者应更换缓冲液),在室温下振荡孵育 30 min。

③ 将孵育后的溶液置于超滤离心管中,通过超滤离心去除其中的过量生物素。利用 PBS(0.01 mol/L,pH 7.4)离心 3 次,每次 15 min,相对离心力为 3077×g。

④ 将离心后的约 200 μL 溶液溶于 1 mL PBS(0.01 mol/L,pH 7.4)中,于 4 ℃保存。

4. 基于磁微球的免疫复合物的制备

① 根据说明书介绍,1 mg 的 Dynabeads® M-280 Streptavidin 最多结合 10 μg 的生物素化抗体,取摩尔比过量 10 倍的生物素化 H9 抗体/生物素化沙门氏菌抗体/生物素化柠檬黄抗体,即 200 μL 1 mg/mL 生物素抗体溶于 200 μL Dynabeads® M-280 Streptavidin 中,由于亲和素与生物素高亲和力结合,只需在常温中振荡孵育 30 min 即可。

② 利用磁架去除过量的生物素化 H9 抗体/生物素化沙门氏菌抗体/生物素化柠檬黄抗体,PBST 清洗 3 次后,溶于 1 mL pH 7.4,0.01 mol/L PBS 缓冲液中,4 ℃保存。

③ 取 20 μL 上述生物素化 H9 抗体-磁微球/生物素化沙门氏菌抗体-磁微球/生物素化柠檬黄抗体-磁微球,利用 PBS 或 BSA 封闭液稀释至 200 μL,37 ℃振荡孵育 2 h。利用磁架吸附磁微球,PBST 清洗 3 次后,弃去溶液。

④ 将 H9 病毒/沙门氏菌/柠檬黄利用 PBS 按 1∶20、1∶40、1∶80、1∶160、1∶320、1∶640 倍比稀释至 200 μL。稀释后的 H9 病毒/沙门氏菌分别加入至上述封闭好的生物素化 H9 抗体-磁微球/生物素化沙门氏菌抗体-磁微球中,柠檬黄与 100 μL 100 μg/mL 的 BSA-柠檬黄加入至上述封闭好的生物素化柠檬黄抗体-磁微球中,37 ℃振荡孵育 2 h。利用磁架吸附磁微球,PBST 清洗 3 次后,弃去溶液。

⑤ 将 Ru-H9 抗体/Ru-沙门氏菌抗体/Ru-柠檬黄抗体按 1∶1000、1∶500、1∶250、1∶50 或 1∶25 倍稀释至 200 μL,分别加入至上述清洗好的磁珠中,37 ℃振荡孵育 2 h。

⑥ 利用磁架清洗掉未反应的过量 Ru-H9 抗体/Ru-沙门氏菌抗体/Ru-柠檬黄抗体,PBST 清洗 3 次后,再用 ECL 检测的样品缓冲液,即 pH 8.4,0.01 mol/L 磷酸缓冲液清洗 3 次。

⑦ 清洗完毕后,加 500 μL 磷酸缓冲液,20 μL TPA 制成含 Ru 标抗体-抗原-

生物素抗体-亲和素磁微球复合物的 0.2 mol/L TPA-pH 8.4,0.1 mol/L 磷酸缓冲溶液作为样品。进喷射式流动注射电化学发光分析系统检测。

免疫复合物的形成如图 3.9 所示。

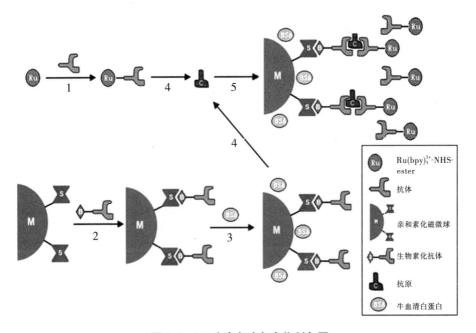

图 3.9　H9 病毒免疫复合物制备图

5. 电化学发光检测方法条件优化

通过选择最佳的电极电位、进样量、流速、缓冲液 pH 等检测条件,采用恒电位法考察 H9 禽流感病毒免疫复合物/沙门氏菌免疫复合物/柠檬黄免疫复合物化学发光体系的线性范围、最低检出限。

3.2.2　实验结果

3.2.2.1　抗体浓度测定

BCA 法测定抗体浓度,H9 单克隆抗体为 45 mg/mL,H9 多克隆抗体为 15 mg/mL,沙门氏菌单克隆抗体为 35 mg/mL,沙门氏菌多克隆抗体为 40 mg/mL,柠檬黄单克隆抗体为 37 mg/mL,柠檬黄多克隆抗体为 42 mg/mL。

3.2.2.2 电极电位的选择

1. 电极电位的影响

在电化学发光体系中,发光的强度依赖于反应的速率,而反应的速率又与电极电位有着密切的关系。因此,在 1.12~1.24 V 之间检测 1×10^{-6} mol/L Ru(bpy)$_3^{2+}$-0.005 mol/L TPA 磷酸缓冲液(0.01 mol/L,pH 8.0)体系(进样量:50 μL;推速:50 μL/s),探讨电极电位与发光强度的关系,如图 3.10 所示。电位在 1.18 V 时发光强度最大,此后随着电位的增加,发光强度减少,这可能是因为溶液中的水被氧化对实验产生负面影响造成的,故选用 1.18 V 为工作电位。

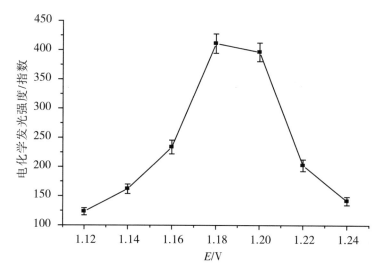

图 3.10 电极电位对发光强度的影响

2. Triton X-100 对于电极电位的影响

实验中发现,在喷射式流动注射电化学发光体系中,Triton X-100 的引入对 Ru(bpy)$_3^{2+}$/TPA 激发产生最大光强的电极电位有影响。利用循环伏安法在 0.2~1.5 V 间扫描 1×10^{-6} mol/L Ru(bpy)$_3^{2+}$-0.005 mol/L TPA 磷酸缓冲液(0.01 mol/L,pH 8.0)体系(进样量:50 μL;推速:50 μL/s),扫描速度为 0.1 V/s,在不含 Triton X-100 时,光强与电极电位的关系如图 3.11 所示,通过恒电位确定的最优电极电位为 1.18 V。如图 3.11 所示,当添加 0.05% Triton X-100 时,可以看出电化学发光增强,且 Ru(bpy)$_3^{2+}$/TPA 反应的最优电极电位有明显偏移,激发产生光子的电位范围也比未添加 Triton X-100 宽,通过恒电位确定了添加 Triton X-100 后最优的电极电位为 1.35 V。可以看出,在最优电极电位下,电化学发光强度明显增加。

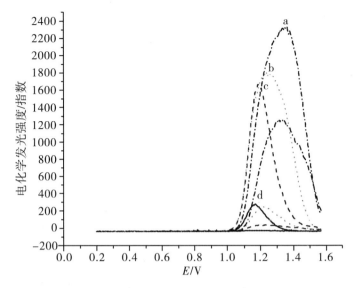

图 3.11　Triton X-100 加入前后 Ru(bpy)$_3^{2+}$/TPA 流动注射电化学发光行为及静态电化学发光行为

a—流动注射条件下含 0.05%Triton X-100；b—流动注射条件下不含 Triton X-100；
c—静态条件下含 0.05%Triton X-100；d—静态条件下不含 Triton X-100

3.2.2.3　流速与进样量的影响

由于 Ru(bpy)$_3^{2+}$ 喷射到电极上发生反应，放出光子是个瞬时过程，因此放出光子的量与喷射到电极上样品的量、喷射速度有关。实验考察了样品的进量与推动样品到电极上的速度对发光强度的影响。

1. 流速对发光强度的影响

保持进样量在 100 μL，观察流速在 30～100 μL/s 间的影响，如图 3.12 所示。其中样品：1×10^{-7} mol/L Ru(bpy)$_3^{2+}$-0.005 mol/L TPA 磷酸缓冲液(0.01 mol/L，pH 8.0)；推动缓冲液：磷酸缓冲液(0.01 mol/L，pH 8.0)；检测电位：1.18 V。

实验发现，当推速为 30 μL/s 时，电化学发光的峰很小，并且比较宽；当推速为 50 μL/s 时，电化学发光的峰窄且高；再次提高推速对发光强度的影响变化不大。故选用 50 μL/s 为推动样品进入检测池的速度。

2. 进样量对发光强度的影响

保持推速为 50 μL/s，考察了进样量在 50 μL、70 μL、100 μL、150 μL、200 μL 的变化，如图 3.13 所示。其中，样品：1×10^{-7} mol/L Ru(bpy)$_3^{2+}$-0.005 mol/L TPA 磷酸缓冲液(0.01 mol/L，pH 8.0)；推动缓冲液：磷酸缓冲液(0.01 mol/L， pH 8.0);检测电位:1.18 V。

实验发现进样量在 100 μL 时,发光强度就已经很大,再提高进样量对强度的影响就较小了,因此,从样品节约的角度考虑,选择进样量为 100 μL。

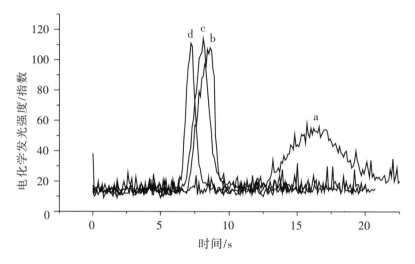

图 3.12 流速对发光强度的影响

流速:a—30 μL/s;b—50 μL/s;c—70 μL/s;d—100 μL/s

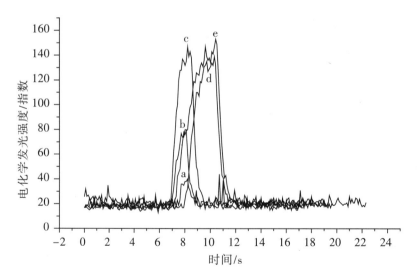

图 3.13 进样量对发光强度的影响

进样量:a—50 μL;b—70 μL;c—100 μL;d—150 μL;e—200 μL

3.2.2.4 缓冲液 pH 的影响

如图 3.14 所示,当推动样品的缓冲液为 0.01 mol/L,pH 在 7～8.4 之间时,发光强度随着 pH 的增大而增强,当 pH 达到 8.4 后,发光强度开始减少。因此实验选择样品中 PBS 的 pH 为 8.4。

样品:5×10^{-6} mol/L Ru(bpy)$_3^{2+}$-0.005 mol/L TPA-磷酸缓冲液(0.01 mol/L,pH 7.0～10.0);推动缓冲液:磷酸缓冲液(0.01 mol/L,pH 8.0);检测电位:1.18 V;进样量:100 μL;进样速度:50 μL/s。

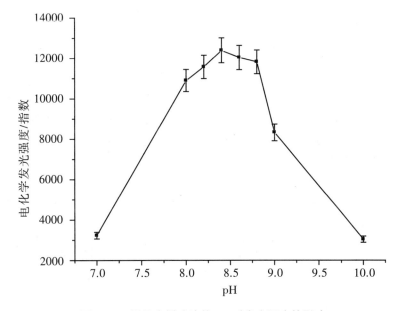

图 3.14 样品中缓冲液的 pH 对发光强度的影响

3.2.2.5 Ru(bpy)$_3^{2+}$ 标记抗体的电化学发光研究

利用前面优化好的条件检测 Ru(bpy)$_3^{2+}$ 标记抗体的电化学发光值,即 1.35 V 恒电位,推动缓冲液为 0.05% Triton X-100-pH 8.4,0.01 mol/L 磷酸缓冲液,样品缓冲液为含 Ru 标抗体-抗原-生物素抗体-亲和素磁微球复合物的 0.2 mol/L TPA-pH 8.4,0.1 mol/L 磷酸缓冲液,控制进样量 100 μL,推动样品进检测池的速度为 50 μL/s。光电倍增管放大级数为 3,高压为 900 V。

酯化的 Ru(bpy)$_3^{2+}$ 标记抗体的原理主要是基于蛋白质连接技术的 NHS 法,就是利用 N-羟基琥珀酰胺酯化的 Ru(bpy)$_3^{2+}$ 在一定条件下与蛋白质的氨基端发生酰胺反应,从而将 Ru(bpy)$_3^{2+}$ 聚合到蛋白质上,如图 3.15 所示。

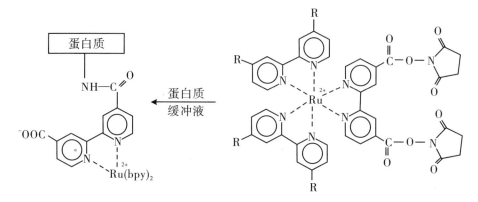

图 3.15　Ru(bpy)$_3^{2+}$-NHS-ester 标记蛋白的原理图

实验起初是利用 pH 7.4,0.01 mol/L PBS 作为缓冲液孵育,发现标记效果非常差。用含 0.1 mol/L EDAC 的 0.1 mol/L 1-甲基咪唑溶液更换 PBS 缓冲液作为耦合反应的反应液,同样条件孵育分离后,标记效果较好,如表 3.2 所示。

表 3.2　EDAC-甲基咪唑溶液对发光强度的影响

样品	禽流感		沙门氏菌		柠檬黄	
	PBS	EDAC-甲基咪唑溶液	PBS	EDAC-甲基咪唑溶液	PBS	EDAC-甲基咪唑溶液
电化学发光强度/指数	25	250	20	178	30	187

3.2.2.6　封闭剂的选择

实验选用了 0.25%BSA 和 2%BSA 作为封闭剂对降低非特异性进行研究,结果如表 3.3 所示。实验发现,2%BSA 作为封闭剂对降低非特异性效果最明显,因此选用含 2%BSA 的 pH 7.4,0.1 mol/L PBS 作为封闭剂和进行免疫孵育的反应液。

表 3.3　封闭剂的选择($\bar{x}\pm s, n=3$)

		PBS 缓冲液	0.25%BSA	2%BSA
禽流感	阳性值	58.00±3.00	46.00±4.36	52.00±2.65
	阴性值	31.67±6.66	27.67±0.58	22.67±2.52

续表

		PBS 缓冲液	0.25%BSA	2%BSA
沙门氏菌	阳性值	31.33±1.53	28.67±5.51	20.00±3.00
	阴性值	20.67±1.53	18.00±2.65	19.67±6.66
柠檬黄	阳性值	55.13±2.11	49.09±3.34	41.00±2.25
	阴性值	35.55±3.21	29.71±2.95	19.44±5.24

3.2.2.7 Ru-抗体浓度的选择

在免疫检测中，检测抗体的浓度影响很大。浓度过大，则阴性值过高；浓度过小，则检测灵敏度不足。因此，选用最佳检测抗体的浓度就显得至关重要。实验考查了不同浓度的 Ru-单抗加入量，即 1∶1000、1∶500、1∶250、1∶50、1∶25 倍稀释对电化学发光免疫检测的影响，结果如表 3.4 所示。

表 3.4 Ru-抗体浓度的选择

Ru-H9 禽流感单抗稀释度	1∶1000	1∶500	1∶250	1∶50	1∶25
阳性值	25.12	29.05	47.86	62.53	68.26
阴性值	17.88	24.32	26.08	30.98	37.31
Ru-沙门氏菌单抗稀释度	1∶400	1∶200	1∶100	1∶50	1∶25
阳性值	42.11	54.32	67.86	81.26	86.07
阴性值	30.34	42.76	44.03	48.63	50.94
Ru-柠檬黄单抗稀释度	1∶810	1∶270	1∶90	1∶30	1∶10
阳性值	34.33	47.59	63.01	70.28	75.07
阴性值	20.97	38.61	44.43	47.66	49.32

实验发现，随着 Ru-单抗加入浓度的增大，阳性值的电化学发光强度也随之增大，但在一定稀释倍数时，增加已不明显。虽然各个稀释度的阴性值都较高，但综合阳性值和阴性值之间的差异，及抗体的节省考虑，选择 1∶50 倍稀释的 Ru-禽流感 H9 单抗和 Ru-沙门氏菌单抗，1∶30 倍稀释的 Ru-柠檬黄单抗。

3.2.2.8 喷射式流动注射电化学发光检测法的建立

1. H9 禽流感电化学发光法的线性范围及重现性

实验中对稀释度为 1:20、1:40、1:80、1:160、1:320、1:640 的 H9 抗原，即 3.125～100000 ng/mL 间的抗原进行检测，以测定的电化学发光强度对 H9 抗原的浓度作图（见图 3.16），结果显示抗原浓度在 3.125～100000 ng/mL 范围内呈较好的线性关系。当抗原浓度小于 3.125 ng/mL 时，其信号强度基本与阴性一致。实验选择 1:40 倍稀释的抗原，进行孵育后，重复测定 10 组数据，如表 3.5 所示，得出 10 组数据的平均值及标准偏差。结果显示此分析系统对检测 H9 抗原具有良好的重现性。

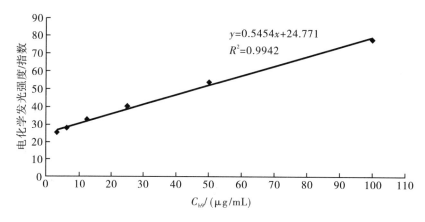

图 3.16　喷射式流动注射电化学发光检测 H9 抗原线性范围

表 3.5　电化学发光检测 H9 抗原重复性测定（$n=10$）

测定次数	1	2	3	4	5	6	7	8	9	10	$\bar{x}$	SD	RSD
ECL	50	51	50	59	51	50	55	54	60	61	54.10	4.21	7.76%

2. 沙门氏菌电化学发光法的线性范围及重现性

实验中对稀释度为 1:20、1:40、1:80、1:160、1:320、1:640 的沙门氏菌，即 4.2～134400 ng/mL 间的沙门氏菌进行检测，以测定的电化学发光强度对沙门氏菌的浓度作图（见图 3.17），结果显示沙门氏菌浓度在 4.2～134400 ng/mL 范围内呈较好的线性关系。当沙门氏菌浓度小于 4.2 ng/mL 时，其信号强度基本与阴性一致。实验选择 1:40 倍稀释的沙门氏菌，进行孵育后，重复测定 10 组数据，如表 3.6 所示，得出 10 组数据的平均值及标准偏差。结果显示此分析系统对检测沙门氏菌具有良好的重现性。

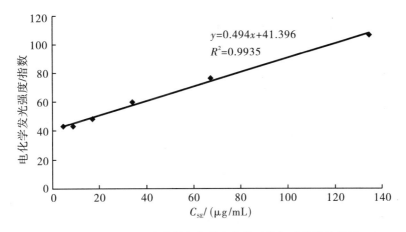

图 3.17 喷射式流动注射电化学发光检测沙门氏菌线性范围

表 3.6 电化学发光检测沙门氏菌重复性测定($n=10$)

测定次数	1	2	3	4	5	6	7	8	9	10	$\bar{x}$	SD	RSD
ECL	79	77.5	68	77.6	70	79	77	85	75	77.6	76.57	4.77	6.23%

3. 柠檬黄电化学发光法的线性范围及重现性

实验中对稀释度为1∶20、1∶40、1∶80、1∶160、1∶320、1∶640 的柠檬黄,即 3.2～102400 ng/mL 间的柠檬黄进行检测,以测定的电化学发光强度对柠檬黄的浓度作图(见图 3.18),结果显示柠檬黄浓度在 3.2～102400 ng/mL 范围内呈较好的线性关系。当柠檬黄浓度小于 3.2 ng/mL 时,其信号强度基本与阴性一致。实验选择 1∶40 倍稀释的柠檬黄,进行孵育后,重复测定 10 组数据,如表 3.7 所示,得出 10 组数据的平均值及标准偏差。结果显示此分析系统对检测柠檬黄具有良好的重现性。

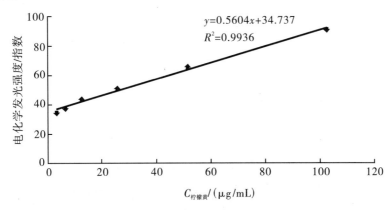

图 3.18 喷射式流动注射电化学发光检测柠檬黄线性范围

表 3.7　电化学发光检测柠檬黄重复性测定($n=10$)

测定次数	1	2	3	4	5	6	7	8	9	10	$\bar{x}$	SD	RSD
ECL	65	60	66.3	64	65.3	70	63.9	75	65.7	64.1	65.93	3.83	0.58%

3.2.2.9　喷射式流动注射电化学发光免疫检测特异性的研究

1. H9 禽流感电化学发光检测特异性的研究

用酶联免疫吸附技术(ELISA)与电化学发光法检测 H5 亚型禽流感、H9 亚型禽流感、新城疫、阴性样品,所得结果如表 3.8 所示,ELISA 与电化学发光法检测结果一致。

表 3.8　H9 禽流感电化学发光检测特异性测定

样 品 类 型		ELISA	电化学发光法
H5 亚型禽流感	1	—	—
	2	—	—
	3	—	—
H9 亚型禽流感	1	＋	＋
	2	＋	＋
	3	＋	＋
新城疫	1	—	—
	2	—	—
	3	—	—
阴性样品	1	—	—
	2	—	—
	3	—	—

2. 沙门氏菌电化学发光检测特异性的研究

用 ELISA 与电化学发光法检测沙门氏菌、大肠杆菌、金黄色葡萄球菌、阴性样品,所得结果如表 3.9 所示,ELISA 与电化学发光法检测结果一致。

3. 柠檬黄电化学发光检测特异性的研究

用 ELISA 与电化学发光法检测柠檬黄、胭脂红、阴性样品,所得结果如表 3.10 所示,ELISA 与电化学发光法检测结果一致。

表 3.9 沙门氏菌电化学发光检测特异性测定

样 品 类 型		ELISA	电化学发光法
沙门氏菌	1	+	+
	2	+	+
	3	+	+
大肠杆菌	1	−	−
	2	−	−
	3	−	−
金黄色葡萄球菌	1	−	−
	2	−	−
	3	−	−
阴性样品	1	−	−
	2	−	−
	3	−	−

表 3.10 柠檬黄电化学发光检测特异性测定

样 品 类 型		ELISA	电化学发光法
柠檬黄	1	+	+
	2	+	+
	3	+	+
胭脂红	1	−	−
	2	−	−
	3	−	−
阴性样品	1	−	−
	2	−	−
	3	−	−

3.2.3 讨论

① 在磁分离和清洗免疫复合物过程中,会有一些微量悬浮液吸附在微量离心管管壁和管帽上,要将其清洗下来。在清洗完毕后,要更换一个新的微量离心管,以防过量的 Ru-抗体吸附在管壁或管帽上,对后续的 ECL 检测造成非特异性影响。

② 在制备免疫复合物的过程中,磁微球由于自身重量易沉淀,因此必须要振荡,但是采用旋转的方法比起轻微的摇动方法,检测所出现的重现性要差。因为磁微球在免疫孵育的过程中,很难克服由于剧烈涡旋产生的分离力,造成免疫孵育的效果不好,重现性差。

③ $Ru(bpy)_3^{2+}$-NHS-ester 溶液在储存过程中极易水解,因此每次标记前,$Ru(bpy)_3^{2+}$-NHS-ester 溶液要新鲜配制,不能存放,加入的交联剂 EDAC 可以有效地保证耦合反应的进行。

④ $Ru(bpy)_3^{2+}$ 和 TPA 是最典型的电致化学发光共反应系统。TPA 作为共反应试剂可在原电位增强联吡啶的电致化学发光强度,其与联吡啶钌的共反应机理是在高电位下,$Ru(bpy)_3^{2+}$ 在电极表面直接被氧化为 $Ru(bpy)_3^{3+}$,$Ru(bpy)_3^{3+}$ 与生成的 TPA·自由基反应生成 $Ru(bpy)_3^{2+*}$ 激发态,当激发态再向基态跃迁生成稳定的 $Ru(bpy)_3^{2+}$ 时,多余的能量以光的形式辐射出来,从而产生电致化学发光。影响这一系统电致化学发光性能的因素非常多,如溶液中共存的卤素阴离子、溶液的 pH 和电位扫描速度等。

3.2.4 小结

本节利用建立的喷射式流动注射电化学发光分析系统对 H9 禽流感病毒/沙门氏菌/柠檬黄进行了研究。实验成功地用 $Ru(bpy)_3^{2+}$-NHS-ester 标记了抗体,利用 2%BSA 作为封闭剂,降低了检测的非特异性吸附。通过对 H9 禽流感病毒/沙门氏菌/柠檬黄的检测,发现 H9 禽流感病毒在 3.125~100000 ng/mL 间呈良好的线性关系,沙门氏菌在 4.2~134400 ng/mL 间呈良好的线性关系,柠檬黄在 3.2~102400 ng/mL 间呈良好的线性关系。用 H9 禽流感病毒/沙门氏菌/柠檬黄电化学发光法对样品进行检测,并与 ELISA 方法对比,结果一致,确定了此法检测特异性好。

3.3 盐酸克伦特罗和三聚氰胺电化学发光检测方法

3.3.1 材料与方法

3.3.1.1 实验试剂

氯化三联吡啶钌六水合物($Ru(bpy)_3^{2+}$)、三聚氰胺、盐酸克伦特罗、无水乙醇、液态奶。$Na_2HPO_4 \cdot 12H_2O$ 和 $NaH_2PO_4 \cdot 2H_2O$ 用来配制 0.1 mol/L 磷酸缓冲溶液(PB)。本实验所用的水为超纯水,化学试剂均为分析纯。

3.3.1.2 实验仪器

喷射式电化学发光流动检测系统、MSP1-C1 Industry Syringe Pump、KQ-100DE 型数控超声波清洗器、pH 计、倒置荧光显微镜、0.22 μm 过滤器。

3.3.1.3 实验方法

1. 检测条件的选择及线性范围、检出限的确定

通过选择最佳的进样量、流速、缓冲液 pH、扫描速率等检测条件,采用循环伏安法考察 $Ru(bpy)_3^{2+}$-三聚氰胺电化学发光体系/$Ru(bpy)_3^{2+}$-盐酸克伦特罗电化学发光体系的线性范围、最低检出限。

2. 奶粉和液态奶中三聚氰胺/盐酸克伦特罗的检测

(1) 样品处理

准确称取 5.000 g 液态奶,加入 30 mL 不同浓度三聚氰胺溶液/盐酸克伦特罗溶液,充分混匀 2 min 后加入 1 mL 无水乙醇,超声提取 20 min,于 70 ℃ 水浴中加热 2 min 以加速蛋白凝固,冷却至室温后以 10000 r/min 离心 10 min,取上清液过普通滤纸,再经 0.22 μm Millex-GP 过滤器过滤,加同种浓度三聚氰胺溶液/盐酸克伦特罗溶液定容至 50 mL,4 ℃ 避光保存,经超声脱气后使用。

(2) 样品检测

向含不同浓度三聚氰胺标准液/盐酸克伦特罗标准溶液的液态奶样品溶液中添加 2.5×10^{-4} mol/L Ru(bpy)$_3^{2+}$ 溶液,充分混匀,进入喷射式电化学发光流动检测系统,采用循环伏安法,在 900 V 光电倍增管高压下,按 3.2.2 节中得出的最佳条件进行检测。

3.3.2 实验结果

3.3.2.1 三聚氰胺检测条件的优化

1. 进样量的优化

当进样量为 50~120 μL 时,电化学发光强度随着进样量的增加而增强,峰形窄而尖,但进样量增加到 120 μL 时,电化学发光峰逐渐有拖尾的现象,故选择进样量为 100 μL。

2. 流速的优化

固定进样量(100 μL),当流速为 15~30 μL/s 时,流速为 20 μL/s 的电化学发光强度最强。

3. 扫描速率的优化

保持 100 μL 进样量、20 μL/s 流速的条件下,当扫描速率为 40~60 mV/s 时,扫描速率为 50 mV/s 的电化学发光强度及峰形是最理想的。

4. 缓冲液 pH 的优化

保持其他条件不变(Ru(bpy)$_3^{2+}$:5×10^{-5} mol/L;三聚氰胺:1×10^{-3} g/L;PB:0.1 mol/L),在较低 pH 下,相应的电化学发光的响应信号较小(见图 3.19);随着 pH 的增加,Ru(bpy)$_3^{2+}$ 的质子化效应减弱,电化学发光的响应信号逐渐增强,直到 pH 为 9.5;当 pH 大于 9.5 时,电化学发光的响应信号下降,可能是 OH^- 与联吡啶钌发生反应,消耗了反应物,导致电化学发光的响应信号减弱。

综上,选择 0.1 mol/L,pH 9.5 PB 推动液,100 μL 进样量、20 μL/s 流速、50 mV/s 扫描速率为本实验的最佳检测条件。

5. Ru(bpy)$_3^{2+}$ 浓度的选择

实验发现,随着 Ru(bpy)$_3^{2+}$ 浓度的升高,电化学发光逐渐增强,但较低 Ru(bpy)$_3^{2+}$ 浓度下,电化学发光强度不稳定;较高 Ru(bpy)$_3^{2+}$ 浓度下,仪器清洗的时间加长;综合考虑,采用 2.5×10^{-4} mol/L Ru(bpy)$_3^{2+}$ 进行三聚氰胺的检测。

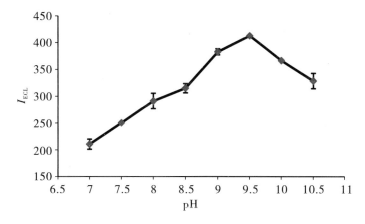

图 3.19　缓冲液 pH 对检测三聚氰胺电化学发光强度的影响

3.3.2.2　盐酸克伦特罗检测条件的优化

1. 进样量的优化

当进样量为 50～120 μL 时,电化学发光强度随着进样量的增加而增强,峰形窄而尖,但进样量增加到 120 μL 时,电化学发光峰逐渐有拖尾的现象,故选择进样量为 100 μL。

2. 流速的优化

固定进样量(100 μL),当流速为 20～35 μL/s 时,流速为 30 μL/s 的电化学发光强度最强。

3. 扫描速率的优化

保持 100 μL 进样量、30 μL/s 流速的条件下,当扫描速率为 45～60 mV/s 时,扫描速率为 55 mV/s 的电化学发光强度及峰形最为理想。

4. 缓冲液 pH 的优化

保持其他条件不变($Ru(bpy)_3^{2+}$:5×10^{-4} mol/L;盐酸克伦特罗:1×10^{-5} mol/L; PB:0.1 mol/L),在较低 pH 下,相应的电化学发光的响应信号较小(见图 3.20);随着 pH 的增加,$Ru(bpy)_3^{2+}$ 的质子化效应减弱,电化学发光的响应信号逐渐增强,直到 pH 为 9.0;当 pH 大于 9.0 时,电化学发光的响应信号下降,可能是 OH^- 与联吡啶钌发生反应,消耗了反应物,导致电化学发光的响应信号减弱。

综上,选择 0.1 mol/L,pH 9.0 PB 推动液,100 μL 进样量、30 μL/s 流速、55 mV/s 扫描速率为本实验的最佳检测条件。

5. Ru(bpy)$_3^{2+}$ 浓度的选择

实验发现，随着 Ru(bpy)$_3^{2+}$ 浓度的升高，电化学发光逐渐增强，但较低 Ru(bpy)$_3^{2+}$ 浓度下，电化学发光强度不稳定；较高 Ru(bpy)$_3^{2+}$ 浓度下，仪器清洗的时间加长；综合考虑，采用 1.0×10^{-4} mol/L Ru(bpy)$_3^{2+}$ 进行三聚氰胺的检测。

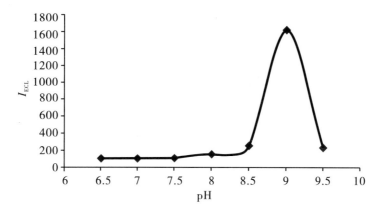

图 3.20　缓冲液 pH 对检测盐酸克伦特罗电化学发光强度的影响

3.3.2.3　线性范围和灵敏度

1. 三聚氰胺线性范围和灵敏度

用构建的喷射式电化学发光流动检测系统，在最优的条件下对三聚氰胺进行检测，如图 3.21 所示，三聚氰胺浓度的负对数在 $1 \times 10^{-11} \sim 1 \times 10^{-5}$ g/mL 之间与电化学发光强度增加值呈良好的线性关系，检出限为 1×10^{-11} g/mL（见表 3.11），其线性回归方程为 $y = -802.14x + 9118.9$，$R^2 = 0.9935$。

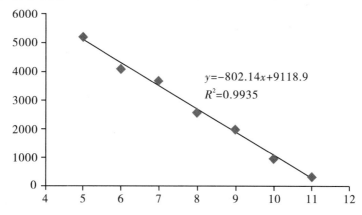

图 3.21　电化学发光强度的增加值与三聚氰胺浓度的负对数关系曲线

表 3.11 三聚氰胺电化学发光检测法灵敏度

类别	检测方法\浓度	电化学发光法	ELISA	电化学发光法	ELISA	电化学发光法	ELISA	电化学发光法	ELISA	电化学发光法	ELISA
		10^{-7} g/mL		10^{-8} g/mL		10^{-9} g/mL		10^{-10} g/mL		10^{-11} g/mL	
三聚氰胺	1	+	+	+	+	+	+	1.02×10^{-10} g/mL	0.96×10^{-10} g/mL	1.01×10^{-11} g/mL	—
	2	+	+	+	+	+	+	0.99×10^{-10} g/mL	1.00×10^{-10} g/mL	0.97×10^{-11} g/mL	—
	3	+	+	+	+	+	+	1.05×10^{-10} g/mL	1.02×10^{-10} g/mL	0.98×10^{-11} g/mL	—
阴性样品	1	—	—	—	—	—	—	—	—	—	—

2. 盐酸克伦特罗线性范围和灵敏度

用构建的喷射式电化学发光流动检测系统,在最优的条件下对盐酸克伦特罗进行检测,如图 3.22 所示,盐酸克伦特罗浓度的负对数在 $1\times10^{-10}\sim1\times10^{-6}$ g/mL 之间与电化学发光强度增加值呈良好的线性关系,检出限为 1×10^{-10} g/mL(见表 3.12),其线性回归方程为 $y=-415.6x+4652$,$R^2=0.9961$。

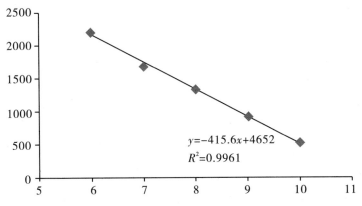

图 3.22 电化学发光强度的增加值与盐酸克伦特罗浓度的负对数关系曲线

表 3.12 盐酸克伦特罗电化学发光检测法灵敏度

类别	浓度	电化学发光法	ELISA	电化学发光法	ELISA	电化学发光法	ELISA	电化学发光法	ELISA	电化学发光法	ELISA
		10^{-6} g/mL		10^{-7} g/mL		10^{-8} g/mL		10^{-9} g/mL		10^{-10} g/mL	
盐酸克伦特罗	1	+	+	+	+	+	+	0.91×10^{-9} g/mL	1.00×10^{-9} g/mL	0.96×10^{-10} g/mL	0.99×10^{-10} g/mL
	2	+	+	+	+	+	+	0.96×10^{-9} g/mL	1.03×10^{-9} g/mL	1.07×10^{-10} g/mL	0.95×10^{-10} g/mL
	3	+	+	+	+	+	+	1.03×10^{-9} g/mL	1.05×10^{-9} g/mL	0.99×10^{-10} g/mL	1.02×10^{-10} g/mL
莱克多巴胺	1	—	—	—	—	—	—	—	—	—	—
	2	—	—	—	—	—	—	—	—	—	—
	3	—	—	—	—	—	—	—	—	—	—
沙丁胺醇	1	—	—	—	—	—	—	—	—	—	—
	2	—	—	—	—	—	—	—	—	—	—
	3	—	—	—	—	—	—	—	—	—	—
阴性样品	1	—	—	—	—	—	—	—	—	—	—

3.3.2.4 样品检测

1. 液态奶中三聚氰胺的检测

用 ELISA 与电化学发光法检测液态奶中的三聚氰胺,结果如表 3.13 所示。

表 3.13 液态奶中的三聚氰胺的测定

三聚氰胺阳性/阴性样品		检测方法	
		ELISA	电化学发光法
阳性样品	1	＋	＋
	2	＋	＋
	3	＋	＋
阴性样品	4	—	—
	5	—	—

2. 液态奶中盐酸克伦特罗的检测

用 ELISA 与电化学发光法检测液态奶中的盐酸克伦特罗,结果如表 3.14 所示。

表 3.14 液态奶中的盐酸克伦特罗的测定

盐酸克伦特罗阳性/阴性样品		检 测 方 法	
		ELISA	电化学发光法
阳性样品	1	+	+
	2	+	+
	3	+	+
阴性样品	4	−	−
	5	−	−

3.3.3 讨论

① 从电化学发光反应机理来看,影响电化学发光的因素主要来自两个方面,一是检测装置和条件,二是电化学发光体系。检测装置和检测条件对 ECL 的影响主要体现在对 ECL 反应的启动上,由于 ECL 反应是通过给电极施加一定电压来实现的,而不同的物质在电极表面被氧化所需的电压不同,且电极的种类和电极表面状况对 ECL 也有一定的影响。电化学发光体系对 ECL 的影响主要体现在发光剂、发光介质和共反应物的结构对 ECL 的影响,以及研究发现的一些对 ECL 具有增强或抑制作用的添加物。

② 溶液中 OH^- 的含量对 ECL 有重要影响,当电位为 1.0 V 时,光子主要通过与溶液中的 OH^- 发生氧化还原反应,其过程是,$Ru(bpy)_3^{2+}$ 先在电极上被氧化为 $Ru(bpy)_3^{3+}$,后者可以氧化水溶液中的 OH^-,产生 ·OH,·OH 再将 $Ru(bpy)_3^{3+}$ 还原得到激发态 $Ru(bpy)_3^{2+*}$ 而发光。

3.3.4 小结

本节构建了三聚氰胺/盐酸克伦特罗的电化学发光检测方法,并对奶粉、液态奶样品中三聚氰胺/盐酸克伦特罗含量进行了测定。通过对三聚氰胺/盐酸克伦特罗的检测,发现三聚氰胺浓度的负对数在 $1\times10^{-11}\sim1\times10^{-5}$ g/mL 之间与电化学发光强度增加值呈良好的线性关系,检出限为 1×10^{-11} g/mL;盐酸克伦特罗浓度的负对数在 $1\times10^{-10}\sim1\times10^{-6}$ g/mL 之间与电化学发光强度增加值呈良好的线性关系,检出限为 1×10^{-10} g/mL。用三聚氰胺/盐酸克伦特罗电化学发光法对样品进行检测,并与 ELISA 法对比,结果一致,确定了此法检测特异性好。

3.4 莱克多巴胺电化学发光检测方法

3.4.1 材料与方法

3.4.1.1 实验试剂

三联吡啶氯化钌六水合物、N-丁基二乙醇胺(N-butyldiethanolamine,BDEA)、莱克多巴胺盐酸盐、$Na_2HPO_4 \cdot 12H_2O$、$NaH_2PO_4 \cdot 2H_2O$、尿酸。

3.4.1.2 实验仪器

喷射式电化学发光流动检测系统、MSP1-C1 Industry Syringe Pump、KQ-100DE 型数控超声波清洗器、pH 计、倒置荧光显微镜、0.22 μm 过滤器。

3.4.1.3 实验方法

1. 检测条件的选择及线性范围、检出限的确定

通过选择最佳的进样量、缓冲液 pH、BDEA 等检测条件,采用恒电位法考察 $Ru(bpy)_3^{2+}$/BDEA-莱克多巴胺电化学发光体系的线性范围、最低检出限。

2. 莱克多巴胺电化学发光法与 ELISA 法的对比

莱克多巴胺(RAC)电化学发光法与 ELISA 法对不同浓度的莱克多巴胺、盐酸克伦特罗、沙丁胺醇加标样品进行检测。

3.4.2 实验结果

3.4.2.1 莱克多巴胺对电化学发光体系的抑制现象

在中性略偏碱性的 PBS 缓冲溶液中，$Ru(bpy)_3^{2+}$/BDEA 体系的电化学发光强度约为 120/a.u.。在保持其他条件不变时，随着 RAC 浓度的增加，ECL 强度值逐渐降低，如图 3.23 所示。

样品的各参数如下：
PBS：0.1 M，pH 7.5；
$Ru(bpy)_3^{2+}$ 浓度：10^{-7} M；
BDEA 浓度：10^{-5} M；
流速：3 mL/min；
进样量：150 μL；
工作电极：1.35 V。

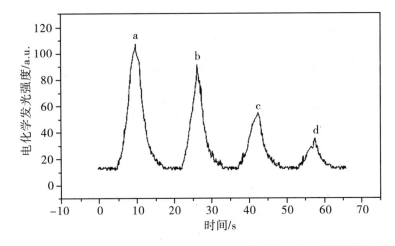

图 3.23 莱克多巴胺对 $Ru(bpy)_3^{2+}$/BDEA 体系发光强度的淬灭效应
莱克多巴胺浓度：a 为 0；b 为 $1.0×10^{-7}$ g/mL；c 为 $1.0×10^{-6}$ g/mL；d 为 $1.0×10^{-5}$ g/mL

3.4.2.2 检测条件的优化

通过改变工作电极大小、pH、BDEA 浓度、喷射速率优化检测条件。其中莱克多巴胺浓度为 10^{-7} g/mL，I_0 和 I_t 分别表示加入 RAC 前后所测得的发光强度值，

则 $\Delta I = I_0 - I_t$。

1. 工作电极的优化

工作电极电势对 RAC 的抑制效率有一定的影响。从图 3.24 中可以看出,当电极电势为 1.35 V,RAC 抑制效率达到最大值。

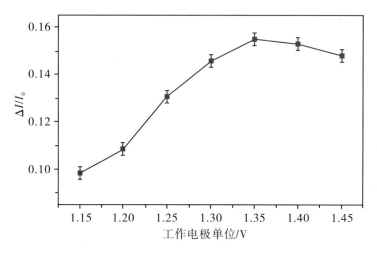

图 3.24　工作电极的优化

2. pH 的优化

缓冲液 pH 的大小对 RAC 的抑制效率有一定的影响。从图 3.25 中可以看出,当缓冲液 pH 为 8.5 时,RAC 抑制效率达到最大值。

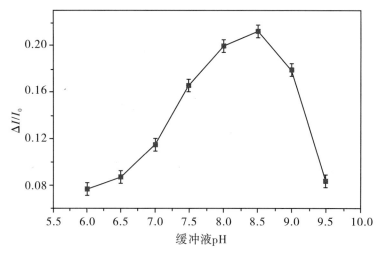

图 3.25　pH 的优化

3. BDEA 的影响

图 3.26 反映了共反应物 BDEA 浓度对 RAC 抑制效率的影响。当 BDEA 浓度较高时，RAC 抑制效率较低；随着 BDEA 浓度的降低，RAC 对发光强度的湮灭能力增强。但过低浓度的 BDEA 也会造成体系发光强度变弱。综合考虑，拟选取 10^{-8} M 的 BDEA 浓度进行后续实验。

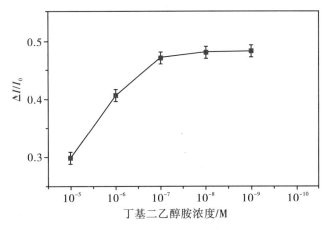

图 3.26 BDEA 的影响

4. 喷射速率的优化

在图 3.27 中，喷射速率对 RAC 的抑制效率的影响也非常明显。样品溶液喷射到工作电极表面的速率决定着电化学产物在工作电极表面更新速率的快慢，也在一定程度上影响着 RAC 的抑制效率。当样品喷射速率为 4 mL/min 时，RAC 的抑制效率达到最大。

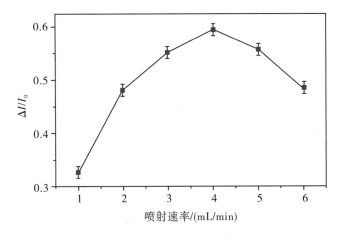

图 3.27 喷射速率的优化

3.4.2.3 莱克多巴胺的检测

在最优条件下,Ru(bpy)$_3^{2+}$/BDEA 体系的发光强度随着 RAC 浓度的递增而逐渐降低(见图 3.28(a))。与之相对应的标准曲线中(见图 3.28(b)),Ru(bpy)$_3^{2+}$/BDEA 体系的相对发光强度(I_t/I_0,I_0 和 I_t 分别表示加入 RAC 前后所测得的发光强度值)与 RAC 的浓度在 $10^{-9} \sim 10^{-5}$ g/mL 之间呈良好的线性关系($y=-0.6836x+0.1816$,相关系数 $r=0.9989$);当信噪比为 3 时,RAC 的最低检测限为 5×10^{-10} g/mL。相关参数如下:

工作电极:1.35 V;PBS:0.1 M,pH 8.5;Ru(bpy)$_3^{2+}$:10^{-7} M;BDEA 浓度:10^{-8} M;喷射速率:4 mL/min;进样量:150 μL。

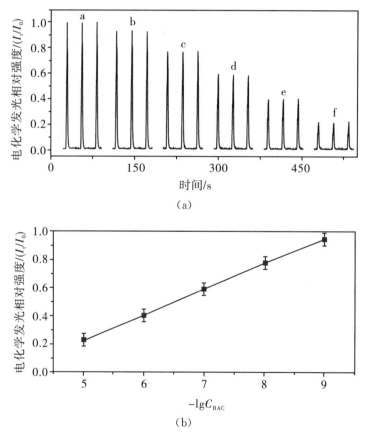

图 3.28 Ru(bpy)$_3^{2+}$/BDEA 发光体系对不同 RAC 浓度的响应曲线

对含有 10^{-8} g/mL RAC 的 Ru(bpy)$_3^{2+}$/BDEA 发光体系进行连续测定 11 次,如图 3.29 所示,所得相对标准差为 1.23%($n=11$),表明该检测体系具有良好的重复性。

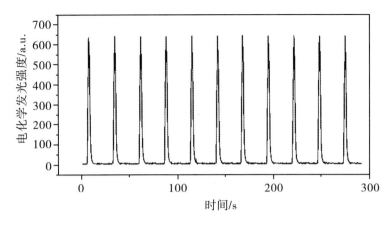

图 3.29　Ru(bpy)$_3^{2+}$/BDEA-RAC 发光体系的稳定性

3.4.2.4　莱克多巴胺电化学发光法与 ELISA 法的对比

用莱克多巴胺电化学发光法与 ELISA 法检测莱克多巴胺加标样品、盐酸克伦特罗加标样品、沙丁胺醇加标样品，所得结果如表 3.15 所示，ELISA 与电化学发光法检测结果一致。

表 3.15　莱克多巴胺电化学发光法与 ELISA 法比对

类别	检测方法 浓度	电化学发光法	ELISA	电化学发光法	ELISA	电化学发光法	ELISA	电化学发光法	ELISA	电化学发光法	ELISA
		10^{-6} g/mL		10^{-7} g/mL		10^{-8} g/mL		10^{-9} g/mL		5×10^{-10} g/mL	
莱克多巴胺	1	+	+	+	+	+	+	0.96×10^{-9} g/mL	1.00×10^{-9} g/mL	5.01×10^{-10} g/mL	5.02×10^{-10} g/mL
	2	+	+	+	+	+	+	0.99×10^{-9} g/mL	0.97×10^{-9} g/mL	5.03×10^{-10} g/mL	4.99×10^{-10} g/mL
	3	+	+	+	+	+	+	1.00×10^{-9} g/mL	1.01×10^{-9} g/mL	4.98×10^{-10} g/mL	5.05×10^{-10} g/mL
盐酸克伦特罗	1	—	—	—	—	—	—	—	—	—	—
	2	—	—	—	—	—	—	—	—	—	—
	3	—	—	—	—	—	—	—	—	—	—
沙丁胺醇	1	—	—	—	—	—	—	—	—	—	—
	2	—	—	—	—	—	—	—	—	—	—
	3	—	—	—	—	—	—	—	—	—	—
阴性样品	1	—	—	—	—	—	—	—	—	—	—

3.4.3 讨论

TPA 是一种叔胺,是 Ru(bpy)$_3^{2+}$ 电化学发光最常用的共反应物,但是它也存在一些明显的缺点,如有毒、有挥发性和刺激性气味,且使用所需浓度较大(通常大于 100 mmol/L),电化学氧化速率较慢,限制了电化学发光的效率等。许多研究者致力于探究共反应物结构对电化学发光强度的影响,寻找更加安全高效、高灵敏度、经济的新型共反应物,以取代传统的 TPA。徐国宝等研究发现二丁基乙醇胺(2-(Dibutylamino)ethanol,DBEA)作为共反应物比 TPA 效率高,环境友好,挥发性小。DBAE 通过自身的羟乙基的催化来提高发光效率,但 DBAE 水溶性较差。研究发现包含两个羟乙基的 N-丁基二乙醇胺是至今报道的最高效的共反应剂,并且在水中有较高的溶解度。陈然发现在相同检测条件下,Ru(bpy)$_3^{2+}$/BDEA 体系最大电化学发光强度是 Ru(bpy)$_3^{2+}$/DBAE 体系的 1.5 倍,是 Ru(bpy)$_3^{2+}$/TPA 体系的 3.4 倍。

3.4.4 小结

本节基于莱克多巴胺对 Ru(bpy)$_3^{2+}$/BDEA 发光体系的强烈猝灭效应并结合喷射式分析技术,建立了一种能够用于实际样品检测的新方法。通过对莱克多巴胺的检测,发现莱克多巴胺的 Ru(bpy)$_3^{2+}$/BDEA 体系的相对发光强度(I_t/I_0)与莱克多巴胺的浓度在 $10^{-9} \sim 10^{-5}$ g/mL 之间呈良好的线性关系($y = -0.6836 x + 0.1816$,相关系数 $r = 0.9989$);最低检测限为 5×10^{-10} g/mL。

3.5 邻苯二甲酸酯和有机磷农药电化学发光检测方法

3.5.1 材料与方法

3.5.1.1 实验试剂

氯化三联吡啶钌六水合物(Ru(bpy)$_3^{2+}$)、敌敌畏、甲拌磷、邻苯二甲酸丁苄酯

(BBP)、邻苯二甲酸二丁酯(DBP)、无水乙醇、液态奶。$Na_2HPO_4 \cdot 12H_2O$ 和 $NaH_2PO_4 \cdot 2H_2O$ 用来配制 0.1 mol/L 磷酸缓冲溶液(PB)。本实验所用的水为超纯水,化学试剂均为分析纯。

3.5.1.2 实验仪器

喷射式电化学发光流动检测系统,pH 计。

3.5.1.3 实验方法

检测条件的选择及线性范围、检出限的确定如下:

通过选择最佳的进样量、流速、缓冲液 pH、扫描速率等检测条件,采用循环伏安法考察 $Ru(bpy)_3^{2+}$-敌敌畏电化学发光体系/$Ru(bpy)_3^{2+}$-甲拌磷电化学发光体系/$Ru(bpy)_3^{2+}$-BBP 电化学发光体系/$Ru(bpy)_3^{2+}$-DBP 电化学发光体系的线性范围、最低检出限。

3.5.2 实验结果

$Ru(bpy)_3^{2+}$ 与邻苯二甲酸酯和有机磷农药的发光效果如下:

在 10^{-6} mol/L $Ru(bpy)_3^{2+}$ 中采用循环伏安法考察 $Ru(bpy)_3^{2+}$-敌敌畏电化学发光体系、$Ru(bpy)_3^{2+}$-甲拌磷电化学发光体系、$Ru(bpy)_3^{2+}$-BBP 电化学发光体系、$Ru(bpy)_3^{2+}$-DBP 电化学发光体系,结果分别如图 3.30～图 3.33 所示,发光效果不太明显。

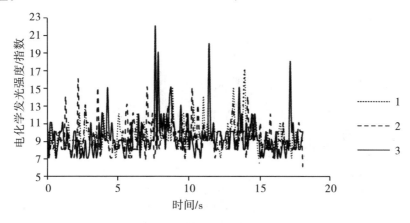

图 3.30　$Ru(bpy)_3^{2+}$-敌敌畏电化学发光体系

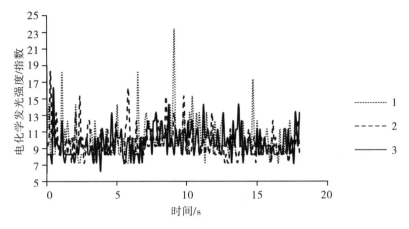

图 3.31　Ru(bpy)$_3^{2+}$-甲拌磷电化学发光体系

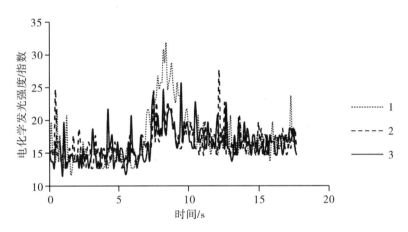

图 3.32　Ru(bpy)$_3^{2+}$-BBP 电化学发光体系

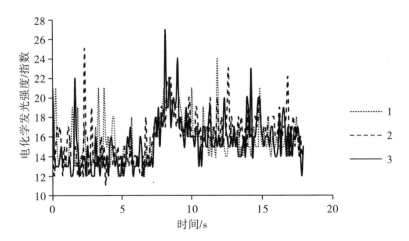

图 3.33　Ru(bpy)$_3^{2+}$-DBP 电化学发光体系

向 10^{-4} mol/L Ru(bpy)$_3^{2+}$ 中加入不同浓度的敌敌畏、甲拌磷、BBP、DBP，所得的测试结果无线性关系，数据稳定性较差。

3.5.3 讨论

敌敌畏(O,O-二甲基-O-(2,2-二氯乙烯基)磷酸酯，分子式为 $C_4H_7Cl_2O_4P$)，甲拌磷(O,O-二乙基-S-(乙硫基甲基)二硫化磷酸酯，分子式为 $C_7H_{17}O_2PS_2$)，BBP(邻苯二甲酸丁酯苯甲酯，分子式为 $C_{19}H_{20}O_4$)，DBP(邻苯二甲酸二丁酯，分子式为 $C_{16}H_{22}O_4$)与 Ru(bpy)$_3^{2+}$ 的电化学发光反应效果不理想，可能与这些物质的结构和性质有关。根据 Ru(bpy)$_3^+$ 和 Ru(bpy)$_3^{3+}$ 的湮灭电化学发光反应机理、Ru(bpy)$_3^{2+}$ 的还原氧化型和氧化还原型反应机理，可考虑组建双核及多核钌金属络合物体系或通过引入具有特殊供电性能的基团，如吩噻嗪、脂肪及芳香仲胺、叔胺、羟胺等进一步修饰 Ru(bpy)$_3^{2+}$ 母体结构来提高电化学发光强度。

3.5.4 小结

本节研究 Ru(bpy)$_3^{2+}$-敌敌畏、Ru(bpy)$_3^{2+}$-甲拌磷、Ru(bpy)$_3^{2+}$-BBP、Ru(bpy)$_3^{2+}$-DBP 电化学发光体系，发现电化学发光检测敌敌畏、甲拌磷、BBP、DBP 效果不太明显。

第4章 胶体金层析卡判读仪和瘦肉精胶体金检测卡研发

4.1 胶体金层析卡判读仪和荧光层析卡判读仪试制

4.1.1 研究背景

近年来,发生的各类食品安全事件使我们的食品安全监管体系的有效性不断遭受质疑,食品安全已经被列为我国公众社会生活中最重要的环节。食品安全是关系国计民生的重大问题,也是一个国家人民生活质量的重要标志。随着科学技术的迅速发展,国际化、全球化的快速推进,食品安全对人类社会的影响越来越大,每年都有成千上万的人由于食用受污染的食品而患上传染性或非传染性的食源性疾病。这不仅严重影响了人们的身体健康,同时还会降低社会福利和生产效率。

如何能在现场快速、准确地检测各种有害性成分,对于减少和消除各种危险隐患,预防事故的发生起着非常重要的作用。现有的各类大型精密仪器虽然能够得到理想结果,却往往笨重而且繁杂,操作繁琐而且费时,一般只能在实验室条件下进行工作,很难应用于现场的快速测定。试纸法由于具有携带方便、操作简单、测定速度快、所需附加设备少等特点,非常适用于现场的快速检测中,而且大大地减少检测所需要的成本,越来越受到人们的重视。试纸法按反应的本质来说就是把生化或化学反应从试管移到固相载体上进行,利用反应物或反应生成物产生明显的颜色变化来进行定性或定量检测。

胶体金免疫层析技术是近年来兴起的一种快速免疫分析技术,它的原理是借助毛细作用,样品在条状纤维膜上泳动,其中的待测物与膜上的一定区域的配体结合,通过胶体金富集条带显色情况,短时间内可以得到直观的检测结果。胶体金免疫试纸检测目前多数停留在定性判断上,但由于该类试纸条主要通过肉眼判读的方式进行,检测结果容易受人为因素的干扰。首先,表现在检测结果由"＋"或"－"的方式来表现,不能反映有害物的含量;其次,检测结果通过人工手动输入的方式,输入的准确性具有较高的不确定因素。因此,研发一款能够分析检测结果并具备数据上传功能的胶体金检测仪,对于弥补胶体金检测试条现有缺陷,扩大胶体金试条应用空间,具有重要的应用价值。

4.1.2 研究内容

本章成功试制了胶体金试纸读数设备。该仪器能够自动判读胶体金免疫层析检测卡检测结果,并通过无线接入互联网方式将检测结果实时上传至服务器,体现物联网时代检测仪器设备自动识别、实时感知技术发展方向。样机图片如图4.1所示。

该仪器用绿光发光二极管(LED)作为发射光源,以光电二极管接收试纸条反射光,通过步进电机带动检测系统扫描试纸条待检区域,使用最小二乘法、小波变换等算法对检测波形分析处理,从而获取待测物浓度。仪器的机械结构如图4.2所示。

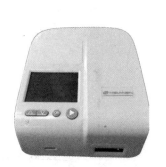

图4.1 样机图片

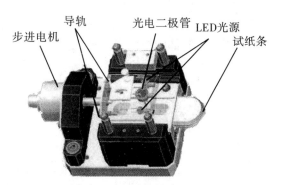

图4.2 机械结构示意图

仪器的主要技术指标如下:
① 速度:一次扫描检测小于20 s。
② 重复性:变异系数小于1%。
③ 电源:110~240 V 稳压电源。
④ 显示屏:3.5英寸(1英寸=2.54 cm),带触摸屏。
⑤ 仪器尺寸:200 mm×173 mm×65 mm。

该设备的突出优点如下:
(1) 数字化自动判读
该仪器的检测结果的评定方式以精确的光学探头判读替代传统肉眼观察判读,既方便检测结果的自动化处理,又可实现检测目标物的初步定量。
(2) 检测速度快
该仪器可在5~10 min内给出检测结果,检测效率高于传统的大型分析仪器。

(3) 环境友好度高

检测过程多使用水溶性物质,几乎不需使用任何有机溶剂,对环境的污染程度比较低。

(4) 检测范围广

该仪器的检测范围也十分广泛,理论上可利用胶体金免疫层析技术进行检测的物质皆可通过本仪器进行检测。而目前常见的食品安全影响因子,如食品污染致病菌、病毒、毒素、非法食品添加物质等,绝大多数可利用胶体金免疫层析技术进行检测。该仪器可快速检测食品是否安全。目前本单位已成功研发了盐酸克伦特罗、莱克多巴胺、沙丁胺醇、三种瘦肉精以及氯霉素的胶体金快速检测卡,其他药残、动物疫病的快速检测卡也在持续研发中。

(5) 仪器体积小,操作简单

该仪器便携度高,适合现场检测,同时操作非常简单,对操作人员只需进行简单培训即可上岗工作。

该设备的数据实时上传功能可确保现场检测结果第一时间上传至服务器。该设备还具备检测数据防篡改功能,可确保监管部门第一时间获得现场检测的第一手资料,为相关监管部门提供了一种全新的日常检测和监管设备,能够进一步提高监管水平和工作效率。

4.1.3 小结

目前,与各种层出不穷的胶体金试纸相比,试纸测量结果分析的相关设备开发严重滞后,使得试纸检测只能靠目视判断,大大限制试纸条应用推广。随着电子信息技术和电子生产工艺的进步,项目根据检测现场快速检测的实际需求研制了一种具备信息检测、信息处理、信息实时上传且具备判断功能的智能化灵巧型胶体金试纸条分析仪,为进一步提高工作效率和监管水平提供了又一有力武器。

4.2 盐酸克伦特罗、莱克多巴胺和沙丁胺醇胶体金检测卡研制

4.2.1 研究背景

瘦肉精是一类动物用药,包括莱克多巴胺、盐酸克伦特罗及沙丁胺醇等。将瘦

肉精添加于饲料中,可以增加动物的瘦肉量、减少饲料使用、使肉品提早上市、降低成本,但若人们食用含过量"瘦肉精"的猪肉后,会出现恶心、头晕、肌肉颤抖、心悸、血压上升等中毒症状,对人体健康产生极大危害。近年来,因食用被"瘦肉精"污染的食物导致中毒的事件屡有发生,且后果极其严重,引起了世界各国的高度重视。为了保证畜产品质量安全,保护人类健康,许多国家都禁止在食源性动物的生产中使用盐酸克伦特罗,美国食品与药品监督管理局(FDA)将肉品中的盐酸克伦特罗残留作为必检项目,欧盟也严禁在饲料中添加"瘦肉精"类药物。上海市发生的300余人出现"瘦肉精"中毒事件后,国家明令禁止在饲料中添加"瘦肉精",但在畜牧业生产中,"瘦肉精"的使用仍屡禁不止。

目前瘦肉精的主要检测方法有色谱法、免疫分析法和综合化学法等。色谱检测法有高效液相色谱法(HPLC)、气相色谱-质谱联用法(GC-MS)、高效液相色谱-质谱联用法(HPLC-MS)、毛细管电泳法(CE)等。中国已将高效液相色谱法作为检测饲料中盐酸克伦特罗残留的半确证法,将气相色谱-质谱联用法定为确证性方法,主要用于最后确认和仲裁。GB/T 22147—2008"饲料中沙丁胺醇、莱克多巴胺和盐酸克伦特罗的测定液相色谱-质谱联用法"规定了同步测定饲料中 β-激动剂沙丁胺醇、莱克多巴胺和盐酸克伦特罗的液相色谱-质谱联用法。而对于动物性食品,GB/T 5009.192—2003"动物性食品中克伦特罗残留量的测定"规定的第一法为气相色谱-质谱法,第二法为高效液相色谱法,第三法为酶联免疫法。准确性、特异性高无疑是色谱法检测瘦肉精的显著优势,但是由于仪器较为昂贵,其在基层检测部门推广应用还存在一定难度,因此,许多学者开展了基于免疫分析法检测瘦肉精的研究。在检测瘦肉精的免疫法中,ELISA 较为成熟,国内外许多公司开发了基于 ELISA 法检测瘦肉精的试剂盒,与 HPLC 法相比,更为敏感、快速和经济,但重现性与特异性较 HPLC 法差,因此适用于大批量样品的快速初筛。为了进一步提高免疫分析法的灵敏度和准确性,郭荷梅等(2009)应用胶体金免疫层析技术建立了一种快速检测莱克多巴胺的方法,该快速检测试纸条的灵敏度为 5 ng/mL,检测时间为 5 min,批内和批间重复性为 100%,假阳性率和假阴性率均为 0。Zhang 等(2009)建立了基于胶体金的免疫层析法用于快速同步检测尿液中的盐酸克伦特罗和莱克多巴胺,该法可以在 5 min 内完成,检测限达 1.0 ng/mL。

胶体金免疫层析技术是近年来发展起来的一种新技术,其发展十分迅速,可以作为临床的诊断试剂、微量核酸探测的探针,从蛋白质到核酸,从宏观到微观,快速简便,具有高度的特异性,结果也比较直观。

氯金酸($HAuCl_4$)在还原剂作用下,可聚合成一定大小的金颗粒,形成带负电的疏水胶溶液,由于静电作用而成为稳定的胶体状态,故称胶体金。胶体金在弱碱性环境下带负电荷,可与蛋白质分子的正电荷基团形成牢固的结合,由于这种结合是静电结合,所以不影响蛋白质的生物特性。胶体金除了与蛋白质结合以外,还可以与许多其他生物大分子结合,如 SPA、PHA、ConA 等。

胶体金检测试条主要应用了胶体金免疫层析技术。将特异性的抗原或抗体以条带状固定在膜上,胶体金标记试剂(抗体或单克隆抗体)吸附在结合垫上。当待检样本加到试纸条一端的样本垫上后,通过毛细作用向前移动,溶解结合垫上的胶体金标记试剂后相互反应;当移动至固定的抗原或抗体的区域时,待检物与金标试剂的结合物又与之发生特异性结合而被截留,聚集在检测带上,可通过肉眼观察到显色结果。

本书以莱克多巴胺、盐酸克伦特罗、沙丁胺醇为对象,利用胶体金免疫侧向层析快速检测技术,实现了对莱克多巴胺、盐酸克伦特罗、沙丁胺醇的现场快速诊断与筛查。

4.2.2 材料

1. 抗原、抗体

莱克多巴胺抗体、莱克多巴胺抗原、沙丁胺醇抗原购于深圳博科化科技工有限公司,盐酸克伦特罗抗体、抗原购于深圳菲鹏生物科技有限公司,沙丁胺醇抗体购于洛阳佰奥通生物科技有限公司。

2. 试剂

聚乙二醇 20000(PEG-20000)、牛血清白蛋白(BSA)、Tween-20、Tritonx-100、Polyvinylpyrrolidone(PVP-40)、Brij-35、柠檬酸三钠、叠氮化钠(NaN_3)、氯金酸($AuCl_3 \cdot HCl \cdot 4H_2O$)、分析纯甲醇、甘油、硝酸纤维膜(Nitrocellulose membrane)、玻璃纤维膜(glass fibre)(8964、GF08)、吸水纸(absorbent paper)、底板。

3. 常用试剂及配制方法

(1) 1% $HAuCl_4$ 水溶液的配制

准确称取 1.0 g 四氯金酸($HAuCl_4$),溶解于超纯水中,待完全溶解后,用 100.0 mL 容量瓶定容,配成 1% 的水溶液。将配好的溶液倒在棕色试剂瓶中,于 4 ℃ 冰箱内保存备用。

(2) 柠檬酸三钠水溶液的配制

准确称取 1.0 g 二水合柠檬酸三钠($Na_3C_6H_5O_7 \cdot 2H_2O$)溶解于超纯水中,待完全溶解后,用 100.0 mL 容量瓶定容,配成 1% 的水溶液,再用 0.22 μm 滤膜滤器过滤。此溶液现配现用。

(3) 0.2 mol/L K_2CO_3 的配制

用超纯水配制,0.22 μm 膜滤过,置 4 ℃ 备用,有效期为 3 个月。1.0 L

0.2 mol/L K_2CO_3 溶液配方：27.6 g 碳酸钾；超纯水定容至 1.0 L。

(4) 10% BSA 的配制

100.0 g BSA，超纯水定容至 1.0 L。0.22 μm 膜滤过，置 −20 ℃备用，有效期为 3 个月。

(5) 10% PVP-40 的配制

100.0 g PVP-40，超纯水定容至 1.0 L。0.22 μm 膜滤过，置 −20 ℃备用，有效期为 3 个月。

(6) 10% Tween-20 的配制

100.0 mL Tween-20，超纯水稀释定容至 1.0 L。0.22 μm 膜滤过，置 −20 ℃ 备用，有效期为 3 个月。

(7) 10%叠氮化钠的配制

100.0 g 叠氮化钠，超纯水定容至 1.0 L。0.22 μm 膜滤过，置 −20 ℃备用，有效期为 3 个月。

(8) 玻璃器皿清洁液

重铬酸钾 1000 g，浓硫酸 2500 mL，加蒸馏水至 10 L。

(9) 胶体金标记物稀释缓冲液的配制

取 25 g 蔗糖于 250 mL 试剂瓶中，加入 5 mL 10%BSA，0.2 M pH 7.4 PB 定容至 100 mL，加入 200 μL 10%叠氮化钠。

(10) 金标垫处理液的配置

称取海藻糖 30.0 g、BSA 5 g、蔗糖 15 g 于 1.0 L 试剂瓶中，加入 0.02 mol/L PBS(pH 7.4)100 mL，3.1 mL Triton-100，加超纯水定容至 1 L。

(11) 样品垫处理液的配置

称取海藻糖 1.8 g、BSA 6 g、酪蛋白 2.5 g、PVP-k40 5.4 g、Na_2HPO_4 13.578 g、NaH_2PO_4 2.8 g、NaCl 4.015 g 于 1.0 L 试剂瓶中，加入 5 mL Tween-20，加超纯水定容至 1 L。

(12) 抗原、二抗稀释液的配置

称取 2 g 海藻糖、3 mL 甲醇，加 0.02 M PBS(pH 7.4)定容至 100 mL。

(13) 0.2 mol/L PB(pH 7.4)

称取 2.3 g Na_2HPO_4 和 0.456 g NaH_2PO_4，加超纯水溶解后定容至 1.0 L，高压灭菌 20 min 后常温保存，工作液 pH 为 7.4。

(14) 0.02 mol/L PBS(pH 7.4)

称取 17.4 g NaCl、2.3 g Na_2HPO_4 和 0.456 g NaH_2PO_4，加超纯水溶解后定容至 1.0 L，高压灭菌 20 min 后常温保存，工作液 pH 为 7.4。

(15) 5%二氯二甲硅烷的氯仿溶液

将 25 mL 二氯二甲硅烷溶解在 475 mL 的氯仿溶液中，密封保存。

4.2.3 方法及结果

4.2.3.1 胶体金的制备方法

1. 玻璃器皿的清洁

① 所有玻璃器皿先用自来水流水冲洗干净,将其浸泡在酸液(重铬酸钾 1000 g,浓硫酸 2500 mL,加蒸馏水至 10000 mL)中 24 h。

② 取出后用自来水冲洗 8 遍,蒸馏水洗涤 3 遍后烘干,然后硅化。

③ 硅化过程是将玻璃容器浸泡于 5%的二氯二甲硅烷的氯仿溶液中 1 min,然后用超纯水冲洗,再干燥备用。

④ 专用的清洁器皿以第一次生成的胶体金稳定其表面,弃去后以双蒸水淋洗,可代替硅化处理。

2. 胶体金的制备方法

① 取用超纯水 98 mL 置于圆底烧瓶内,放在磁力搅拌加热器上加热至沸腾,3 min 后加入 2 mL 1%氯金酸继续加热,直至煮沸,约 3 min。

② 准确吸取 2.0 mL、3.0 mL、4.0 mL、5.0 mL、6 mL、8 mL 的 1%柠檬酸三钠,分别迅速加入圆底烧瓶中,开启搅拌功能,此时可观察到淡黄色的氯金酸水溶液在柠檬酸钠加入后很快变灰色,继而转成黑色(搅拌转速调为缓慢),随后逐渐稳定成红色,全过程 2~3 min。直至金黄色的氯金酸变成红色后 15 min,停止反应,加入柠檬酸三钠的量和金颗粒直径大小的关系,以及金颗粒的基本特性如表 4.1 所示。

表 4.1 胶体金制备中柠檬酸三钠的使用量和金颗粒直径大小的关系

1%柠檬酸三钠*	金颗粒直径	最大吸收峰(OD)	呈 色
2.00 mL	16 nm	518 nm	橙红色
1.50 mL	24.5 nm	522 nm	酒红色
1.00 mL	41 nm	525 nm	酒红色
0.70 mL	71.5 nm	535 nm	紫红色

* 还原 100 mL 0.01%$HAuCl_4$ 所需量。

③ 制备的胶体金悬液冷却至室温后用超纯水恢复至原体积,加入 0.02%的 NaN_3,经一次性灭菌滤器过滤,装入洁净棕色玻璃瓶中 4 ℃冰箱保存备用。为鉴

定制备的胶体金颗粒的质量,可以用电镜观察胶体金的直径大小及均匀度,选择合适直径的胶体金颗粒。

④ 胶体金颗粒质量及大小的鉴定,也可采用紫外分光光度计对胶体金悬液在450~600 nm之间扫描并记录最大吸收波长。制备合格的胶体金放在4 ℃保存。

4.2.3.2 金标抗体的制备方法优化及结果

1. 瘦肉精抗体标记量的优化方法及结果

采用经典NaCl滴定法确定最佳标记量:取1.5 mL离心管7个,各加入胶体金1 mL。取不同浓度的待标记的莱克多巴胺、盐酸克伦特罗、沙丁胺醇抗体各取10 μL(具体浓度见表4.2),加入胶体金中,混匀,静置5 min;再于上述管中分别加入0.1 mL 10% NaCl溶液,混匀,静置20 min,观察结果。

由图4.3、表4.2可知,胶体金标记莱克多巴胺抗体最适蛋白标记量为3 μg/mL。

图4.3 胶体金标记莱克多巴胺抗体最适量的确定

表4.2 胶体金标记莱克多巴胺抗体最适量的确定

1 mL胶体金中莱克多巴胺抗体量	体系颜色	体系稳定性
1 μg	蓝色	差
1.5 μg	蓝色	差
2 μg	蓝红色	较差
2.5 μg	蓝红色	较差
3 μg	紫红色	好
3.5 μg	紫红色	好
4 μg	紫红色	好

由图4.4、表4.3可知,胶体金标记盐酸克伦特罗抗体最适蛋白标记量为5 μg/mL。

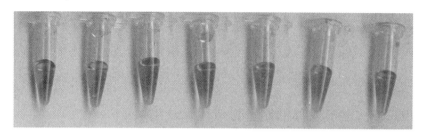

图 4.4　胶体金标记盐酸克伦特罗抗体最适量的确定

表 4.3　胶体金标记盐酸克伦特罗抗体最适量的确定

1 mL 胶体金中盐酸克伦特罗抗体量	体系颜色	体系稳定性
1 μg	蓝色	差
2 μg	蓝色	差
3 μg	蓝红色	较差
4 μg	蓝红色	较差
5 μg	紫红色	好
6 μg	紫红色	好
7 μg	紫红色	好

由图 4.5、表 4.4 可知,胶体金标记沙丁胺醇抗体最适蛋白标记量为 2.3 μg/mL。

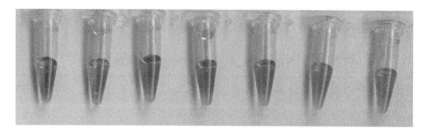

图 4.5　胶体金标记沙丁胺醇抗体最适量的确定

表 4.4　胶体金标记沙丁胺醇抗体最适量的确定

1 mL 胶体金中沙丁胺醇抗体量	体系颜色	体系稳定性
0.7 μg	蓝色	差
1.1 μg	蓝色	差
1.5 μg	蓝红色	较差
1.9 μg	蓝红色	较差

1 mL 胶体金中沙丁胺醇抗体量	体系颜色	体系稳定性
2.3 μg	紫红色	好
2.7 μg	紫红色	好
3.1 μg	紫红色	好

2. 瘦肉精抗体标记 pH 的优化方法及结果

取 1.5 mL 离心管 7 个,各加入胶体金 1 mL,分别向其中加入 1 μL、3 μL、5 μL、7 μL、9 μL、11 μL、13 μL 0.2 mol/L 的 K_2CO_3 后,根据上一步骤确定的最适标记量加入抗体,考察体系的稳定性。

由表 4.5 可知,当 1 mL 体系中加入 9～11 μL 0.2 mol/L K_2CO_3 时,体系的稳定性较好,经测定,在加入量时,体系的 pH 为 9.5～10。

表 4.5 莱克多巴胺最适抗体标记 pH 的确定

0.2 mol/L K_2CO_3 加入量	体系颜色	体系稳定性
1 μL	蓝色	差
3 μL	蓝色	差
5 μL	蓝红色	较差
7 μL	蓝红色	较差
9 μL	紫红色	好
11 μL	紫红色	好
13 μL	蓝红色	较差

由表 4.6 可知,当 1 mL 体系中加入 7～9 μL 0.2 mol/L K_2CO_3 时,体系的稳定性较好,经测定,在加入量时,体系的 pH 为 8.0～8.5。

表 4.6 盐酸克伦特罗最适抗体标记 pH 的确定

0.2 mol/L K_2CO_3 加入量	体系颜色	体系稳定性
1 μL	蓝色	差
3 μL	蓝色	差
5 μL	蓝红色	较差
7 μL	紫红色	好
9 μL	紫红色	好
11 μL	蓝红色	较差
13 μL	蓝红色	较差

由表 4.7 可知,当 1 mL 体系中加入 7~9 μL 0.2 mol/L K_2CO_3 时,体系的稳定性较好,经测定,在加入量时,体系的 pH 为 8.0~8.5。

表 4.7 沙丁胺醇最适抗体标记 pH 的确定

0.2 mol/L K_2CO_3 加入量	体系颜色	体系稳定性
1 μL	蓝色	差
3 μL	蓝色	差
5 μL	蓝红色	较差
7 μL	紫红色	好
9 μL	紫红色	好
11 μL	蓝红色	较差
13 μL	蓝红色	较差

3. 金标抗体的制备

① 取 25 mL 胶体金加入 3 个 50 mL 离心管中,分别加入 200 μL、200 μL、250 μL 0.2 M 的 K_2CO_3 充分混匀。

② 取莱克多巴胺抗体 75 μg、盐酸克伦特罗抗体 125 μg、沙丁胺醇抗体 57.5 μg,分别用 0.01 M pH 7.4 PBS 5 倍稀释后,分别加入 3 个 50 mL 离心管中(其中莱克多巴胺抗体加入混有 250 μL K_2CO_3 的胶体金中),混匀,室温静置 30 min,使抗体与胶体金充分结合。

③ 分别向上述三个离心管中加入 2500 μL 10% BSA 溶液,混匀,室温静置 30 min,封闭未与抗体结合的胶体金。

④ 8500 r/min,4 ℃,离心 30 min,弃上清,取沉淀。分别加入 2500 μL 胶体金标记物稀释缓冲液,复溶。

4.2.3.3 胶体金检测试条的制备方法优化及结果

1. 喷金

取上述经复溶的金标抗体 2.5 mL,用喷金划膜仪均匀喷涂在金标结合垫(25 cm×30 cm)上(约 1.5 μL/cm),然后用网格托盘将其移入一个真空干燥箱内,37 ℃真空干燥 2 h,干燥后加干燥剂密封于铝箔袋中,室温存放待用。

2. 硝酸纤维反应膜的制备

(1) T 线、C 线包被体积的确定

根据硝酸纤维素膜生产厂家——Millipore 公司、自动喷膜机厂家——Bio-Dot 公司对检测线及质控线包被的蛋白浓度的实验建议,我们选择检测线和质控线的包被体积即喷膜量的值为 0.8 μL/cm。

(2) T 线包被浓度的优化

将莱克多巴胺抗原用抗原稀释液稀释到终浓度分别为 0.5 mg/mL、0.375 mg/mL、0.25 mg/mL、0.125 mg/mL,盐酸克伦特罗抗原用抗原稀释液稀释到终浓度分别为 1 mg/mL、0.75 mg/mL、0.5 mg/mL、0.25 mg/mL,沙丁胺醇抗原用抗原稀释液稀释到终浓度分别为 1.2 mg/mL、1 mg/mL、0.8 mg/mL、0.6 mg/mL。质控线暂选浓度为 1 mg/mL 的二抗,用喷金划膜仪将 T 线和 C 线划至硝酸纤维膜上,并与制备好的金标结合垫组合,制备金标试剂条小样以及与其他辅料依次粘贴制成速测卡,使用 3 μg/L 的相应标准溶液对试条进行测试。

莱克多巴胺检测线包被浓度的优化及结果如表 4.8 所示。

表 4.8 莱克多巴胺检测线包被浓度的优化及结果

标品浓度 抗原浓度	0.5 mg/mL	0.375 mg/mL	0.25 mg/mL	0.125 mg/mL
3 μg/L	−	±	+	+
0	−	−	−	±

注:表中"+"表示 T 线消除,"−"表示 T 线显现,"±"表示介于两者之间。

由表 4.8 中的结果确定莱克多巴胺检测线的包被浓度为 0.25 mg/mL。

盐酸克伦特罗检测线包被浓度的优化及结果如表 4.9 所示。

表 4.9 盐酸克伦特罗检测线包被浓度的优化及结果

标品浓度 抗原浓度	1 mg/mL	0.75 mg/mL	0.5 mg/mL	0.25 mg/mL
3 μg/L	−	±	+	+
0	−	−	−	±

注:表中"+"表示 T 线消除,"−"表示 T 线显现,"±"表示介于两者之间。

由表 4.9 中的结果确定盐酸克伦特罗检测线的包被浓度为 0.5 mg/mL。

沙丁胺醇检测线包被浓度的优化及结果如表 4.10 所示。

表 4.10 沙丁胺醇检测线包被浓度的优化及结果

标品浓度 抗原浓度	1.2 mg/mL	1 mg/mL	0.8 mg/mL	0.6 mg/mL
3 μg/L	−	±	+	+
0	−	−	−	±

注:表中"+"表示 T 线消除,"−"表示 T 线显现,"±"表示介于两者之间。

由表 4.10 中的结果确定沙丁胺醇检测线的包被浓度为 0.8 mg/mL。

(3) 质控线包被浓度的确定

分别将羊抗兔 IgG(莱克多巴胺、沙丁胺醇)、羊抗鼠 IgG(盐酸克伦特罗)稀释成不同浓度,即 2 mg/mL、1.5 mg/mL、1 mg/mL、0.5 mg/mL,与步骤(2)经优化的抗原浓度一起进行质控线包被。

将已经喷涂了上述浓度质控线的硝酸纤维素膜与制备好的金标结合垫组合,制备金标试剂条小样以及与其他辅料依次粘贴制成速测卡,再检测 PBS 溶液与猪尿样品。

莱克多巴胺羊抗兔 IgG 质控线包被浓度的优化及结果如表 4.11 所示。

表 4.11 莱克多巴胺羊抗兔 IgG 质控线包被浓度的优化及结果

检测样品 \ 莱克浓度	2 mg/mL	1.5 mg/mL	1 mg/mL	0.5 mg/mL
PBS 溶液	++	++	+	±
猪尿样品	+	+	+	−

注:+表示条带清晰、集中、不扩散,−表示条带颜色不集中、不清晰、有扩散,±表示处于+与−之间。

表 4.11 表明,包被浓度为 1 mg/mL 的莱克多巴胺羊抗兔 IgG 在 PBS 溶液和猪尿样品中显色条带清晰、集中,因此选该浓度作为最终的 C 线浓度。

盐酸克伦特罗羊抗鼠 IgG 质控线包被浓度的优化及结果如表 4.12 所示。

表 4.12 盐酸克伦特罗羊抗鼠 IgG 质控线包被浓度的优化及结果

检测样品 \ 克伦浓度	2 mg/mL	1.5 mg/mL	1 mg/mL	0.5 mg/mL
PBS 溶液	++	++	+	±
猪尿样品	+	+	+	−

注:+表示条带清晰、集中、不扩散,−表示条带颜色不集中、不清晰、有扩散,±表示处于+与−之间。

表 4.12 表明,包被浓度为 1 mg/mL 的盐酸克伦特罗羊抗鼠 IgG 在 PBS 溶液和猪尿样品中显色条带清晰、集中。

沙丁胺醇羊抗兔 IgG 质控线包被浓度的优化及结果如表 4.13 所示。

表 4.13 沙丁胺醇羊抗兔 IgG 质控线包被浓度的优化及结果

检测样品 \ 沙丁浓度	2 mg/mL	1.5 mg/mL	1 mg/mL	0.5 mg/mL
PBS 溶液	++	++	+	±
猪尿样品	+	+	+	−

注:+表示条带清晰、集中、不扩散,−表示条带颜色不集中、不清晰、有扩散,±表示处于+与−之间。

表 4.13 表明,包被浓度为 1 mg/mL 的沙丁胺醇羊抗兔 IgG 在 PBS 溶液和猪尿样品中显色条带清晰、集中。

3. 试纸条的组装

如图 4.6 所示,将 NC 膜平贴于背衬的中央。要注意伸展平贴,贴后不能有空隙或气泡。胶金垫平贴于 NC 膜 T 线的下方,重叠 NC 膜 0.3 cm,样品垫再平贴于胶金垫上,重叠胶金垫一部分。将吸水纸平放于 NC 膜 C 线的一端,重叠 NC 膜 0.3 cm,并用 CM4000 切条机将其切成 3 mm 宽的试纸条,于 4 ℃ 干燥保存,备用。

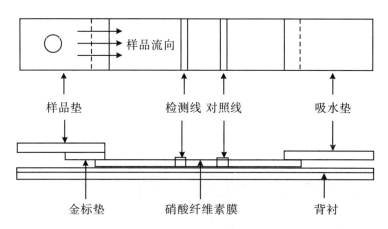

图 4.6 胶体金试纸条结构示意图

4. 预期反应状况及结果

样品中的抗原首先与金标抗体发生反应,形成复合物。当样品沿着试纸条通过毛细作用向上泳动时,如果被检样品中不含有抗原或含有抗原低于检测限时,多出的金标抗体与被固定在 NC 膜检测线处的抗原结合显色,没结合完的金标抗体继续流动,与被固定在 NC 膜质控线处的二抗结合显色,结果呈现为阴性;如果被检样品中抗原含量高于检测限时,样品中的抗原与金标抗体结合,导致没有多出的金标抗体与被固定在 NC 膜检测线处的抗原结合,检测线不出线,与样品中抗原结合的金标抗体继续流动,与被固定在 NC 膜质控线处的二抗结合显色,结果呈现为阳性;质控线内未出现红色条带,表明操作过程不正确或试纸条失效,如图 4.7 所示。

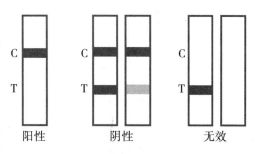

图 4.7 检测结果示意图

4.2.3.4 试纸条的性能测定试验

1. 灵敏度实验

三种瘦肉精分别取经过 ELISA 试剂盒检测过的尿样,每种各 60 份用胶体金卡检测,比较两者的结果判定。

莱克多巴胺胶体金卡灵敏度检测结果如表 4.14 所示。

表 4.14 莱克多巴胺胶体金卡灵敏度检测结果

标本编号	ELISA 结果	胶体金结果	标本编号	ELISA 结果	胶体金结果
1	2.14 μg/L	阴性	24	2.92 μg/L	阳性
2	<1 μg/L	阴性	25	5.41 μg/L	阳性
3	1.53 μg/L	阳性	26	3.25 μg/L	阳性
4	1.36 μg/L	阴性	27	4.84 μg/L	阳性
5	1.71 μg/L	阴性	28	7.25 μg/L	阳性
6	2.10 μg/L	阴性	29	2.77 μg/L	阳性
7	3.81 μg/L	阳性	30	3.42 μg/L	阳性
8	5.43 μg/L	阳性	31	5.62 μg/L	阳性
9	2.06 μg/L	阴性	32	2.49 μg/L	阴性
10	4.52 μg/L	阳性	33	2.13 μg/L	阴性
11	3.64 μg/L	阳性	34	3.21 μg/L	阳性
12	2.59 μg/L	阳性	35	1.85 μg/L	阴性
13	2.87 μg/L	阳性	36	5.23 μg/L	阳性
14	<1 μg/L	阴性	37	3.32 μg/L	阳性
15	4.97 μg/L	阳性	38	2.97 μg/L	阳性
16	6.35 μg/L	阳性	39	3.52 μg/L	阳性
17	2.25 μg/L	阴性	40	1.69 μg/L	阴性
18	5.04 μg/L	阳性	41	2.55 μg/L	阳性
19	<1 μg/L	阴性	42	6.18 μg/L	阳性
20	3.39 μg/L	阳性	43	4.39 μg/L	阳性
21	5.72 μg/L	阳性	44	1.15 μg/L	阴性
22	8.30 μg/L	阳性	45	6.41 μg/L	阳性
23	3.53 μg/L	阳性	46	1.45 μg/L	阴性

续表

标本编号	ELISA 结果	胶体金结果	标本编号	ELISA 结果	胶体金结果
47	3.46 μg/L	阳性	54	1.72 μg/L	阴性
48	1.75 μg/L	阴性	55	5.39 μg/L	阳性
49	5.42 μg/L	阳性	56	1.62 μg/L	阴性
50	6.03 μg/L	阳性	57	5.54 μg/L	阳性
51	2.68 μg/L	阳性	58	1.88 μg/L	阴性
52	2.04 μg/L	阴性	59	6.15 μg/L	阳性
53	3.39 μg/L	阳性	60	1.19 μg/L	阴性

由表 4.14 可知,项目研发的莱克多巴胺检测试条灵敏度很高,3 ppb 检测限完全可以实现。

盐酸克伦特罗胶体金卡灵敏度检测结果如表 4.15 所示。

表 4.15　盐酸克伦特罗胶体金卡灵敏度检测结果

标本编号	ELISA 结果	胶体金结果	标本编号	ELISA 结果	胶体金结果
1	2.14 μg/L	阴性	20	3.39 μg/L	阳性
2	<1 μg/L	阴性	21	5.72 μg/L	阳性
3	1.53 μg/L	阳性	22	8.30 μg/L	阳性
4	1.36 μg/L	阴性	23	3.53 μg/L	阳性
5	1.71 μg/L	阴性	24	2.92 μg/L	阳性
6	2.10 μg/L	阴性	25	5.41 μg/L	阳性
7	3.81 μg/L	阳性	26	3.25 μg/L	阳性
8	5.43 μg/L	阳性	27	4.84 μg/L	阳性
9	2.06 μg/L	阴性	28	7.25 μg/L	阳性
10	4.52 μg/L	阳性	29	2.77 μg/L	阳性
11	3.64 μg/L	阳性	30	3.42 μg/L	阳性
12	2.59 μg/L	阳性	31	5.62 μg/L	阳性
13	2.87 μg/L	阳性	32	2.49 μg/L	阴性
14	<1 μg/L	阴性	33	2.13 μg/L	阴性
15	4.97 μg/L	阳性	34	3.21 μg/L	阳性
16	6.35 μg/L	阳性	35	1.85 μg/L	阴性
17	2.25 μg/L	阳性	36	5.23 μg/L	阳性
18	5.04 μg/L	阳性	37	3.32 μg/L	阳性
19	<1 μg/L	阴性	38	2.97 μg/L	阳性

续表

标本编号	ELISA 结果	胶体金结果	标本编号	ELISA 结果	胶体金结果
39	3.52 μg/L	阳性	50	6.03 μg/L	阳性
40	1.69 μg/L	阴性	51	2.68 μg/L	阳性
41	2.55 μg/L	阳性	52	2.04 μg/L	阴性
42	6.18 μg/L	阳性	53	3.39 μg/L	阳性
43	4.39 μg/L	阳性	54	1.72 μg/L	阴性
44	1.15 μg/L	阴性	55	5.39 μg/L	阳性
45	6.41 μg/L	阳性	56	1.62 μg/L	阴性
46	1.45 μg/L	阴性	57	5.54 μg/L	阳性
47	3.46 μg/L	阳性	58	1.88 μg/L	阴性
48	1.75 μg/L	阴性	59	6.15 μg/L	阳性
49	5.42 μg/L	阳性	60	1.19 μg/L	阴性

由表 4.15 可知，项目研发的盐酸克伦特罗检测试条灵敏度很高，3 ppb 检测限完全可以实现。

沙丁胺醇胶体金卡灵敏度检测结果如表 4.16 所示。

表 4.16 沙丁胺醇胶体金卡灵敏度检测结果

标本编号	ELISA 结果	胶体金结果	标本编号	ELISA 结果	胶体金结果
1	2.14 μg/L	阴性	14	<1 μg/L	阴性
2	<1 μg/L	阴性	15	4.97 μg/L	阳性
3	1.53 μg/L	阳性	16	6.35 μg/L	阳性
4	1.36 μg/L	阴性	17	2.25 μg/L	阴性
5	1.71 μg/L	阴性	18	5.04 μg/L	阳性
6	2.10 μg/L	阴性	19	<1 μg/L	阴性
7	3.81 μg/L	阳性	20	3.39 μg/L	阳性
8	5.43 μg/L	阳性	21	5.72 μg/L	阳性
9	2.06 μg/L	阳性	22	8.30 μg/L	阳性
10	4.52 μg/L	阳性	23	3.53 μg/L	阳性
11	3.64 μg/L	阳性	24	2.92 μg/L	阳性
12	2.59 μg/L	阳性	25	5.41 μg/L	阳性
13	2.87 μg/L	阳性	26	3.25 μg/L	阳性

续表

标本编号	ELISA 结果	胶体金结果	标本编号	ELISA 结果	胶体金结果
27	4.84 μg/L	阳性	44	1.15 μg/L	阴性
28	7.25 μg/L	阳性	45	6.41 μg/L	阳性
29	2.77 μg/L	阳性	46	1.45 μg/L	阴性
30	3.42 μg/L	阳性	47	3.46 μg/L	阳性
31	5.62 μg/L	阳性	48	1.75 μg/L	阴性
32	2.49 μg/L	阴性	49	5.42 μg/L	阳性
33	2.13 μg/L	阴性	50	6.03 μg/L	阳性
34	3.21 μg/L	阳性	51	2.68 μg/L	阳性
35	1.85 μg/L	阴性	52	2.04 μg/L	阴性
36	5.23 μg/L	阳性	53	3.39 μg/L	阳性
37	3.32 μg/L	阳性	54	1.72 μg/L	阴性
38	2.97 μg/L	阳性	55	5.39 μg/L	阳性
39	3.52 μg/L	阳性	56	1.62 μg/L	阴性
40	1.69 μg/L	阴性	57	5.54 μg/L	阳性
41	2.55 μg/L	阳性	58	1.88 μg/L	阴性
42	6.18 μg/L	阳性	59	6.15 μg/L	阳性
43	4.39 μg/L	阳性	60	1.19 μg/L	阴性

由表 4.16 可知，项目研发的沙丁胺醇检测试条灵敏度很高，3 ppb 检测限完全可以实现。

2. 特异性试验

用已知阴性尿液配制盐酸克伦特罗、肾上腺素、去甲肾上腺素、异丙肾上腺素、沙丁胺醇、莱克多巴胺及常用抗菌药物(泰妙菌素、泰乐菌素、磺胺嘧啶、磺胺甲基嘧啶、磺胺二甲基嘧啶、磺胺对甲氧嘧啶、磺胺间甲氧嘧啶、磺胺甲恶唑、青霉素钠、氨苄青霉素、硫酸链霉素、硫酸庆大霉素、氯霉素、四环素、土霉素、呋喃唑酮、恩诺沙星、环丙沙星)不同浓度的标准品溶液，用检测卡进行检测。

莱克多巴胺胶体金卡交叉反应结果如表 4.17 所示。

表 4.17 莱克多巴胺胶体金卡交叉反应结果表

样品名称	样品浓度						
	0	10 μg/L	20 μg/L	50 μg/L	100 μg/L	200 μg/L	500 μg/L
莱克多巴胺	−	+	+	+	+	+	+
盐酸克伦特罗	−	−	−	−	−	−	−
沙丁胺醇	−	−	−	−	−	−	−
肾上腺素	−	−	−	−	−	−	−
去甲肾上腺素	−	−	−	−	−	−	−
异丙肾上腺素	−	−	−	−	−	−	−
泰妙菌素	−	−	−	−	−	−	−
泰乐菌素	−	−	−	−	−	−	−
磺胺嘧啶	−	−	−	−	−	−	−
磺胺甲基嘧啶	−	−	−	−	−	−	−
磺胺二甲基嘧啶	−	−	−	−	−	−	−
磺胺二甲氧嘧啶	−	−	−	−	−	−	−
磺胺间甲氧嘧啶	−	−	−	−	−	−	−
磺胺甲恶唑	−	−	−	−	−	−	−
青霉素钠	−	−	−	−	−	−	−
氨苄青霉素	−	−	−	−	−	−	−
硫酸链霉素	−	−	−	−	−	−	−
硫酸庆大霉素	−	−	−	−	−	−	−
氯霉素	−	−	−	−	−	−	−
四环素	−	−	−	−	−	−	−
土霉素	−	−	−	−	−	−	−
呋喃唑酮	−	−	−	−	−	−	−
恩诺沙星	−	−	−	−	−	−	−
环丙沙星	−	−	−	−	−	−	−

注：① "＋"为阳性，"−"为阴性；② 每个样品浓度重复测 10 次。

表 4.17 表明除含莱克多巴胺的样品呈阳性外，其他样品均呈阴性。

盐酸克伦特罗胶体金卡交叉反应结果如表 4.18 所示。

表 4.18 盐酸克伦特罗胶体金卡交叉反应结果表

样品名称	样品浓度						
	0	10 μg/L	20 μg/L	50 μg/L	100 μg/L	200 μg/L	500 μg/L
盐酸克伦特罗	−	＋	＋	＋	＋	＋	＋
莱克多巴胺	−	−	−	−	−	−	−
沙丁胺醇	−	−	−	−	−	−	−
肾上腺素	−	−	−	−	−	−	−
去甲肾上腺素	−	−	−	−	−	−	−
异丙肾上腺素	−	−	−	−	−	−	−
泰妙菌素	−	−	−	−	−	−	−
泰乐菌素	−	−	−	−	−	−	−
磺胺嘧啶	−	−	−	−	−	−	−
磺胺甲基嘧啶	−	−	−	−	−	−	−
磺胺二甲基嘧啶	−	−	−	−	−	−	−
磺胺二甲氧嘧啶	−	−	−	−	−	−	−
磺胺间甲氧嘧啶	−	−	−	−	−	−	−
磺胺甲恶唑	−	−	−	−	−	−	−
青霉素钠	−	−	−	−	−	−	−
氨苄青霉素	−	−	−	−	−	−	−
硫酸链霉素	−	−	−	−	−	−	−
硫酸庆大霉素	−	−	−	−	−	−	−
氯霉素	−	−	−	−	−	−	−
四环素	−	−	−	−	−	−	−
土霉素	−	−	−	−	−	−	−
呋喃唑酮	−	−	−	−	−	−	−
恩诺沙星	−	−	−	−	−	−	−
环丙沙星	−	−	−	−	−	−	−

注：① "＋"为阳性，"−"为阴性；② 每个样品浓度重复测 10 次。

表 4.18 表明除含盐酸克伦特罗的样品呈阳性外，其他样品均呈阴性。

沙丁胺醇胶体金卡交叉反应结果如表 4.19 所示。

表 4.19 沙丁胺醇胶体金卡交叉反应结果表

样品名称	样品浓度						
	0	10 μg/L	20 μg/L	50 μg/L	100 μg/L	200 μg/L	500 μg/L
沙丁胺醇	−	+	+	+	+	+	+
莱克多巴胺	−	−	−	−	−	−	−
盐酸克伦特罗	−	−	−	−	−	−	−
肾上腺素	−	−	−	−	−	−	−
去甲肾上腺素	−	−	−	−	−	−	−
异丙肾上腺素	−	−	−	−	−	−	−
泰妙菌素	−	−	−	−	−	−	−
泰乐菌素	−	−	−	−	−	−	−
磺胺嘧啶	−	−	−	−	−	−	−
磺胺甲基嘧啶	−	−	−	−	−	−	−
磺胺二甲基嘧啶	−	−	−	−	−	−	−
磺胺二甲氧嘧啶	−	−	−	−	−	−	−
磺胺间甲氧嘧啶	−	−	−	−	−	−	−
磺胺甲恶唑	−	−	−	−	−	−	−
青霉素钠	−	−	−	−	−	−	−
氨苄青霉素	−	−	−	−	−	−	−
硫酸链霉素	−	−	−	−	−	−	−
硫酸庆大霉素	−	−	−	−	−	−	−
氯霉素	−	−	−	−	−	−	−
四环素	−	−	−	−	−	−	−
土霉素	−	−	−	−	−	−	−
呋喃唑酮	−	−	−	−	−	−	−
恩诺沙星	−	−	−	−	−	−	−
环丙沙星	−	−	−	−	−	−	−

注：① "＋"为阳性，"－"为阴性；② 每个样品浓度重复测 10 次。

表 4.19 表明除含沙丁胺醇的样品呈阳性外，其他样品均呈阴性。

3. 重复性试验

取 3 批次莱克多巴胺快速检测卡分别检测添加莱克多巴胺标准浓度为 0、2 μg/L、2.5 μg/L、3 μg/L 的猪尿样各 20 份。室温条件下操作，肉眼观测进行判定。

莱克多巴胺胶体金检测卡重复性实验结果如表 4.20 所示。

表 4.20 莱克多巴胺胶体金检测卡重复性实验结果

2 μg/L	批次1	批次2	批次3	2.5 μg/L	批次1	批次2	批次3	3 μg/L	批次1	批次2	批次3	0	批次1	批次2	批次3
1	+	+	+	1	+	+	+	1	+	+	+	1	—	—	—
2	+	+	+	2	+	+	+	2	+	+	+	2	—	—	—
3	+	+	+	3	+	+	+	3	+	+	+	3	—	—	—
4	+	+	+	4	+	+	+	4	+	+	+	4	—	—	—
5	+	+	+	5	+	+	+	5	+	+	+	5	—	—	—
6	+	+	+	6	+	+	+	6	+	+	+	6	—	—	—
7	+	+	+	7	+	+	+	7	+	+	+	7	—	—	—
8	+	+	+	8	+	+	+	8	+	+	+	8	—	—	—
9	+	+	+	9	+	+	+	9	+	+	+	9	—	—	—
10	+	+	+	10	+	+	+	10	+	+	+	10	—	—	—
11	+	+	+	11	+	+	+	11	+	+	+	11	—	—	—
12	+	+	+	12	+	+	+	12	+	+	+	12	—	—	—
13	+	+	+	13	+	+	+	13	+	+	+	13	—	—	—
14	+	+	+	14	+	+	+	14	+	+	+	14	—	—	—
15	+	+	+	15	+	+	+	15	+	+	+	15	—	—	—
16	+	+	+	16	+	+	+	16	+	+	+	16	—	—	—
17	+	+	+	17	+	+	+	17	+	+	+	17	—	—	—
18	+	+	+	18	+	+	+	18	+	+	+	18	—	—	—
19	+	+	+	19	+	+	—	19	+	+	+	19	—	—	—
20	+	+	+	20	+	+	+	20	+	+	+	20	—	—	—

表 4.20 表明项目研发的莱克多巴胺胶体金试条检测方法具有良好的重复性。盐酸克伦特罗胶体金检测卡重复性实验结果如表 4.21 所示。

表 4.21　盐酸克伦特罗胶体金检测卡重复性实验结果

2 μg/L	检测结果			2.5 μg/L	检测结果			3 μg/L	检测结果			0	检测结果		
	批次1	批次2	批次3		批次1	批次2	批次3		批次1	批次2	批次3		批次1	批次2	批次3
1	−	+	−	1	−	−	+	1	+	+	+	1	−	−	−
2	−	−	−	2	+	−	+	2	+	+	+	2	−	−	−
3	−	−	−	3	+	+	+	3	+	+	+	3	−	−	−
4	−	−	−	4	+	+	−	4	+	+	+	4	−	−	−
5	+	−	−	5	−	−	−	5	+	+	+	5	−	−	−
6	−	−	−	6	−	−	−	6	+	+	+	6	−	−	−
7	−	−	−	7	+	+	+	7	+	+	+	7	−	−	−
8	−	−	−	8	−	−	−	8	+	+	+	8	−	−	−
9	−	−	+	9	+	+	−	9	+	+	+	9	−	−	−
10	−	−	−	10	−	+	−	10	+	+	+	10	−	−	−
11	−	−	−	11	+	+	+	11	+	+	+	11	−	−	−
12	−	−	−	12	+	+	+	12	+	+	+	12	−	−	−
13	−	−	−	13	−	−	−	13	+	+	+	13	−	−	−
14	−	−	+	14	−	−	−	14	+	+	+	14	−	−	−
15	−	−	−	15	−	−	−	15	+	+	+	15	−	−	−
16	−	−	−	16	−	−	−	16	+	+	+	16	−	−	−
17	−	−	−	17	−	−	−	17	+	+	+	17	−	−	−
18	−	−	−	18	+	+	+	18	+	+	+	18	−	−	−
19	−	−	−	19	+	+	−	19	+	+	+	19	−	−	−
20	−	−	−	20	−	+	−	20	+	+	+	20	−	−	−

表 4.21 表明项目研发的盐酸克伦特罗胶体金试条检测方法具有良好的重复性。

沙丁胺醇胶体金检测卡重复性实验结果如表 4.22 所示。

表 4.22 沙丁胺醇胶体金检测卡重复性实验结果

2 μg/L	检测结果			2.5 μg/L	检测结果			3 μg/L	检测结果			0	检测结果		
	批次1	批次2	批次3		批次1	批次2	批次3		批次1	批次2	批次3		批次1	批次2	批次3
1	−	+	−	1	−	−	+	1	+	+	+	1	−	−	−
2	−	−	−	2	+	−	+	2	+	+	+	2	−	−	−
3	−	−	−	3	+	+	+	3	+	+	+	3	−	−	−
4	−	−	−	4	+	+	−	4	+	+	+	4	−	−	−
5	+	−	−	5	−	+	+	5	+	+	+	5	−	−	−
6	−	−	−	6	+	−	+	6	+	+	+	6	−	−	−
7	−	−	−	7	+	+	+	7	+	+	+	7	−	−	−
8	−	−	−	8	+	+	+	8	+	+	+	8	−	−	−
9	−	−	+	9	+	+	+	9	+	+	+	9	−	−	−
10	−	−	−	10	+	−	+	10	+	+	+	10	−	−	−
11	−	−	−	11	+	+	+	11	+	+	+	11	−	−	−
12	−	−	−	12	+	+	+	12	+	+	+	12	−	−	−
13	−	−	−	13	+	+	+	13	+	+	+	13	−	−	−
14	−	−	+	14	+	+	+	14	+	+	+	14	−	−	−
15	−	−	−	15	+	+	+	15	+	+	+	15	−	−	−
16	−	−	−	16	+	+	+	16	+	+	+	16	−	−	−
17	−	−	−	17	+	+	+	17	+	+	+	17	−	−	−
18	−	−	−	18	+	+	+	18	+	+	+	18	−	−	−
19	−	−	−	19	+	+	+	19	+	+	+	19	−	−	−
20	−	−	−	20	−	+	+	20	+	+	+	20	−	−	−

表 4.22 表明项目研发的沙丁胺醇胶体金试条检测方法具有良好的重复性。

4. 保质期试验

室温放置 20 个月,用标准品头三个月内每月进行一次,此后每三个月或四个月或五个月进行一次质量测试。

莱克多巴胺胶体金检测卡保质期实验结果如表 4.23 所示。

表 4.23　莱克多巴胺胶体金检测卡保质期实验结果

日期	1月	2月	3月	6月	10月	15月	20月
外观	合格	合格	合格	合格	合格	合格	合格
灵敏度	20/20	20/20	20/20	20/20	20/20	20/20	20/20
特异性	20/20	20/20	20/20	20/20	20/20	20/20	20/20
重复性	20/20	20/20	20/20	20/20	20/20	20/20	20/20
爬速	合格	合格	合格	合格	合格	合格	合格

表 4.23 表明室温放置 20 个月,检测卡能达质量标准。

盐酸克伦特罗胶体金检测卡保质期实验结果如表 4.24 所示。

表 4.24　盐酸克伦特罗胶体金检测卡保质期实验结果

日期	1月	2月	3月	6月	10月	15月	20月
外观	合格	合格	合格	合格	合格	合格	合格
灵敏度	20/20	20/20	20/20	20/20	20/20	20/20	20/20
特异性	20/20	20/20	20/20	20/20	20/20	20/20	20/20
重复性	20/20	20/20	20/20	20/20	20/20	20/20	20/20
爬速	合格	合格	合格	合格	合格	合格	合格

表 4.24 表明室温放置 20 个月,检测卡能达质量标准。

沙丁胺醇胶体金检测卡保质期实验结果如表 4.25 所示。

表 4.25　沙丁胺醇胶体金检测卡保质期实验结果

日期	1月	2月	3月	6月	10月	15月	20月
外观	合格	合格	合格	合格	合格	合格	合格
灵敏度	20/20	20/20	20/20	20/20	20/20	20/20	20/20
特异性	20/20	20/20	20/20	20/20	20/20	20/20	20/20
重复性	20/20	20/20	20/20	20/20	20/20	20/20	20/20
爬速	合格	合格	合格	合格	合格	合格	合格

表 4.25 表明室温放置 20 个月,检测卡能达质量标准。

4.2.4 讨论

4.2.4.1 胶体金溶液的制备

胶体金是一种带负电荷的疏水胶,靠静电粒子相互排斥作用来维持稳定的胶体体系。质量较好的胶体金溶液应呈红色,胶体金颗粒应为球形,大小均一,无棱角。胶体金颗粒的形状如图4.8所示。大小不一,形状各异的胶体金颗粒会使胶体金溶液呈紫色。经大量实验发现,造成胶体金颗粒形状各异、大小不一的原因有很多。譬如还原剂的纯度不高,还原剂加入时不是快速、一次性地加入,还原剂加入后没有混匀,加热时间太短或受热不均。这样会造成氯金酸溶液被还原的状态不一样,使产生的胶体金颗粒大小不同,形状也不一样。而在实验方法成熟的基础上,玻璃器皿的洁净程度是胶体金的制备是否成功的关键,微量的杂质污染就会导致试验失败。本试验所用玻璃器皿均经酸泡、二氯二甲硅烷硅化处理后再经去离子水冲洗三次;所用试剂都是现用现配或一次性微孔滤膜过滤,4℃保存的。

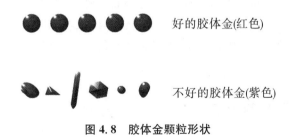

图4.8 胶体金颗粒形状

4.2.4.2 胶体金标记物的制备

胶体金溶液的pH是胶体金标记过程的技术关键点之一。只有胶体金溶液的pH等于或略高于蛋白质等电点(PI)时,二者才能形成稳定的复合物。因此,标记之前必须将胶体金溶液的pH调至待标记蛋白质的等电点略偏碱。在这种环境下,蛋白质呈电中性,蛋白质分子与胶体金颗粒相互间的静电作用较小,但蛋白质分子的表面张力却最大,处于一种微弱的水化状态,较易吸附于金颗粒的表面,由于蛋白质分子牢固地结合在金颗粒的表面,形成一个蛋白层,阻止了胶体金颗粒的相互接触,而使胶体金处于稳定状态;如果胶体金溶液的pH低于蛋白质的等电点时,蛋白质带正电荷,胶体金带负电荷,二者通过静电结合形成大的聚合物;如果胶体金溶液的pH高于蛋白质的等电点时,蛋白质带负电荷,与金颗粒的负电荷相互排斥而不能互相结合。需要提高胶体金的 pH 时可用 0.2 mol/L K_2CO_3，需要降低胶体金的 pH 时可用 0.1 mol/L HCl。

为防止蛋白质与胶体金的聚合与沉淀，常用牛血清白蛋白（BSA）、卵白蛋白（OVA）、聚乙二醇（PEG）、明胶等作稳定剂。加入稳定剂后的胶体金-蛋白标记物应在 4 ℃冰箱避光保存。

此外，如果蛋白质溶液内有多余的电解质（过高的盐类物质）会降低胶体金颗粒的 Zeta 电位，影响蛋白质的吸附，并可使溶胶发生沉淀。因此，抗体提纯后要进行透析除盐。待标记的蛋白质溶液不能含有微小颗粒，最好先用微孔滤膜或超速离心除去颗粒性物质。

4.2.4.3 制备试纸条试剂的选择

根据研究或检测目的的不同，选择的各种试剂也不尽相同。在胶体金免疫层析试纸条制备过程中，所用到的主要试剂有氯金酸，以及用作标记物或检测线和对照线的抗体。溶液中的盐离子会影响反应的发生，尤其是极性物质。另外，试验中所涉及的缓冲液，包括样品的稀释液、样品的处理液、胶体金标记的重悬液等，也是很重要的因素。在缓冲液中常加入一些活性剂、蛋白质剂等来保持试纸条的稳定性。但是，由于每种免疫层析试纸条中所用到的抗体都不一样，蛋白的分子量、生物活性、等电点都不相同，因此缓冲液体系也不是一成不变的，要通过大量的试验来摸索最佳的缓冲液体系。

4.2.4.4 原材料的选择

1. 硝酸纤维素膜（NC 膜）的选择

NC 膜是免疫层析试纸条中最重要的材料之一。膜的理化性能，如膜的厚度、孔径、长短、有无背衬等都直接或间接影响着膜的层析性能，膜的层析性能反过来又影响着免疫层析分析的敏感性、特异性和检测线的连续性。

膜的层析性能主要体现在两个方面：一方面是蛋白结合能力，另一方面是层析能力。对于某一 NC 膜而言，其结合蛋白的能力取决于蛋白分子的大小和结构，例如膜结合 IgG 的能力大约是 1 $\mu g/cm^2$，这远远大于产生可视信号所需蛋白的浓度。因此，蛋白结合能力一般不会影响试纸条的设计。膜的层析能力即层析率，主要指样品从膜的一端泳动到另一端的速度，由于层析率难以计量，因此一般用单位距离内的层析时间来表示，常用的是 Sec/4 cm；膜的层析能力是设计免疫层析试纸条时必须考虑的因素。

2. 金标垫的选择

金标垫作为胶体金标记物附着的载体,两端分别与样品垫和层析膜相连。理想的金标垫材料应满足以下要求:结合蛋白的能力尽量地低,保证其不能与胶体金标记物结合太牢而影响释放速度。均一的层析性能、均匀的基质容量、保证胶体金标记物以一定的速度释放,并尽可能地完全释放。可以用于金标垫的材料包括玻璃纤维棉、聚丙烯塑料、聚乙烯塑料等,最常用的材料是玻璃纤维棉。玻璃纤维棉是胶体金标记物的载体,在检测时,要保证胶体金标记物在一定时间内以适当的速度释放,释放速度既不能太快,也不能太慢;释放速度太快会导致抗原与金标 AIV H5 单抗结合不完全,从而降低试纸条的敏感性,导致假阴性结果;释放速度太慢,则会造成假阳性结果。另外,要保证其负载的胶体金标记物尽可能地完全释放,因此,玻璃纤维棉不能带有静电荷,否则,玻璃纤维棉与金标复合物中的蛋白质结合会影响胶体金标记物的释放。

4.2.5 小结

莱克多巴胺、盐酸克伦特罗、沙丁胺醇胶体金检测卡在检验工作中可行性强,具有检测速度快、简便、灵敏、特异、实用的特点,能够满足基层实验室对瘦肉精的快速灵敏检测需求,再配合研制的胶体金免疫层析试条自动读取仪,可自动判读胶体金免疫层析试条检测结果,并通过无线实时接入互联网技术将检测结果实时上传至服务器,防止检测数据被篡改,可确保监管部门实时获得现场第一手检测数据,为监管部门提供了一种全新的现场检测和监管设备,有利于进一步提高监管水平和工作效率。

第5章 食品安全有害物质仪器确证方法

5.1 GC-MS法测定红酒中16种邻苯二甲酸酯类物质

5.1.1 背景

据法国国际葡萄酒与烈酒展览会公布的一项最新研究,中国已超过法国和意大利成为全球最大的红酒消费国。近年来,酒类中塑化剂超标问题引起了人们的强烈关注,然而关于红酒中塑化剂检测的研究未见于报道。塑化剂又称增塑剂,是一种增加材料的柔软性或使材料液化的添加剂,其本质是一类邻苯二甲酸酯类化合物,主要用于塑料制品中,增加塑料的弹性。研究显示,塑化剂为激素类环境污染物,对人体和动物均有一定的危害,可致癌、致畸及免疫抑制。

目前,常用的塑化剂检测方法包括气相色谱(GC)、高效液相色谱法(HPLC)、气相色谱-质谱联用法(GC-MS)、液相色谱-质谱联用法(HPLC-MS)。然而在塑化剂检测中,不同试验样品的检测前处理具有较大差异,且可能对检测结果的准确性产生影响。相比上述常用的检测方法,ELISA试剂盒法是一种新型的检测方法。ELISA是以免疫学反应为基础,将抗原、抗体的特异性反应以及酶的高效催化作用相结合的一种敏感性很高的试验技术,但这种新型的塑化剂检测方法目前还没有广泛使用,其检测准确性有待验证和分析。本书拟分别采用经典的检测塑化剂法——GC-MS法,与新型的快速检测方法——ELISA试剂盒法,对比分析红酒中的塑化剂含量,同时对GC-MS法样品检测前处理进行了改进,并以GC-MS法为标准来检验ELISA试剂盒法的检测效果。

5.1.2 材料与方法

5.1.2.1 材料

红酒与主要试剂如下：
① 红酒：某5种品牌，市售。
② SPE固相萃取小柱：迪马科技有限公司。
③ 16种邻苯二甲酸酯类的混合标准品（文中所指的混标如无其他说明，均指此标准品），包括邻苯二甲酸二甲酯（DMP）、邻苯二甲酸二乙酯（DEP）、邻苯二甲酸二异丁酯（DIBP）、邻苯二甲酸二丁酯（DBP）、邻苯二甲酸二(2-甲氧基)乙酯（DMEP）、邻苯二甲酸二(4-甲基-2-戊基)酯（BMPP）、邻苯二甲酸二(2-乙氧基)乙酯（DEEP）、邻苯二甲酸二戊酯（DPP）、邻苯二甲酸二己酯（DHXP）、邻苯二甲酸丁基苄基酯（BBP）、邻苯二甲酸二(2-丁氧基)乙酯（DBEP）、邻苯二甲酸二环己酯（DCHP）、邻苯二甲酸二(2-乙基)己酯（DEHP）、邻苯二甲酸二苯酯（DP）、邻苯二甲酸二正辛酯（DNOP）、邻苯二甲酸二壬酯（DNP），迪马科技有限公司；丙酮、正己烷、甲醇、甲基叔丁基醚，色谱级，迪马科技有限公司；试验用水均为去离子水。

5.1.2.2 主要仪器与设备

① GC-MS：7890A-5975C型，安捷伦有限公司。
② 纯水系统：POSEIDON-R70型，厦门锐思捷科学仪器有限公司。
③ 旋涡振荡器：XW-80A型，上海精科实业有限公司。
④ 低速离心机：DL-5-B型，中国上海安亭科学仪器厂。

5.1.2.3 方法

GC-MS法检测红酒中塑化剂的步骤如下：
(1) 样品预处理
准确量取5 mL样品置于具塞玻璃管中，加入10 mL体积比为1∶1的正己烷和甲基叔丁基醚混合液（简称混合萃取液），充分涡旋混合4 min，4000 r/min离心20 min，取上清液，再用10 mL混合液萃取液重复提取2次，合并3次上清液，于40 ℃水浴中氮吹至近干，用正己烷定容至2 mL，待净化。

(2) 预处理样品净化

精确量取 4 mL 丙酮置于 100 mL 容量瓶中,添加正己烷至刻度线,摇匀,所得溶液即为 4% 丙酮-正己烷。

① 活化:向 SPE 小柱中加入 1.0 g 无水硫酸钠,再依次加入丙酮 5 mL、正己烷 5 mL,弃去流出液。

② 上样:加入待净化液,流速控制在 1 mL/min 内,收集流出液。

③ 洗脱:依次加入正己烷 5 mL、4% 丙酮-正己烷溶液 5 mL,接收流出液,合并上样、洗脱流出液。

④ 重新溶解:40 ℃ 缓慢氮气流条件下吹至近干,用正己烷定容至 1 mL,供 GC-MS 检测。

(3) GC-MS 检测条件

① 色谱柱:DB-5 石英毛细管柱(30 m × 0.25 mm × 0.25 μm)。

② 进样口温度:280 ℃。

③ 升温程序:初始温度 80 ℃,保持 1 min,以 20 ℃/min 升温至 220 ℃,保持 1 min,5 ℃/min 升温至 300 ℃,保持 20 min。

④ 载气:氦气。

⑤ 流速:1 mL/min。

⑥ 进样方式:不分流进样。

⑦ 进样量:1 μL。

⑧ 色谱与质谱接口温度:280 ℃。

⑨ EI 离子源:70 eV。

⑩ 检测器温度:280 ℃。

⑪ 监测方式:选择离子扫描模式(SIM)。

⑫ 溶剂延迟:5 min。

(4) GC-MS 法检测塑化剂加标回收率分析

取 1 mg/kg 的混标 1 mL 添加到 5 mL 红酒中,即得加标量为 1 mg/kg 的加标组,将加标组置于具塞玻璃管中,加入 10 mL 混合萃取液,后续操作同步骤(1)~(3)。试验中,加标组做 2 个平行试验。

(5) 样品的检测

使用 GC-MS 对处理好的样品进行检测,每一个样品做 2 个平行试验。

5.1.3 结果

5.1.3.1 邻苯二甲酸酯类物质混标的选择离子扫描

在本实验的 GC-MS 检测条件下,对 1 mg/kg 的混合标准品进行 GC-MS 分析,采用选择离子扫描,16 种邻苯二甲酸酯类物质能很好地分离开来(见图 5.1),表明本实验的 GC-MS 检测条件完全能够对这 16 种邻苯二甲酸酯类物质进行检测分析。

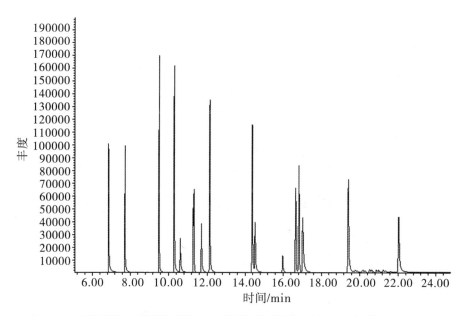

图 5.1 16 种邻苯二甲酸酯类化合物标准物质 GC-MS 选择离子色谱图(1 mg/kg)

16 种邻苯二甲酸酯类的出峰顺序依次为邻苯二甲酸二甲酯(DMP)、邻苯二甲酸二乙酯(DEP)、邻苯二甲酸二异丁酯(DIBP)、邻苯二甲酸二丁酯(DBP)、邻苯二甲酸二(2-甲氧基)乙酯(DMEP)、邻苯二甲酸二(4-甲基-2-戊基)酯(BMPP)、邻苯二甲酸二(2-乙氧基)乙酯(DEEP)、邻苯二甲酸二戊酯(DPP)、邻苯二甲酸二己酯(DHXP)、邻苯二甲酸丁基苄基酯(BBP)、邻苯二甲酸二(2-丁氧基)乙酯(DBEP)、邻苯二甲酸二环己酯(DCHP)、邻苯二甲酸二(2-乙基)己酯(DEHP)、邻苯二甲酸二苯酯(DP)、邻苯二甲酸二正辛酯(DNOP)、邻苯二甲酸二壬酯(DNP)。

5.1.3.2 GC-MS 法加标回收分析

在本试验条件下,1 mg/kg 混标中的 16 种塑化剂均已分离开来,且峰形良好,如图 5.2 所示。通过对红酒进行加标处理,分析红酒加标回收率来验证该方法的精准度。其加标平均回收率为 93.0%,最高为 109.0%,最低为 68.0%,其中常见塑化剂 DIBP、DBP、DEHP 的回收率分别为 80.0%、90.0%、90.0%,回收率的标准偏差在 0.00~0.35 之间(见表 5.1)。较高的回收率以及较小的标准偏差表明本试验建立的红酒塑化剂 GC-MS 法检测精确度好,符合试验的要求。

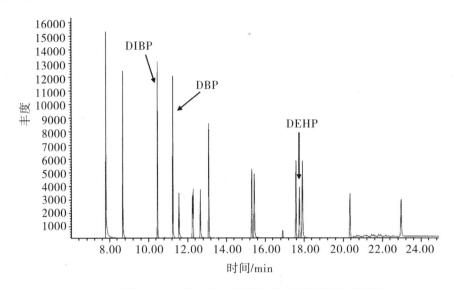

图 5.2　混标(1 mg/kg)在 SIM 扫描模式下的总离子流色谱图

表 5.1　混标在红酒中的加标回收试验(添加水平 1.0 mg/kg)

序号	化合物名称	加标回收率	序号	化合物名称	加标回收率
1	DMP	0.68±0.08	9	DHXP	1.04±0.13
2	DEP	0.85±0.13	10	BBP	0.96±0.06
3	DIBP	0.80±0.10	11	DBEP	1.04±0.08
4	DBP	0.90±0.00	12	DCHP	0.97±0.01
5	DMEP	0.90±0.11	13	DEHP	0.90±0.06
6	BMPP	0.94±0.05	14	DP	0.87±0.10
7	DEEP	0.97±0.16	15	DNOP	1.06±0.16
8	DPP	0.96±0.02	16	DNP	1.09±0.35

5.1.3.3 5种红酒中邻苯二甲酸酯类物质的检测

1. 红酒 A 中邻苯二甲酸酯类物质的检测

经GC-MS分析发现红酒A中主要含有三种邻苯二甲酸酯类物质,分别为DIBP、DBP、DEHP(见图5.3),两次平行实验检测结果的标准偏差(SD)最高为3.0%,最低为0.3%(见表5.2),表明GC-MS检测方法的重复性很好,检测结果真实可信。

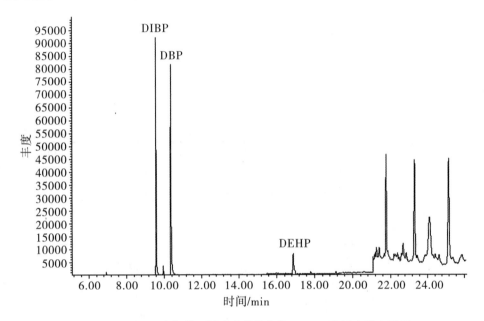

图5.3 红酒 A 中邻苯二甲酸酯类化合物 GC-MS 选择离子色谱图

表5.2 红酒 A 中邻苯二甲酸酯类化合物

邻苯二甲酸酯类化合物种类	A1	A2	均值	SD
DIBP	0.112 mg/kg	0.070 mg/kg	0.091 mg/kg	3.0%
DBP	0.106 mg/kg	0.102 mg/kg	0.104 mg/kg	0.3%
DEHP	0.022 mg/kg	0.030 mg/kg	0.026 mg/kg	0.6%

2. 红酒 B 中邻苯二甲酸酯类物质的检测

经GC-MS分析发现红酒B中主要含有三种邻苯二甲酸酯类物质,分别为DIBP、DBP、DEHP(见图5.4),两次平行实验检测结果的标准偏差(SD)最高为

2.7%,最低为 0.6%(见表 5.3),表明 GC-MS 检测方法的重复性很好,检测结果真实可信。

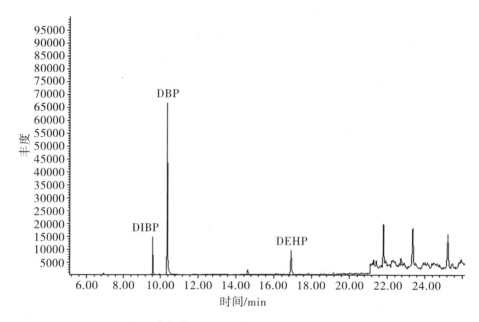

图 5.4　红酒 B 中邻苯二甲酸酯类化合物 GC-MS 选择离子色谱图

表 5.3　红酒 B 中邻苯二甲酸酯类化合物

邻苯二甲酸酯类化合物种类	B1	B2	均值	SD
DIBP	0.014 mg/kg	0.006 mg/kg	0.010 mg/kg	0.6%
DBP	0.088 mg/kg	0.050 mg/kg	0.069 mg/kg	2.7%
DEHP	0.024 mg/kg	0.016 mg/kg	0.020 mg/kg	0.6%

3. 红酒 C 中邻苯二甲酸酯类物质的检测

经 GC-MS 分析发现红酒 C 中主要含有三种邻苯二甲酸酯类物质,分别为 DIBP、DBP、DEHP(见图 5.5),两次平行实验检测结果的标准偏差(SD)最高为 1.1%,最低为 0.4%(见表 5.4),表明 GC-MS 检测方法的重复性很好,检测结果真实可信。

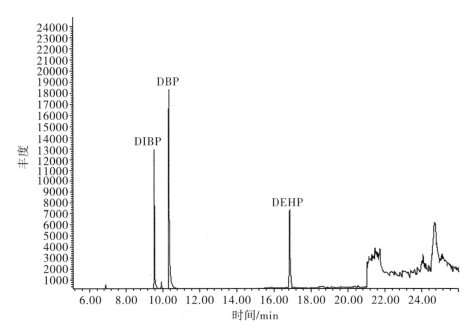

图 5.5　红酒 C 中邻苯二甲酸酯类化合物 GC-MS 选择离子色谱图

表 5.4　红酒 C 中邻苯二甲酸酯类化合物

邻苯二甲酸酯类化合物种类	C1	C2	均值	SD
DIBP	0.034 mg/kg	0.018 mg/kg	0.026 mg/kg	1.1%
DBP	0.046 mg/kg	0.034 mg/kg	0.040 mg/kg	0.8%
DEHP	0.014 mg/kg	0.020 mg/kg	0.017 mg/kg	0.4%

4. 红酒 D 中邻苯二甲酸酯类物质的检测

经 GC-MS 分析发现红酒 D 中主要含有三种邻苯二甲酸酯类物质,分别为 DIBP、DBP、DEHP(见图 5.6),两次平行实验检测结果的标准偏差(SD)最高为 4.5%,最低为 1.0%(见表 5.5),表明 GC-MS 检测方法的重复性很好,检测结果真实可信。

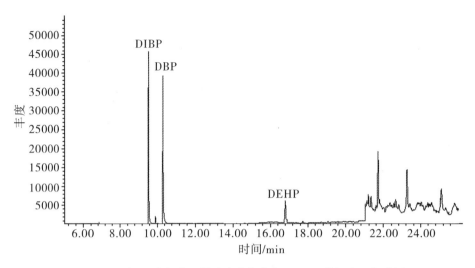

图 5.6　红酒 D 中邻苯二甲酸酯类化合物 GC-MS 选择离子色谱图

表 5.5　红酒 D 中邻苯二甲酸酯类化合物

邻苯二甲酸酯类化合物种类	D1	D2	均值	SD
DIBP	0.058 mg/kg	0.072 mg/kg	0.065 mg/kg	1.0%
DBP	0.050 mg/kg	0.114 mg/kg	0.082 mg/kg	4.5%
DEHP	0.016 mg/kg	0.060 mg/kg	0.038 mg/kg	3.1%

5. 红酒 E 中邻苯二甲酸酯类物质的检测

经 GC-MS 分析发现红酒 E 中主要含有三种邻苯二甲酸酯类物质,分别为 DIBP、DBP、DEHP(见图 5.7),两次平行实验检测结果的标准偏差(SD)最高为 1.3%,最低为 0.3%(见表 5.6),表明 GC-MS 检测方法的重复性很好,检测结果真实可信。

5.1.4　讨论

在对红酒进行加标回收试验中,DIBP 的回收率为 80.0%,相对于 DBP、DEHP 的回收率 90.0% 而言,有点偏低,其可能原因是在净化过程中,没有将吸附在净化小柱上的 DIBP 完全洗脱,导致其回收率偏低。具体原因有待在后续的研究中比较不同体积的洗脱液对 DIBP 回收率的影响,来确定洗脱液体积是否会导致其回收率发生变化。

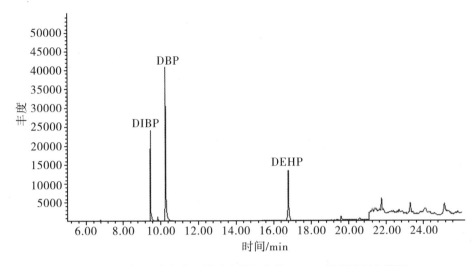

图 5.7　红酒 E 中邻苯二甲酸酯类化合物 GC-MS 选择离子色谱图

表 5.6　红酒 E 中邻苯二甲酸酯类化合物

邻苯二甲酸酯类化合物种类	E1	E2	均值	SD
DIBP	0.014 mg/kg	0.026 mg/kg	0.020 mg/kg	0.8%
DBP	0.042 mg/kg	0.060 mg/kg	0.051 mg/kg	1.3%
DEHP	0.042 mg/kg	0.038 mg/kg	0.040 mg/kg	0.3%

5.1.5　结论

本书建立的 GC-MS 法是在本书的试验条件下，1 mg/kg 混标中的 16 种塑化剂均已分离开来，且峰形良好。对红酒进行加标回收试验，得到加标平均回收率为 93.0%，最高为 109.0%，最低为 68.0%。红酒中常见塑化剂 DIBP、DBP、DEHP 的回收率分别为 80.0%、90.0%、90.0%。在 5 种红酒中所有平行实验检测结果的标准偏差（SD）最高为 4.5%，最低为 0.3%，表明 GC-MS 法的重复性很好，检测结果真实可信。较高的回收率以及较小的标准偏差表明本书建立的红酒塑化剂 GC-MS 法检测精确度好，符合试验的要求，能够精准检测红酒中邻苯二甲酸酯类物质的含量。

5.2 GC-MS 法检测果蔬、红酒中有机磷农药残留

5.2.1 背景

农药通过抑制杂草和害虫,广泛应用于提高农作物的产量和品质,同时也引起了极大的环境和食品安全问题,因此全球范围内多个组织和机构都对农药残留设定了限量标准。过去我国生产的有机磷农药绝大多数为杀虫剂,如常用的敌敌畏、乐果、敌百虫、对硫磷及马拉硫磷等,因价格便宜且效果较好,所以难以限制使用,但有机磷农药大多数毒性强,长期使用会造成许多潜在的危害,如污染环境、引起人畜中毒等,近年来因水果、蔬菜中有机磷农药残留超标所引起的中毒现象屡见不鲜。已有研究表明,部分有机磷农药对动物有致畸形、致癌性[1],因此加强对果蔬中农药残留的检测,对保护自然环境、保证食品安全、保障人类健康有着十分深远的意义。

有机磷农药多为磷酸酯类或硫代磷酸酯类,其结构通式为

$$X=PZ(R1)(R2)$$

其中,R1、R2 为甲氧基或乙氧基;Z 为氧原子或硫原子;X 为烷氧基、芳氧基或其他取代基团。农药检测技术主要有化学法、比色法、生物测定法、薄层层析-酶抑制法、气相色谱法、毛细管电泳、超临界流体色谱及高效液相色谱法和色谱-质谱联用等新的检测技术。近年来,许多国家都在研究方便、快速的农药残留检测方法,目前应用较广泛的方法有免疫分析法、分子印迹法、酶抑制法、化学发光法、生物传感法等。

5.2.2 材料和方法

5.2.2.1 材料

1. 原材料

菜心、芥菜(均购于华南农业大学三角市菜市场)、名都拉庄干红葡萄酒、迈瑞庄园干红葡萄酒(赤霞珠)、迈瑞美乐 2005 干红葡萄酒、King No Fazenda(Pinotage

2010)、马琳娜博尔西拉干红葡萄酒。

2. 试剂

丙酮、有机磷混标(15 种)、乙腈、无水硫酸镁、氯化钠、丙酮-甲苯混合液(65∶35)。

3. 仪器

气质联用仪(安捷伦 7890A-5975C)、漩涡混合器(上海精科实业有限公司)、离心机(湖南湘仪实验室仪器开发有限公司)、SEP-PAK C18 小柱(沃特世科技有限公司)、CARB/NH2 小柱(安谱科学仪器有限公司)。

5.2.2.2　方法

1. 果蔬前处理方法

(1) 试样制备

按照 GB/T 8855 抽取蔬菜、水果样品,去可食部分,经缩分后,将其切碎,充分混匀,放入食品加工器粉碎,制成待测样,放入分装容器中,于-20~16 ℃条件下保存,备用。

(2) 提取

准确称取 25.0 g 试样放入匀浆机中,加入 50.0 mL 乙腈,在匀浆机中高速匀浆 2 min 后用滤纸过滤,滤液收集到装有 5~7 g 氯化钠的 100 mL 具塞量筒中,收集滤液 40~50 mL,盖上盖子,剧烈振荡 1 min,在室温下静置 30 min,使乙腈相和水相分层,从具塞量筒中吸取 10.0 mL 乙腈溶液放入离心管中,置于 40 ℃下氮吹至近干,用丙酮定容至 1 mL,过 0.22 μm 滤膜,待测。

2. 红酒前处理方法

(1) SPE 柱活化

C_{18} 小柱使用之前先用 5 mL 甲醇活化,再用 10 mL 超纯水分两次活化,然后使小柱保持润湿状态,备用。

(2) 样品处理

取 2 mL 红酒样品加到已活化的 C_{18} 小柱上,待酒样缓慢通过小柱后,用 5 mL 超纯水洗涤小柱,然后真空抽干 5 min,最后用 10 mL 丙酮洗脱保留在小柱上的农药。

将 CARB/NH$_2$ 小柱装在固相萃取装置上,先用 5 mL 丙酮-甲苯混合溶剂预淋洗小柱,保持流速约 1 mL/min。将上述提取液通过小柱,再用 10 mL 丙酮-甲苯混合溶剂洗脱,收集全部洗脱液于 10 mL 玻璃刻度试管,置于 40 ℃下氮吹至近干,用丙酮定容至 1 mL,供 GC-MS 分析。

3. GC-MS 检测参数

① GC 条件:采用 DB-5MS 弹性石英毛细管柱(30.0 m×0.25 mm×0.25 μm),载气为 He,流速为 1 mL/min,进样口温度为 220 ℃。

② 升温程序:100 ℃,保持 6 min,然后以 10 ℃/min 升温至 250 ℃,再以 15 ℃/min 升温至 280 ℃,保持 6 min。

③ MS 条件:电子轰击离子源,离子源温度为 230 ℃,MS 四极杆温度为 150 ℃,扫描方式为选择离子扫描,扫描质量范围为 35~400 u,溶剂延迟 5 min;进样量为 1 μL。

4. 方法验证

(1) 精密度实验

首先采用 1 mg/L 的混标制作检测标准曲线,随后对 1 mg/L 的混标进样检测,重复检测 3 次,分析精准度。

(2) 加标回收率实验

向 25.0 g 菜心样品加入 10 mg/L 的有机磷农药混标 0.5 mL,按照 5.1.2.3 节(1)、(2)方法进行前处理,即得到 1 mg/L 的加标样品。

向 2 mL 红酒中加入 10 mg/L 的有机磷农药混标 100 μL,按照 5.1.2.3 节(1)、(2)方法进行前处理,即得到 1 mg/L 的加标样品。

(3) 仪器检出限

配制 1 mg/L、0.5 mg/L、0.25 mg/L、0.05 mg/L 和 0.01 mg/L 的有机磷混标分别上机检测。

5. 样品检测

对 5.1.2.3 节(1)、(2)中的材料按照上述前处理上机检测。

5.2.3　结果分析

1. 方法精密度实验

取 1 mg/L 有机磷混标按 5.1.2.3 节(1)、(2)的方法连续进样三次,计算其精密度,结果如表 5.7、表 5.8 所示。

表 5.7 有机磷混标各组分出峰顺序

序号	有机磷农药	出峰时间	序号	有机磷农药	出峰时间
1	敌敌畏	8.578	9	水胺硫磷	18.689
2	乙酰甲胺磷	12.90	10	甲基异硫磷	19.052
3	氧化乐果	14.290	11	喹硫磷	19.404
4	乐果	14.812	12	杀扑磷	19.680
5	甲基对硫磷	17.573	13	丙溴磷	20.276
6	杀螟硫磷	18.127	14	三唑磷	21.471
7	马拉硫磷	18.326	15	伏杀硫磷	23.642
8	毒死蜱	18.542			

表 5.8 15 种有机磷农药的精密度($n=3$)

化合物名称	混标实际浓度	混标机测浓度
敌敌畏	1 mg/L	1.03±0.07 mg/L
乙酰甲胺磷	1 mg/L	1.02±0.08 mg/L
氧化乐果	1 mg/L	0.91±0.21 mg/L
乐果	1 mg/L	1.00±0.08 mg/L
甲基对硫磷	1 mg/L	0.94±0.06 mg/L
杀螟硫磷	1 mg/L	0.93±0.07 mg/L
马拉硫磷	1 mg/L	0.95±0.04 mg/L
毒死蜱	1 mg/L	0.97±0.03 mg/L
水胺硫磷	1 mg/L	0.95±0.05 mg/L
甲基异硫磷	1 mg/L	0.99±0.01 mg/L
喹硫磷	1 mg/L	0.97±0.03 mg/L
杀扑磷	1 mg/L	0.95±0.05 mg/L
丙溴磷	1 mg/L	0.98±0.03 mg/L
三唑磷	1 mg/L	0.95±0.09 mg/L
伏杀硫磷	1 mg/L	0.95±0.09 mg/L

在本实验条件下,1 mg/L 混标中的 15 种有机磷农药均已分离开来,且峰形良好,如图 5.8 所示。对 1 mg/L 混标样品进行重复检测三次,得到 15 种有机磷农药的均值为 0.97 mg/L,单个有机磷农药的检测值在 0.93~1.03 mg/L 之间,单个有

机磷农药相对标准偏差在 0.01~0.21 之间,如表 5.7 所示。表明在本实验中采用气质联用仪法检测有机磷农药,仪器自身的检测精准度符合实验要求。

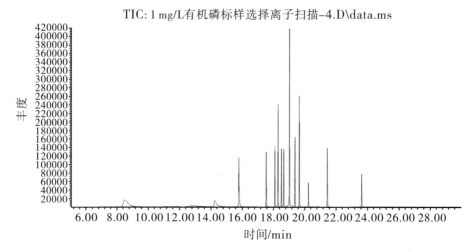

图 5.8　1 mg/L 有机磷选择离子扫描

2. 加标回收率实验

果蔬检测方法加标回收率如表 5.9 所示。

表 5.9　果蔬检测方法加标回收率

农药种类	加标浓度	实测浓度	回收率
敌敌畏	1 mg/L	1.02 mg/L	102%
乙酰甲胺磷	1 mg/L	0.83 mg/L	83%
氧化乐果	1 mg/L	0.66 mg/L	66%
乐果	1 mg/L	1.04 mg/L	104%
甲基对硫磷	1 mg/L	1.19 mg/L	119%
杀螟硫磷	1 mg/L	1.04 mg/L	104%
马拉硫磷	1 mg/L	1.13 mg/L	113%
毒死蜱	1 mg/L	1.07 mg/L	107%
水胺硫磷	1 mg/L	0.95 mg/L	95%
甲基异硫磷	1 mg/L	0.89 mg/L	89%
喹硫磷	1 mg/L	0.89 mg/L	89%
杀扑磷	1 mg/L	0.85 mg/L	85%
丙溴磷	1 mg/L	0.74 mg/L	74%
三唑磷	1 mg/L	1.06 mg/L	106%
伏杀硫磷	1 mg/L	1.12 mg/L	112%

红酒检测方法加标回收率如表 5.10 所示。

表 5.10 红酒检测方法加标回收率

农 药 种 类	加标浓度	实测浓度	回收率
敌敌畏	1 mg/L	0.75 mg/L	75%
乙酰甲胺磷	1 mg/L	1.21 mg/L	121%
氧化乐果	1 mg/L	0.87 mg/L	87%
乐果	1 mg/L	1.03 mg/L	103%
甲基对硫磷	1 mg/L	1.12 mg/L	112%
杀螟硫磷	1 mg/L	1.09 mg/L	109%
马拉硫磷	1 mg/L	0.89 mg/L	89%
毒死蜱	1 mg/L	0.94 mg/L	94%
水胺硫磷	1 mg/L	0.98 mg/L	98%
甲基异硫磷	1 mg/L	0.93 mg/L	93%
喹硫磷	1 mg/L	0.78 mg/L	78%
杀扑磷	1 mg/L	1.06 mg/L	106%
丙溴磷	1 mg/L	0.83 mg/L	83%
三唑磷	1 mg/L	0.99 mg/L	99%
伏杀硫磷	1 mg/L	0.82 mg/L	82%

果蔬检测方法加标平均回收率为 96.5%,最高为 119%,最低为 66.0%;红酒检测方法加标平均回收率为 95.2%,最高为 121%,最低为 75.0%。较好的回收率表明本实验建立的果蔬有机磷农药 GC-MS 法检测精确度好,符合实验的要求。

3. 仪器检出限

仪器检出限实验结果如表 5.11 所示。

表 5.11 仪器检出限实验结果

浓 度	检 出 情 况
1 mg/L	15 种有机磷农药均能检出
0.5 mg/L	乙酰甲胺磷检不出
0.25 mg/L	乙酰甲胺磷和氧化乐果检不出
0.05 mg/L	乙酰甲胺磷、氧化乐果和乐果检不出
0.01 mg/L	15 种有机磷农药均不能检出

由表 5.11 可知乙酰甲胺磷检出限约为 0.5 mg/L,氧化乐果为 0.25 mg/L,乐

果为 0.05 mg/L,浓度达到或低于 0.01 mg/L 时,15 种有机磷农药均无法检出。

4. 样品中有机磷检测

对菜心、芥菜、荔枝、龙眼、柑橘和名都拉庄干红葡萄酒、迈瑞庄园干红葡萄酒(赤霞珠)、迈瑞美乐 2005 干红葡萄酒、King No Fazenda(Pinotage 2010)、马琳娜博尔西拉干红葡萄酒,按"2. 加标回收率实验"中的方法做前处理,上机检测,结果如表 5.12 所示。

表 5.12 样品有机磷农药残留检测结果

检测项目	检出农残种类	含量
菜心	未检出	—
荔枝	未检出	—
柑橘	甲基异柳磷	0.008 mg/kg
名都拉庄干红葡萄酒	三唑磷	0.2 mg/L
芥菜	氧化乐果	0.152 mg/kg
芥菜	三唑磷	0.044 mg/kg
龙眼	甲基对硫磷	0.004 mg/kg
龙眼	敌敌畏	0.003 mg/kg
迈瑞庄园干红葡萄酒(赤霞珠)	三唑磷	0.13 mg/L
迈瑞庄园干红葡萄酒(赤霞珠)	喹硫磷	0.03 mg/L
迈瑞美乐 2005 干红葡萄酒	三唑磷	0.06 mg/L
迈瑞美乐 2005 干红葡萄酒	喹硫磷	0.02 mg/L
迈瑞美乐 2005 干红葡萄酒	甲基对硫磷	0.23 mg/L
King No Fazenda(Pinotage 2010)	喹硫磷	0.03 mg/L
King No Fazenda(Pinotage 2010)	氧化乐果	0.41 mg/L
马琳娜博尔西拉干红葡萄酒	喹硫磷	0.02 mg/L
马琳娜博尔西拉干红葡萄酒	水胺硫磷	0.04 mg/L

由表 5.12 可知,果蔬和红酒中均检测出有机磷农药残留,果蔬中主要为甲基异柳磷和氧化乐果等,红酒中主要为三唑磷和喹硫磷。

5.2.4 结论

GC-MS 检测方法精密度、加标回收率实验均达到检测要求,检出限低,可以作为有机磷农药定性、定量方法。

5.3 高效液相色谱法测定乳制品中三聚氰胺

5.3.1 背景

三聚氰胺(Melamine)，化学名为 1,3,5-三嗪-2,4,6-三氨基，是一种三嗪类含氮杂环有机化合物，也是一种精细化工中间体，主要用作生产三聚氰胺甲醛树脂的原料，还可作为甲醛清洁剂、减水剂、阻燃剂等。《国际化学品安全手册(第三卷)》和国际化学品安全卡片中均有说明：三聚氰胺的大鼠口服半数致死量大于 3 g/kg. bw，被认为轻微毒性，长期或反复大量摄入三聚氰胺可能导致膀胱结石、肾结石。三聚氰胺属于化工原料，不允许添加到食品中，婴幼儿食用了含有三聚氰胺的奶粉可产生肾结石病症。食物及药物管理局标准规定：三聚氰胺每日可接受摄入量为 0.63 g/kg. bw，这对三聚氰胺的检测提出了新要求。三聚氰胺是无色单斜棱晶体，无气味，低毒，密度为 1.573 g/cm^3，常压下熔点为 354 ℃(分解)，升华温度为 300 ℃，易溶于热水，常温下在水中的溶解度为 3.1 g/L，可溶于吡啶、甲醇、甘油、乙酸、热乙二醇、甲醛等，微溶于热乙醇，不溶于苯、醚和四氯化碳。三聚氰胺呈弱碱性(pH 为 8)，能与各种酸反应生成三聚氰胺盐；能与醛类反应生成加成产物；在强碱或强酸液中能发生水解，氨基逐步被羟基取代，生成三聚氰酸、三聚氰酸一酰胺和三聚氰酸二酰胺。

三聚氰胺的检测方法主要包括色谱检测法(高效液相色谱法、液相色谱-质谱/质谱法、气相色谱-质谱联用法和超高效液相色谱-质谱联用法)、离子色谱法、光谱检测法(拉曼光谱法、红外光谱法、近红外线吸收检测法和核磁共振法)、容量分析法(苦味酸法、升华法、电位滴定法、毛细管电泳检测法和试剂盒检测法)及其他检测方法(比色法、纳米粒子颜色法、化学发光法和浊度法)。近年来由乳制品三聚氰胺含量超标引起的食品安全事故频发，危及人民与社会的安定，给食品安全检测带来了更多的要求和考验。而由于仪器分析方法前处理较复杂，仪器昂贵，很难做到对于乳制品中三聚氰胺的实时监控，故需要筛选一些快速、精确的方法实时地监控乳制品中的三聚氰胺含量。

5.3.2 材料与方法

5.3.2.1 材料与仪器

1. 材料

三聚氰胺标品,甲醇(HPLC 级),乙腈(HPLC 级),磷酸二氢钾,一级水,浓盐酸,正己烷,某品牌纯牛奶,快速检测试剂卡 A,快速检测试剂盒 B、C。

2. 仪器

LC-10A 高效液相色谱仪,日本岛津公司;多功能酶标仪,PE 公司;多孔道移液器 2 把、各种规格移液枪 1 套;均质器;氮气吹干装置、振荡器、离心管、天平(0.01 g)。

5.3.2.2 不同样品三聚氰胺检测方法研究与改进

为了达到对样品中三聚氰胺的快速、精确测定,本研究在 GB/T 22400—2008 基础上,针对不同样品状态和理化特性,对样品前处理方法和液相检测条件进行了如下修改:

将 GB/T 22400—2008 中规定的方法适用范围由原料乳扩展到原料乳、酸奶(含其他添加物)、奶粉。

修改了 GB/T 22400—2008 中规定的原料乳的前处理方法,使检测方法适用范围由原料乳扩展到原料乳、酸奶(含其他添加物)、奶粉。

样品前处理方法如下:

(1) GB/T 22400—2008 中规定的前处理方法

称取混合均匀的 15 g 原料乳,置于 50 mL 具塞刻度试管中,加入 30 mL 色谱纯乙腈,剧烈振荡 6 min,加水定容至 50 mL,充分混匀静置 3 min,用一次性注射器吸取上清液用针式过滤器过滤,作为高效液相色谱分析用试样。

(2) 修改后的前处理方法

原料乳:称取混合均匀的 15 g 原料乳,置于 50 mL 具塞刻度试管中,加入 30 mL 85%(V/V)色谱纯乙腈,剧烈振荡 6 min,加 85%(V/V)定容至 50 mL,充分混匀静置 3 min,用一次性注射器吸取上清液,用针式过滤器过滤,作为高效液相色谱分析用试样。

(3) 增加了酸奶和奶粉的快速检测方法(前处理)

酸奶:称取混合均匀的 10 g 酸奶,置于 50 mL 具塞刻度试管中,加入 5 g 水,剧烈振荡 5 min,加入 30 mL 85%(V/V)色谱纯乙腈,剧烈振荡 6 min,加 85%(V/V)

定容至 50 mL,充分混匀静置 3 min,用一次性注射器吸取上清液,用针式过滤器过滤,作为高效液相色谱分析用试样。

奶粉:称取混合均匀的 2 g 奶粉,置于 50 mL 具塞刻度试管中,加入 13 g 水,振荡溶解,加入 30 mL 85%(V/V)色谱纯乙腈,剧烈振荡 6 min,加 85%(V/V)定容至 50 mL,充分混匀静置 3 min,用一次性注射器吸取上清液,用针式过滤器过滤,作为高效液相色谱分析用试样。

5.3.2.3 标准溶液的制备

100 mg/L 三聚氰胺标准储备溶液:称取 100 mg 三聚氰胺标准物质(准确至 0.1 mg),用 20% 甲醇水溶液(体积分数)完全溶解后,1000 mL 容量瓶中定容至刻度,混匀,4 ℃条件下避光保存,有效期为 1 个月。

5.3.2.4 标准曲线配制

由已经制得 100 mg/L 三聚氰胺标准储备溶液,分别稀释得到 0.5 μg/mL、1.0 μg/mL、1.818 μg/mL、5 μg/mL、10 μg/mL 浓度的三聚氰胺标品,待液相分析。

5.3.2.5 回收率测定

分别取 10 mL 浓度为 10 μg/mL 和 50 μg/mL 三聚氰胺标准液,加水至 15 mL,置于 50 mL 具塞刻度试管中,剧烈振荡 5 min,混合均匀,加入 30 mL 80% 的乙腈,剧烈振荡 6 min,加 80% 的乙腈定容至 50 mL,充分混匀静置 3 min,用一次性注射器吸取上清液,用针式过滤器过滤,作为高效液相色谱分析用试样。

5.3.2.6 样品预处理

准确量取 10 mL 纯牛奶,加水至 15 mL,置于 50 mL 具塞刻度试管中,剧烈振荡 5 min,混合均匀,加入 30 mL 80% 的乙腈,剧烈振荡 6 min,加 80% 的乙腈定容至 50 mL,充分混匀静置 3 min,用一次性注射器吸取上清液,用针式过滤器过滤,作为高效液相色谱分析用试样。

5.3.2.7 液相色谱测定

LC 条件:强阳离子交换色谱柱(SCX,250 mm × 4.6 mm,5 μm);流动相:磷酸盐缓冲溶液-乙腈(70:30,体积比);检测波长:240 nm;进样量:10 μL;流速:

1 mL/min；柱温：室温；等度洗脱程序：0~10 min，30%乙腈洗脱。

5.3.2.8 最低检测限

以信噪比3∶1确定该方法的最低检测限，取空白溶液进行测定，积分。将三聚氰胺标品稀释到合适倍数后进样，当某标准品信号∶空白溶液信号＝3∶1时，该标准品浓度即为最低检测限。

5.3.3 结果分析

1. 三聚氰胺液相检测条件优化研究

将GB/T 22400—2008中规定的液相条件由1.5 mL/min改为1 mL/min。三聚氰胺液相检测条件优化研究如图5.9~图5.14所示。

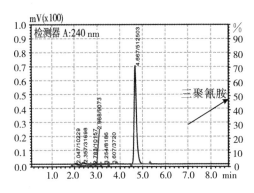

图5.9 三聚氰胺标样（GB/T 22400—2008）

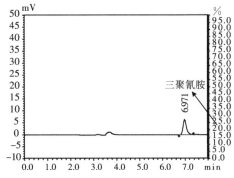

图5.10 三聚氰胺标样（GB/T 22400—2008改良）

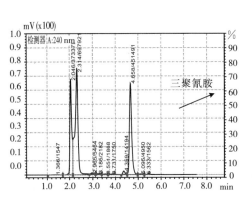

图5.11 原料乳加标（GB/T 22400—2008）

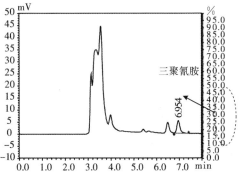

图5.12 原料乳加标（GB/T 22400—2008改良）

经过上述前处理和液相条件的改进,方法的回收率增加到95%～105%,本研究可为快速检测试剂盒提供更好的样品前处理方法和精密的检测对照。

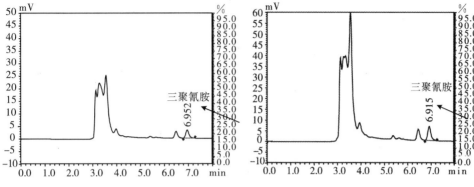

图 5.13　酸奶加标(GB/T 22400—2008 改良)　　图 5.14　奶粉加标(GB/T 22400—2008 改良)

2. 回收率确定

样本加标后回收率如表 5.13 所示。

表 5.13　样本加标后回收率

加标后浓度	2 μg/mL		10 μg/mL	
实际液相峰面积	71917	89126	429233	437920
峰面积算得浓度	1.9314 μg/mL		10.08 μg/mL	
回收率	96.60%		100.8%	

由表 5.13 可知,在线性范围 2～10 μg/mL 之间,样本加标回收率较好(96.6%～100.8%)。

3. 最低检测限的确定

根据三倍信噪比,牛奶样品中的三聚氰胺浓度检测限为 0.20 μg/mL,其三聚氰胺液相色谱如图 5.15 所示。

5.3.4　结论

本节所建立的三聚氰胺液相检测方法回收率高,检测限低,前处理简单,检测时间短。

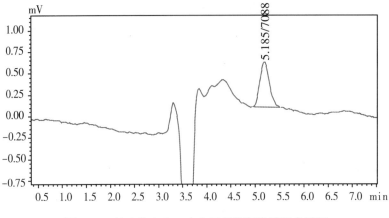

图 5.15 浓度为 0.2 μg/mL 时三聚氰胺液相色谱图

5.4 高效液相色谱法检测盐酸克伦特罗

5.4.1 背景

盐酸克伦特罗,俗称瘦肉精,又名盐酸双氯醇胺、克喘素、氨哮素、氨必妥、氨双氯喘通、氨双氯醇胺,简称 CLB,是一种白色或类白色的结晶粉末状选择性 β-肾上腺素受体激动剂,分子式为 $C_{12}H_{18}Cl_2N_2O \cdot HCl$,分子量为 313.7,溶于水、乙醇,微溶于丙酮,不溶于乙醚,常用作支气管扩张剂、兴奋剂,治疗慢性阻塞性肺疾病。盐酸克伦特罗化学性质稳定,能够改变动物体内的代谢途径,促进肌肉,特别是骨骼肌中蛋白质的合成,抑制脂肪的合成,从而加快生长速度,增加瘦肉含量,改善胴体品质。人食用了饲喂盐酸克伦特罗的动物所产生的畜产品后,残留在人体内的盐酸克伦特罗可导致人体出现肌肉震颤、心悸、目眩、恶心、呕吐、发烧等症状。2002 年 9 月 10 日我国农业部、卫生部和国家药品监督管理局发布的《禁止在饲料和动物饮用水中使用的药物品种目录》明确把盐酸克仑特罗等 7 种"瘦肉精"列为禁用药品。

为了彻底控制盐酸克伦特罗的残留,保障食品安全和人类的健康,对盐酸克伦特罗的有效检测和监控刻不容缓。目前,盐酸克伦特罗分析方法主要包括高效液相色谱法(HPLC)、液相色谱-质谱联用法(LC-MS)、气相色谱-质谱联用法(GC-MS)和免疫化学法如酶联免疫分析法(ELISA)、胶体金免疫检测试纸条(DIGFA)、毛细管电泳(CE)等。其中,对于复杂的生物体系,酶联免疫分析法存在假阳性;气质联用法灵敏度高,但成本较高;高效液相色谱法的国家标准方法样品前处理复杂。王琦等对国家标准 GB 5009.192—2003 进行改进,但样品前处理方法仍需提取、净化等多步处理过程,操作繁琐、耗时长。因此,选择更准确、快速、简便的高效液相色谱法前处理方法具有重要的意义。本研究拟建立一种简单的高效液相色谱法前处理方法,简化样品的前处理步骤,优化色谱条件,以适用于样品数目较多的盐酸克伦特罗的快速定量检测。

5.4.2 材料和方法

5.4.2.1 材料

1. 猪肉组织

购自华南农业大学三角市菜市场。

2. 试剂及仪器

盐酸克伦特罗标准品(Dr. Ehrenstorfer GmbH 公司),乙腈(色谱纯),乙酸铵(分析纯),亚铁氰化钾(分析纯),乙酸锌(分析纯),甲酸(分析纯),高氯酸(分析纯),氢氧化钠(分析纯),氯化钠(分析纯),异丙醇(分析纯),乙酸乙酯(分析纯),氨水(分析纯),磷酸二氢钠(分析纯),芬德盐酸克伦特罗试剂盒、试纸条(深圳芬德生物技术有限公司),百睿快速检测卡(百睿生物技术有限公司),普赞快速检测卡(普赞生物技术有限公司)。

LC-10AT 岛津高效液相色谱仪(岛津公司),Agilent C_{18} 色谱柱(安捷伦公司 Aglient),AL104 电子天平(梅特勒-托利多仪器(上海)有限公司),PL203 电子天平(梅特勒-托利多仪器(上海)有限公司),L530 台式离心机(湖南湘仪实验室仪器开发有限公司),DELTA 320 pH Meter(上海展仪仪器设备有限公司),旋转蒸发仪(上海亚荣生化仪器厂),电热恒温水浴锅(上海恒科技有限公司),多功能酶标仪(PE 公司)。

3. 检测样本

猪肉组织购自华南农业大学三角市菜市场。

5.4.2.2 方法

1. 色谱条件

(1) 检测波长

使用紫外分光光度计对盐酸克伦特罗溶液进行全波长扫描。

(2) 流动相
- 方法1,甲醇：水＝45∶55。
- 方法2,甲醇：0.01 mol/L 磷酸二氢钠溶液(pH＝2.5)＝35∶65。
- 方法3,乙腈：0.02 mol/L 磷酸二氢钠溶液(pH＝2.5)＝25∶75。
- 方法4,乙腈：含 0.1% 甲酸的 0.02 mol/L 乙酸铵溶液＝25∶75。
- 方法5,0.02 mol/L 硫酸铵(700 mL)＋甲醇(250 mL)＋乙腈(250 mL)。

2. 标准曲线

精确配制 1 mg/mL 的盐酸克伦特罗溶液,然后将其分别配制浓度为 0.4 μg/mL、0.2 μg/mL、0.1 μg/mL、0.05 μg/mL、0.025 μg/mL 的标准溶液,进行高效液相色谱分析,以峰面积为纵坐标,质量浓度为横坐标绘制标准曲线。

3. 样品前处理方法

方法1 ① 提取：称取 5 g(精确到 0.01 g)样品于 50 mL 离心管,加入 10 mL 0.1 mol/L 高氯酸溶液,涡旋混匀,超声 20 min,取出置于 80 ℃ 水浴中加热 30 min。取出冷却,4500 r/min,离心 15 min。倾出上清液,沉淀用 2.5 mL 0.1 mol/L 高氯酸洗涤,超声 10 min,再离心,将两次上清液合并。用 4 mol/L 氢氧化钠粗调,1 mol/L 氢氧化钠细调至 pH＝9.5,4500 r/min,离心 10 min。将上清液转移至 50 mL 离心管,加入 4 g 氯化钠,混匀。加入 12.5 mL 异丙醇：乙酸乙酯(40∶60),置于振荡器提取 20 min,提取完毕,4500 r/min,离心 3 min。有机相转移到旋转蒸发瓶,用 10 mL 异丙醇＋乙酸乙酯(40＋60)再重复萃取一次,合并有机相,于 60 ℃ 旋转蒸发至干。用 2.5 mL 磷酸二氢钠缓冲液洗残留物并过膜。

② 净化：依次用 10 mL 乙醇、3 mL 水、3 mL 0.1 mol/L 磷酸二氢钠缓冲液、3 mL 水洗阳离子交换柱,取提取液上柱,再用 4 mL 水和 4 mL 乙醇冲洗柱子,弃去流出液,用 6 mL 乙醇氨(98＋2)冲洗柱子,收集流出液,将流出液氮气吹干,用 1 mL 流动相溶解,经 0.22 μm 滤膜过滤备用。

方法2 ① 提取：称取 5 g(精确至 0.01 g)样品于 50 mL 离心管中,加入 10 mL 高氯酸溶液(0.1 mol/L)匀浆,超声提取 20 min,80 ℃ 水浴加热提取 30 min,冷却后 4500 r/min 离心 15 min。倾出上清液,用 NaOH 溶液 1 mol/L 调 pH 至 9.5 左右,再离心,上清液用 12.5 mL 异丙醇：乙酸乙酯(40∶60)萃取,取出乙酸乙酯层,再萃取一次,合并两次乙酸乙酯层挥干。

② 净化：用 5 mL 0.1 mol/L 磷酸二氢钠缓冲液(pH＝6)溶解,加至经 6 mL 甲醇、3 mL 水、3 mL 磷酸二氢钠缓冲液活化后的弱阳离子交换固相萃取柱,依次用 4 mL 甲醇、4 mL 水冲洗柱子,弃去流出液,用 6 mL 氨化甲醇(5%)冲洗柱子并收集流出液。所得溶液氮气吹干,用 1 mL 流动相溶解,经 0.22 μm 滤膜过滤备用。

方法3 称取 5 g(精确至 0.01 g)样品于 50 mL 离心管中,分别加入 20 mL 0.02 mol/L 硫酸铵,2 mL 亚铁氰化钾,2 mL 乙酸锌,5 mL 乙腈,流动相定容至 50 mL,超声 15 min,5000 r/min 离心 10 min,上清液经 0.22 μm 滤膜过滤备用。

方法4　称取5 g(精确至0.01 g)样品于50 mL塑料离心管中,用20 mL 0.02 mol/L乙酸铵溶液匀浆,分别加入2 mL 106 g/L亚铁氰化钾溶液和2 mL 220 g/L乙酸锌溶液,5 mL甲醇溶液,超声20 min,用流动相定容至40 mL,5000 r/min离心10 min。取上清液经0.22 μm滤膜过滤备用。

方法5　① 提取:称取5 g(精确至0.01 g)样品于50 mL塑料离心管中,用20 mL 0.02 mol/L乙酸铵溶液匀浆,分别加入2 mL 106 g/L亚铁氰化钾溶液和2 mL 220 g/L硫酸铵溶液,5 mL甲醇溶液,超声20 min。

② 净化:将上述样液加至经6 mL甲醇、3 mL水、3 mL磷酸二氢钠缓冲液活化后的弱阳离子交换固相萃取柱,依次用4 mL甲醇、4 mL水冲洗柱子,弃去流出液,用6 mL氨化甲醇(5%)冲洗柱子并收集流出液。所得溶液氮气吹干,用1 mL流动相溶解,经0.22 μm滤膜过滤备用。

方法6　提取方法同方法5,提取两次,将上清液合并转移至旋转蒸发瓶浓缩至干,3 mL乙腈洗脱,收集洗液并经0.22 μm滤膜过滤后备用。

4. 精密度

建立新的高效液相色谱法后,采用浓度为0.4 μg/mL的盐酸克伦特罗标准品重复测定10次,求得出峰时间和峰面积的RSD值,以确定方法的精密度。

精密度计算如下:

相对标准偏差(RSD)＝标准偏差(SD)/算术平均值(X)×100%

5. 加标回收率

为了考察高效液相色谱法检测的准确性,实验向5 g的猪肉样品中加入8 μg盐酸克伦特罗标准品,测定盐酸克伦特罗的加标回收率。空白样本和加标样本各做5个平行。

6. 稳定性实验

取5.00 g猪肉,加入8 μg盐酸克伦特罗标准品,按照前处理方法处理后,分别在0 h、2 h、4 h、8 h、12 h、24 h进行测定,计算出峰时间和峰面积的相对标准偏差(RSD),以确定样品的稳定性。

5.4.3　结果分析

1. 高效液相色谱条件的选择

(1) 检测波长的确定

使用紫外分光光度计对10 μg/mL的盐酸克伦特罗标准品进行全波长扫描,结果如图5.16所示,在210 nm、243 nm和295 nm处均有明显的吸收峰,其中243 nm处吸收强,且干扰少、基线稳定,所以选择243 nm为检测波长。

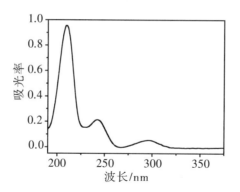

图 5.16　盐酸克伦特罗紫外全波长扫描图谱

(2) 流动相

本实验选取五种流动相进行测定,当流动相为乙腈:含 0.1% 甲酸的 0.02 mol/L 乙酸铵溶液=25:75 时,获得良好的分离度和色谱峰形,结果如图 5.17 所示,故选择乙腈:含 0.1% 甲酸的 0.02 mol/L 乙酸铵溶液=25:75 作为流动相。

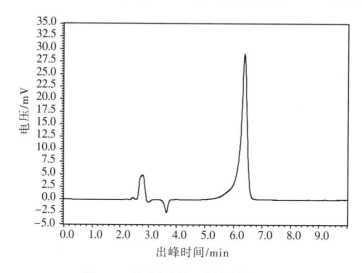

图 5.17　盐酸克伦特罗高效液相色谱图

2. 盐酸克伦特罗标准曲线

将标准溶液进行测定,结果表明,盐酸克伦特罗的线性范围是 $0.025 \sim 0.04\ \mu g/mL$。作盐酸克伦特罗浓度 X-相应峰面积 Y 的线性回归方程,其回归方程为 $Y=57093X-157.37$,$R_2=0.9996$。盐酸克伦特罗标准曲线如图 5.18 所示。

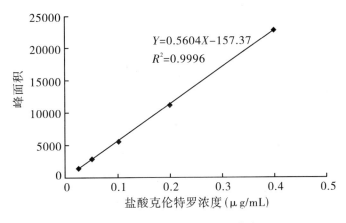

图 5.18 盐酸克伦特罗标准曲线

3. 样品前处理条件的选择

本研究采用 6 种前处理方法处理样品,每种方法各有优缺点,具体分析如下:

(1) 从提取效果分析

方法 1 主要参考国家标准 GB 5009.192—2003 方法,步骤主要包括溶液提取、沉淀蛋白、有机溶剂萃取、浓缩和净化,步骤复杂,样品处理时间需要一天,并且由于步骤繁多,操作过程中样品在容器设备中的转移次数多,而添加的标准物的量较少,因此容易造成损失,导致回收率低。方法 2 根据王琦等(2011)分析,氯化钠在国标方法步骤中主要起破乳作用,但是同时氯化钠的加入会促进油脂的皂化,产生乳胶层,降低了提取率与方法的精密度,因此,方法 2 探讨在方法 1 的基础上去除加氯化钠操作的效果。最后,实验结果表明,方法 1、2 的回收率相差不超过 3%,并且均低于 70%,证明此方法并不能够达到优化效果。总之,大量试验显示,国家标准 GB 5009.192—2003 步骤多、费时,且需要检测的物质微量,容易在预处理过程中损失,导致回收率不稳定且低,并且难以通过简单的优化改变此状况。于是,本实验根据盐酸克伦特罗性质稳定且易溶于水的原理,参考吴林阳(2011)建立新的方法 3、4,只需提取、蛋白沉淀即可上机检测,耗时短,两小时内能完成,提取效果良好。综合分析,采用方法 4 乙酸铵作为溶解液,回收率可达 94.00%,提取效果最佳。

(2) 从净化效果分析

方法 1、2、5 采用固相萃取净化提取物,从色谱图可看出净化效果较佳。于是,尝试在方法 4 的基础上增加固相萃取净化过程,建立方法 5,预期目标降低杂质含量。但是实验证明,增加此步骤后,降低杂质峰的同时也对回收率有影响,降低了回收率,且由于提取液体积较大,在操作过程中发现提取液易把阳离子柱堵住,净化过程缓慢且较难进行,结论是此提取方法不利于增加固相萃取净化处理。于是,考虑对提取液进行浓缩处理并建立方法 6,实验表明提取液经过浓缩后,残留大量黄色油状物,过滤困难,难以净化,因此该提取方法也不适合采用浓缩步骤进行优化。

综合考虑,上述前5种样品前处理方法处理加标样品,均能检测得到盐酸克伦特罗的色谱峰,且目标峰与杂峰分离良好。但考虑提取效果、保留时间、峰形、回收率等各种因素,如表5.14所示,本实验选择方法4为样品前处理方法,结果如图5.19所示。

表5.14 样品前处理条件的比较

	方法1	方法2	方法3	方法4	方法5	方法6
操作过程	蛋白质沉淀、萃取(加氯化钠)、浓缩、固相萃取	蛋白质沉淀、萃取、浓缩、固相萃取	硫酸铵溶液提取、蛋白质沉淀	乙酸铵溶液提取、蛋白质沉淀	硫酸铵溶液提取、蛋白质沉淀、固相萃取	乙酸铵溶液提取、蛋白质沉淀、浓缩
色谱峰	峰形良好,杂峰分离效果佳	峰形良好,杂峰分离效果佳	峰形良好,杂峰分离效果佳	峰形良好,杂峰分离效果佳	峰形良好,杂峰分离效果佳	杂峰多,目标峰与杂峰难以分离
回收率	30%	17.6%	89.7%	92.5%	20.4%	—

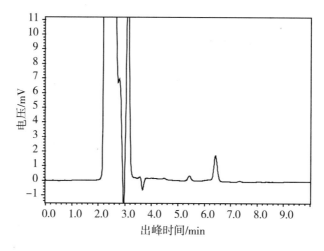

图5.19 方法4提取样品色谱图

4. 精密度实验

由表5.15知,盐酸克伦特罗标准品出峰时间RSD为0.127%,峰面积RSD为1.56%,均不超过2%,说明该仪器具有良好的精密度,符合分析实验要求。

表 5.15 精密度实验结果

编号	标准浓度	出峰时间	峰面积
1	0.4 μg/mL	6.382 s	19354
2	0.4 μg/mL	6.388 s	19248
3	0.4 μg/mL	6.381 s	19536
4	0.4 μg/mL	6.381 s	19197
5	0.4 μg/mL	6.372 s	18924
6	0.4 μg/mL	6.363 s	19085
7	0.4 μg/mL	6.367 s	19443
8	0.4 μg/mL	6.374 s	19026
9	0.4 μg/mL	6.367 s	19806
10	0.4 μg/mL	6.371 s	19770
平均值	—	6.375 s	19339
RSD	—	0.127%	1.56%

5. 回收率实验

由表 5.16 可知,样品加标回收率在 88.55%～94.03% 之间,可知该方法的准确性良好,检测结果准确可靠。

表 5.16 加标回收率实验结果

编号	加 标	测 得	回收率
1	8 μg	7.09 μg	88.68%
2	8 μg	7.15 μg	89.43%
3	8 μg	7.52 μg	94.03%
4	8 μg	7.08 μg	88.55%
5	8 μg	7.40 μg	92.45%

6. 稳定性实验

盐酸克伦特罗标准品出峰时间 RSD 为 0.317%,峰面积 RSD 为 1.74%,均不超过 2%,表明样品在 24 h 内保持稳定。

5.4.4 结论

本实验建立一种快速、简便、准确的高效液相色谱检测方法,检测限为 0.025 mg/kg,线性范围为 $0.025\sim0.4$ μg/mL,线性相关系数 $R^2=0.9996$,保留时间 RSD 为 0.127%,峰面积 RSD 为 1.56%,回收率达 88.55%~94.03%。

【讨论】 针对食品安全有害物质,目前对于化学类的有害物的常见的分析检测确证方法多是采用大型分析仪器,对于微生物的检测则多采用荧光 PCR 的方法。这些方法的突出优点是检测的准确性高,是通用的检测方法。然而,大型仪器的使用却受到一定的限制。首先,大型分析仪器大都价格昂贵,在基层检测机构难以实现普及;第二,大型分析仪器的便携性很差,几乎不可能将设备带到第一现场进行检测;第三,对于大型分析仪器方法,样品大都需经过复杂的前处理过程,样品检测周期长;第四,大型分析仪器对操作人员的技术要求比较高,只有经专业培训的人员方可操作;第五,检测成本高。上述不足严重限制了大型仪器的现场检测和大量的抽样。

本书研发的是基于电化学发光和胶体金检测技术的快速检测试剂/试条,检测结果与大型设备一致,同时兼具检测速度快、成本低、操作简单、便携度高等突出优点,是提高基层部门监管力度和监管水平的有力工具。各种检测方法的比较如表 5.17 所示。

表 5.17 食品安全检测方法比较

检测方法 有力工具	检测周期	检测成本	检测灵敏度	对操作人员技术要求	便携性	标的物
胶体金免疫层析检测试条	5~15 min	低	较高	较低	高	盐酸克伦特罗、莱克多巴胺、沙丁胺醇等
ELISA 检测试剂盒	<30 min	低	较高	较低	较高	盐酸克伦特罗、莱克多巴胺、沙丁胺醇、三聚氰胺等
电化学发光检测仪	5~15 min	较低	很高	较低	高	盐酸克伦特罗、莱克多巴胺、禽流感、沙门氏菌、柠檬黄等
实时荧光 PCR	60 min	高	高	高	低	禽流感、沙门氏菌
大型仪器检测	长	高	高	高	低	盐酸克伦特罗、莱克多巴胺、邻苯二甲酸酯、有机磷农药

第6章 供港食品全程溯源服务平台

6.1 平台介绍

6.1.1 背景

一方面,食品质量关系到全体人民的切身利益,在经济高度发展的今天备受人们重视。近年来,食品安全事故时有发生,形势越来越严峻,对社会造成极大的不良影响。根据国务院发展研究中心的一份报告显示,每年约有50万中国人深受农药中毒之苦,其中致死人数可能超过500;对蔬菜抽测的结果表明,高达30%的蔬菜样品农药残留超标。

另一方面,随着我国经济及社会的蓬勃发展,民众对食品质量的要求不再满足于吃得饱,转而有了更高的层次需求,日益关注食品的安全状况。"绿色、安全、健康",显然已成为广大消费者对食品的共同期待。然而在当今的食品生产过程中,由于我国食品生产、加工、经营的基础设施薄弱,食品生产、加工、经营者的法律意识和食品安全意识淡薄,加上当前比较严重的环境污染问题,农药、兽药滥用得不到有效管理,导致农产品和畜产品农药、兽药残留及污染问题严重,另外还有部分不法商人掺假,使食品安全问题雪上加霜。

食品信息不全很可能导致消费者对其缺乏信任,同时生产者因分散经营,产品无标识,难以追究责任。这需要国家有关法律法规的规范和制约从根本上解决,但注定是一项长期渐进的工作。国家正处于传统农业向现代农业的转型时期,解决食品质量安全问题,在一定程度上讲,比解决数量安全问题更复杂、更艰巨。在当前的条件下,由食品加工流通企业来承担这样的责任,显然是最为便捷、有效的。企业作为明确的市场责任主体,可以以自身的信誉来监督生产者,并以此向消费者担保。因此,建立食品安全可追溯体系,明确食品的来龙去脉,无疑是给人民群众吃下一枚食品安全的"定心丸"。

6.1.2 主要内容

供港食品全程溯源服务平台主要服务于消费者用户和生产者用户,主要包括以下 3 个方面。

1. 记录溯源信息

生产者以企业为单位,登录后可以根据系统提供的模板分别录入企业信息、产地信息、产品信息、产品批次信息等。如果信息有所改动,生产者亦可以登录以后进行修改或者删除。录入到系统中的所有数据以及输入该数据的用户都会存储到数据库里面,供消费者和生产者查询使用。

2. 二维码生成与激活

二维码是联系食品与溯源信息的唯一桥梁,食品通过贴上二维码标签才能被消费者扫描以查询食品信息。生产者可以在系统上点击生成一定数量的二维码,系统会返回一个记录着二维码信息的文档,然后通过打印商将二维码打印出来,形成标签。所有新生成的二维码都是空的,无溯源信息的二维码需要生产者激活以后才能够贴在食品上供消费者扫描。二维码的激活是以批次为单位的,在食品的批次管理中,同种食品会存在多个生产批次,各批次的信息都不相同,因此生产者用户先登录再在需要激活二维码的批次上进行二维码激活。

3. 查询产品信息

消费者在购买贴有溯源二维码标签的食品以后,可以使用移动设备上的任意一款带有二维码扫描功能的 app 进行二维码扫描,然后移动设备上自带的浏览器会自动向本系统服务器发送请求,并获取到系统提供的溯源信息以呈现给消费者。扫描以后,消费者可以查询到食品的批次信息、产地信息以及企业信息,进而了解食品的所有生产过程。

6.1.3 整体流程

系统的工作流程如图 6.1 所示。

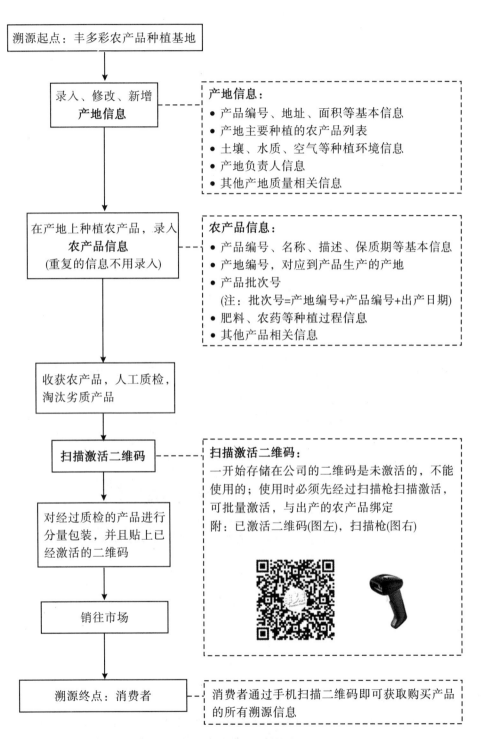

图 6.1 系统工作流程图

6.2 平台功能组成

6.2.1 溯源信息管理

1. 企业信息管理

企业信息是生产者最基本的信息。在本系统中,生产者用户都是以企业为单位的,任何一个用户都隶属于一个企业,只有企业的管理员用户才能够登录修改企业信息。企业管理员用户在登录后能够进入企业界面,随时切换编辑模式和查看模式。在编辑模式下,用户能够修改企业信息(企业名称、企业法人、企业地址、企业电话、企业官网、企业邮箱、企业介绍等基本信息),也可以上传或者删除企业图片以及企业相关证书的扫描件。具体界面如图 6.2 所示。

图 6.2 企业信息管理

2. 产地信息管理

产地信息定义的是食品的来源信息,每一个批次的产品都有一个来源产地。生产者用户登录后可以进入产地信息管理页面。在这个页面,可以添加产地、查改产地信息、删除产地。产地信息包含如下内容：

① 产地的基本信息（产地名称、产地地址、产地质量评级、产地描述等）。

② 产地的风景图片以及相关证书扫描件（可以上传或者删除对应的图片信息）。具体界面如图 6.3 所示。

图 6.3　产地信息管理

3．产品信息管理

产品信息分为两类，一类是产品静态信息（包含产品名称、商品码、产品描述、产品图片、产品相关证书等），另一类是产品的动态批次信息（包含批次号、来源产地、生产日期、生产过程等信息），一种产品有多个批次，因此产品信息管理包含两个模块，分别是产品静态信息管理和批次信息管理。产品自身信息管理的界面如图 6.4 所示。

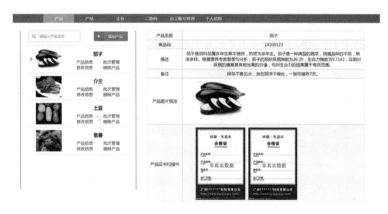

图 6.4　产品自身信息管理

产品批次信息管理的界面如图 6.5 所示，其中生产过程信息用质量控制点这一概念描述，生产者用户可以在产品静态信息中定义产品的生产过程，包括需要经历多少个质量控制点、每一个质量控制点的类型、可能检测到的值以及采取的应对措施等。

图 6.5　产品批次信息管理

6.2.2　二维码管理

1. 二维码生成

生产者用户登录以后能够生成二维码,这是生产者获得二维码的途径之一。点击"二维码生成"按钮,会出现输入框,在输入框内输入生成二维码的数量即可完成生成操作(一次性最大生成数量为 10 万),然后在出现的消息框中会有"下载文件"的按钮,供下载二维码文件,当然,也可以进入二维码生成记录页面下载对应的二维码文件。具体界面如图 6.6 所示。

图 6.6　二维码生成

下载文件界面(在下载文件中有两列数据,一列是被转化成二维码的 URL 字符串,该字符串中携带的二维码号是经过随机加密的;另一列是二维码编号,用于企业管理二维码)如图 6.7 所示。

二维码链接	二维码编号
http://suyuan.coagle.org:8888/qr/check/dbc95a37b8dbe17415e58c53c651183d	2
http://suyuan.coagle.org:8888/qr/check/fc4e0471c2f604e0c72e0dbfac0530a0	3
http://suyuan.coagle.org:8888/qr/check/098ddf3ab2ca47445c9a0665dfe86640	4
http://suyuan.coagle.org:8888/qr/check/07e4fef476532b968f99c0f510511112	5
http://suyuan.coagle.org:8888/qr/check/65b6c0d0af5c73c0edcf0d131c6e1f20	6
http://suyuan.coagle.org:8888/qr/check/2b69623680616dbd4d4e53d17c70f93b	7
http://suyuan.coagle.org:8888/qr/check/6382a7cc63e275930ca3ec54387aabaf	8
http://suyuan.coagle.org:8888/qr/check/b8c3fa71b56dd6c49eeb6b6e99638a5c	9
http://suyuan.coagle.org:8888/qr/check/017239aa195fcd250edd4f55cdcd6911	10
http://suyuan.coagle.org:8888/qr/check/cb13b79185187e272c22532880fe37b3	11
http://suyuan.coagle.org:8888/qr/check/ec5151ffe7dafd1457dc5b91d8859998	12
http://suyuan.coagle.org:8888/qr/check/0d498e8f95333894c31430492f700cd5	13
http://suyuan.coagle.org:8888/qr/check/c2c342628faf4e141ac380a90a34bd5e	14
http://suyuan.coagle.org:8888/qr/check/98dbdef219c70a3644583c4f8d75a97d	15
http://suyuan.coagle.org:8888/qr/check/76f9eb1b48d283ed1ac5a87efc62a1e0	16
http://suyuan.coagle.org:8888/qr/check/b9fc69c5202fb523c7694121f5616b5f	17
http://suyuan.coagle.org:8888/qr/check/5f5ce0095448353c87c50220ef8bde6d	18
http://suyuan.coagle.org:8888/qr/check/47988c1570e0c64371633580ccc0b4d5	19
http://suyuan.coagle.org:8888/qr/check/1a8a20453cc4f18c31c0f3cad82da5de	20
http://suyuan.coagle.org:8888/qr/check/2993828a8282127759479fc343d71995	21
http://suyuan.coagle.org:8888/qr/check/d3ae6a34435a004092167073e0da682f	22
http://suyuan.coagle.org:8888/qr/check/77f0ca60598598e14a3b0e5d1877a4c0	23
http://suyuan.coagle.org:8888/qr/check/c8c82584376b23d384b83a28b0515f62	24
http://suyuan.coagle.org:8888/qr/check/9f305cf01a27544341621b97d61f395a	25
http://suyuan.coagle.org:8888/qr/check/7c4e4ef4b49fa47bd43346f07a27d016	26
http://suyuan.coagle.org:8888/qr/check/1660bcf7d60edcb3268471537b7efbd1	27
http://suyuan.coagle.org:8888/qr/check/dba2c09b976bfeba3404d487b0d92d13	28
http://suyuan.coagle.org:8888/qr/check/c321cfc2a777442da159858f8fc1949c	29
http://suyuan.coagle.org:8888/qr/check/25f352eefc0d6bddf5eb98927ba5d57e	30
http://suyuan.coagle.org:8888/qr/check/ebe1d4dcb8269430617f94b2316d04c1	31
http://suyuan.coagle.org:8888/qr/check/98c010a9988f8bf2dd602e23f795daad	32
http://suyuan.coagle.org:8888/qr/check/2e480deb60605d593dc12ef36dca5247	33
http://suyuan.coagle.org:8888/qr/check/a839f6801a8f17400f95ce471e41e25c	34
http://suyuan.coagle.org:8888/qr/check/038b02b7b3c683012f4fd75e36bdbadc	35

图 6.7 文件下载

2. 二维码激活

新生成的二维码是空码,是不能够查询得到信息的,新的二维码只有在激活后,与产品溯源信息绑定起来,才能够查询到与之对应的溯源信息。因此,二维码激活是针对某一个特定批次来激活的,激活二维码的操作在批次管理页面中;在此页面内,点击二维码激活按钮,然后输入开始激活的二维码编号和结束激活的二维码编号,点击"激活"按钮就可以完成激活。具体界面如图 6.8 所示。

图 6.8 二维码激活

3. 二维码生成记录查询

生产者用户在登录以后可以查看企业内部的所有二维码生成历史记录,其中每一条记录里面记载着二维码的生成数量、起始编号与结束编号,二维码的生成者,二维码的生成时间。在二维码管理页面点击"生成记录"按钮可以查看二维码的生成记录,在生成记录页面下,管理员可以下载二维码文件和删除记录,普通员工仅可以下载二维码文件。具体界面如图 6.9 所示。

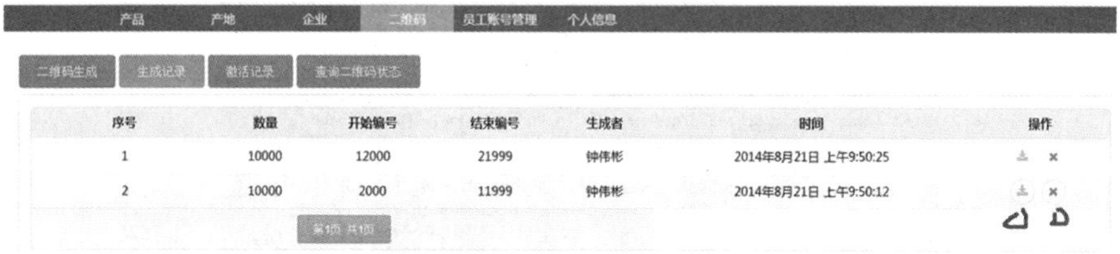

图 6.9　二维码生成记录查询

4. 二维码激活记录查询

生产者用户登录后能够查看企业内部的所有二维码激活历史记录,每一条历史记录包含二维码激活的数量、激活的起始编号与结束编号、激活的产品及其对应的批次号,还有激活者。点击"激活记录"按钮,可以查看企业内部的所有激活记录,公司的管理员可以删除记录。具体界面如图 6.10 所示。

图 6.10　二维码激活记录查询

5. 二维码状态查询

任意一个编号的二维码存在着三种状态,即"不存在此二维码""二维码未激活""二维码已激活"。为了更方便企业检查二维码的状态,企业管理员或者员工可以查询企业某个二维码当前的状态,点击"查询二维码状态"按钮,输入二维码编号就可以查询。具体界面如图 6.11 所示。

图 6.11 二维码状态查询

6.2.3 员工管理

1. 员工账号管理

生产者管理员用户可以管理其员工用户，比如添加员工账号、重设员工账号密码等。具体界面如图 6.12 所示。

图 6.12 员工账号管理

2. 控制点管理

为了能够在产品出现问题时，生产者内部能够迅速找到问题出现的责任人，本系统会记录质量控制点的每一次人工输入。生产者管理员用户能够清楚查看每一个质量控制点的执行信息。这些信息按照产品、批次进行分类保存。控制点管理界面如图 6.13 所示。

图 6.13　控制点管理

6.2.4　二维码扫描

图 6.14　二维码示例

通过将二维码文件的 URL 字符串转化成二维码以后，就可以通过手机扫描二维码，最终查询到食品的所有溯源信息。图 6.14 是一个二维码例子的截图。

6.3　平 台 实 现

6.3.1　基础架构

6.3.1.1　系统架构

系统整体上属于 B/S 结构，即浏览器/服务器结构。它是随着 Internet 技术的兴起，对 C/S 结构的一种变化或者改进的结构。在这种结构下，用户工作界面是通过 WWW 浏览器来实现的，极少部分事务逻辑在前端（Browser）实现，但是主要事务逻辑在服务器端(Server)实现,形成所谓三层3-tier结构。B/S结构是Web兴起后的一种网络结构模式,Web浏览器是客户端最主要的应用软件。这种模式统一了客户端,将系统功能实现的核心部分集中到服务器上,简化了系统的开发、维护和使用。客户机上只要安装一个Browser,如Netscape Navigator或Internet Explorer,服务器安装Oracle、Sybase、Informix或SQL Server等数据库,浏览器就可以通过Web Server同数据库进行数据交互。这样大大简化了客户端电脑载荷,减轻了系统维护与升级的成本和工作量,降低了用户的总体成本(TCO)。系统的架构如图6.15所示。

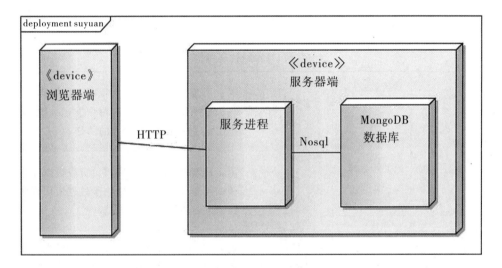

图6.15 系统架构图

对于本系统,用户(包含生产者以及消费者)通过使用PC或者移动设备上的浏览器向本系统的服务器(域名:suyuan.coagle.org:8888)发送请求,然后服务器根据请求的类型进行响应,如果需要数据信息,服务器会自行连接数据库进行数据查询,然后再响应用户请求。

本系统采用NodeJS + MongoDB + AngularJS的架构进行开发。在服务器端,选择MongoDB轻量非关系型数据库负责数据存储,用NodeJS的ExpressJS框架进行后台服务脚本的开发;在浏览器端,使用AngularJS来构建页面组以及处理用户操作。表6.1所示为系统代码结构,分为服务端和浏览器端两部分。

其中,服务器端开发的代码存放于"lib"文件夹内,使用MVC代码组织结构。MVC的全名是Model View Controller,是模型(Model)-视图(View)-控制器(Controller)的缩写,是一种软件设计典范,用一种业务逻辑、数据、界面显示分离的方法组织代码,将业务逻辑聚集到一个部件里面,在改进和个性化定制界面及用户交互的同时,不需要重新编写业务逻辑。在图形化用户界面中,MVC 被用来实现传统的输入、处理和输出功能。模型是应用程序中用于处理应用程序数据逻辑的部分。通常模型对象负责在数据库中存取数据。视图是应用程序中处理数据显示的部分,且是依据模型数据创建的。控制器是应用程序中处理用户交互的部分,负责从视图读取数据,控制用户输入,并向模型发送数据。MVC 分层有助于管理复杂的应用程序,因为用户可以在一段时间内专门关注一个方面。例如,用户可以在不依赖业务逻辑的情况下专注于视图设计,同时也让应用程序的测试更加容易。另外,服务器端需要定义请求的路由,指定请求的具体名称以及它会调用的执行程序。

表 6.1　系统代码结构

供港食品全程溯源服务平台（SYserver）	服务器端（Lib）	控制器（Controller）	定义系统的业务逻辑,从视图读取数据,控制和处理用户输入,并向模型发送数据,是应用程序中处理用户交互的部分
		模型（Model）	定义系统的数据结构,同时负责在数据库中存取数据,是应用程序中用于处理应用程序数据逻辑的部分
		路由（Route）	定义系统的请求发送地址,将发送到系统服务器的请求转发到对应的程序来执行
	浏览器端（App）	页面结构（Views）	定义页面的结构
		页面样式（Styles）	定义页面的显示效果
		页面行为（Scripts）	定义页面的动态行为

　　浏览器端开发的代码将被存储于"app"文件夹内,浏览器端的开发分为三个部分,即页面结构、页面样式、页面动态行为。页面结构由 HTML 文件定义,本系统使用的 HTML 版本是 HTML5;页面样式由 CSS 文件定义,为了更加快速地实现系统,我们使用样式框架 SemanticUI 来构建页面样式,使得页面更加简洁;页面动态行为由 Javascript 文件定义,为了达到更好的用户体验效果,我们使用

AngularJS 结合 AJAX 技术,实现前端路由、动态填充数据等功能。

6.3.1.2 服务器端技术

服务器端的开发语言为 NodeJS。NodeJS 是一个基于 Chrome JavaScript 运行时建立的平台,用来快速地搭建易于扩展的网络应用。NodeJS 借助事件驱动,非阻塞 I/O 模型变得非常轻量和高效,尤其适合运行在分布式设备的数据密集型的实时应用。V8 引擎执行 Javascript 的速度非常快,性能非常好。NodeJS 对一些特殊用例进行了优化,提供了替代的 API,使得 V8 在非浏览器环境下运行得更好。V8 引擎本身使用了一些最新的编译技术。这使得用 Javascript 这类脚本语言编写出来的代码运行速度获得了极大提升,并节省了开发成本。对性能的苛求是 NodeJS 的一个关键因素。Javascript 是一个事件驱动语言,NodeJS 利用了这个优点,编写出可扩展性高的服务器。NodeJS 采用了一个称为"事件循环(Event Loop)"的架构,使得编写可扩展性高的服务器变得既容易又安全。提高服务器性能的技巧有多种多样,NodeJS 选择了一种既能提高性能,又能减低开发复杂度的架构。这是一个非常重要的特性。NodeJS 绕过了并发编程的大部分复杂问题,却仍然保持着很好的性能。

服务器端的开发遵循 Rest 原则,使得整个系统的架构非常清晰。Rest (Representational State Transfer)即表述性状态传递,是 Roy Fielding 博士在 2000 年他的博士论文"Architectural Styles and the Design of Network-based Software Architectures"中提出来的一种软件架构风格。它是一种针对网络应用的设计和开发方式,可以降低开发的复杂性,提高系统的可伸缩性。REST 定义了一组体系架构原则,根据这些原则设计以系统资源为中心的 Web 服务,包括使用不同语言编写的客户端如何通过 HTTP 处理和传输资源状态。

6.3.1.3 浏览器端技术

对于浏览器端的开发,我们采用 DIV+CSS 的布局模式,以 AngularJS 控制所有页面组,包括页面动态行为、发送数据请求并处理服务器端的响应,实现前端路由快速切换页面。界面方面,为了形成一套简洁易用的界面,我们采用 SemanticUI 样式框架来开发,页面内所有元素均由样式表来定义。

6.3.2 具体实现

6.3.2.1 定义数据结构

本系统主要的数据实体集包括用户(User)、企业(Company)、产地(Area)、产品(Product)、二维码(Qrcode)。其中,在产品集中还包含有批次(Batch)这一实体集。

各实体集质检的关系如下:
① 每个用户最多只能属于一个企业。
② 每个产品最多只能属于一个企业,每个企业可以拥有无数个产品。
③ 每个产地只能属于一个企业,每个企业拥有多个产地。
④ 每个产品存在多个批次。
⑤ 每个二维码只能绑定一个产品的一个批次。

由于系统使用的是非关系型数据库,与传统的关系型数据库不同,我们不使用关系集这一集合,而是将有关系的实体集按照一定的方式进行嵌套。比如将产地这一实体集嵌入企业内,将批次这一实体集嵌入产品内。

具体数据结构定义图如图 6.16 所示。

6.3.2.2 异步操作转同步操作

异步操作转同步操作牺牲时间效率,节省空间,实现大量生成二维码。

由于每生成一个二维码都需要在数据库里面保存二维码的数据,而 NodeJS 语言本身是基于异步操作、非阻塞 I/O 的方式来实现。因此,每生成一个二维码,NodeJS 就需要新建一个异步线程来执行,这样在大量生成二维码的时候,出现大量的异步线程,结果就导致服务器内存空间不足,程序崩溃。

在这里,我们就需要做一些技术处理,保证生成二维码的操作是串行的,而不是像上面一样并行,具体如图 6.17 所示。技术团队采取的一套实现方案是利用 NodeJS 的事件驱动模型,先定义一个事件处理程序(生成一个二维码),在每一次生成完一个二维码以后再触发这个事件,开始生成下一个二维码。这样我们就能够保证,只有一个二维码生成完成后才会生成下一个二维码,内存里面异步线程所占用的空间能够及时被释放掉。这样一来就不会出现大量异步线程占用内存导致内存空间不足的情况。图 6.18、图 6.19 及图 6.20 证明了该算法对于生成二维码的有效性。

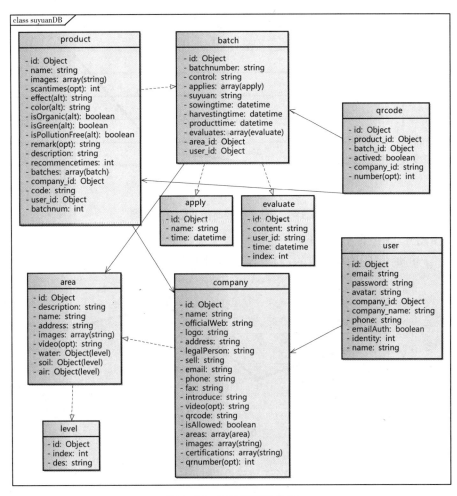

图 6.16　系统代码结构图

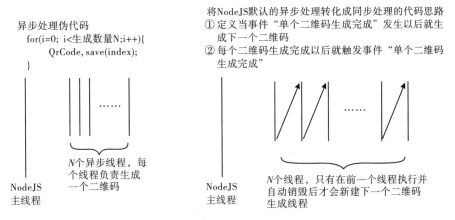

图 6.17　异步转同步操作

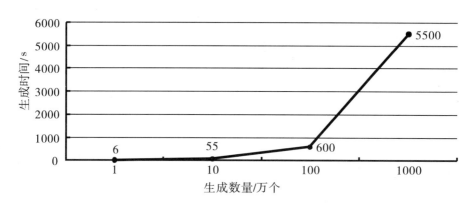

图 6.18　二维码生成时间与数量关系图

由图 6.18 可看出,二维码生成时间与生成数量呈线性关系,也就是说生成单个二维码的时间是基本固定的,验证异步转同步算法是可成立的。

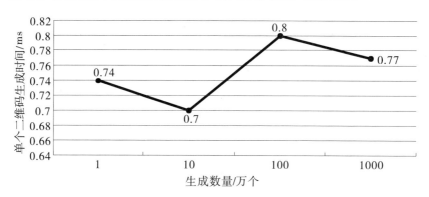

图 6.19　单个二维码生成时间与数量关系图

由图 6.19 可看出,单个二维码生成的时间相差不大,同样验证了我们生成二维码的算法是同步逐一生成的。

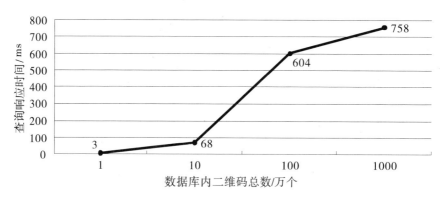

图 6.20　查询响应时间与数量关系图

由图 6.20 可看出,查询响应时间的增长趋势随着数量的增加会逐渐变小,证明我们提出的同步操作算法在响应时间上处于可接受范围。

6.3.2.3 核心技术

在每一个质量控制点中,其质量指数都是用区间表示的,用区间数表征事物特征更符合科学的严谨性,模糊理论在研究和解决模糊性问题方面有其独特的优势。同时由于不同的区间之间存在一个偏移中心和区间之间不是呈现基本的线性关系,则不能直接使用传统的梯形隶属函数构建评价模型,因此本书使用复合高斯梯形隶属函数构建质量控制点的质量评价模型。复合高斯梯度隶属度模型的基本理论和模型原理如下:

定义 6.1 设 $[\underline{a},a],-\infty\leqslant\underline{a}\leqslant a\leqslant+\infty;[\underline{b},b],-\infty\leqslant\underline{b}\leqslant b\leqslant+\infty$ 为区间数,则它们的加法、乘法运算分别定义如下:

$$[\underline{a},a]+[\underline{b},b]=[\underline{a}+\underline{b},a+b] \qquad (6.1)$$

$$\mu \cdot [\underline{a},a]=[\mu\underline{a},\mu a](\mu \text{ 为大于零的常数}) \qquad (6.2)$$

$$[\underline{a},a]*[\underline{b},b]=[\min\{\underline{ab},\underline{a}b,a\underline{b},ab\},\max\{\underline{ab},\underline{a}b,a\underline{b},ab\}] \qquad (6.3)$$

定义 6.2 设 $[\underline{a},a],-\infty\leqslant\underline{a}\leqslant a\leqslant+\infty;[\underline{b},b],-\infty\leqslant\underline{b}\leqslant b\leqslant+\infty$ 为区间数。称可能度为

$$p([\underline{a},a]\leqslant [\underline{b},b])=\max\{1-\max\{(a-\underline{b})/((a-\underline{a})+(b-\underline{b})),0\},0\} \qquad (6.4)$$

$p([\underline{a},a]\leqslant [\underline{b},b])$ 越大,$[\underline{b},b]$ 大于 $[\underline{a},a]$ 的可能性越大;当 $p([\underline{a},a]\leqslant [\underline{b},b])=1$ 时,$[\underline{b},b]$ 完全大于 $[\underline{a},a]$;当 $p([\underline{a},a]\leqslant [\underline{b},b])=0$ 时,$[\underline{b},b]$ 完全小于 $[\underline{a},a]$。

模型原理 设有 m 个因子 $A_1,A_2,\cdots,A_m$,每个因子的值 $x_i(1\leqslant i\leqslant m)$ 都有一个合适 $[k_{i\_\min},k_{i\_\max}]$ 区间和最适合 $[k_{i\_\text{best}\_\min},k_{i\_\text{best}\_\max}]$ 区间,根据合适区间和最适区间构建复合高斯梯形隶属函数:

$$f(x_i)=\begin{cases} 0 & x_i \leqslant k_{i\_\text{best}\_\min} \text{ 或 } x_i \geqslant k_{i\_\text{best}\_\max} \\ \exp\left\{\dfrac{-(x-k_{i\_\text{best}\_\min})^2}{2\cdot(k_{i\_\text{best}\_\min}-k_{i\_\min})}\right\} & k_{i\_\min}\leqslant x_i \leqslant k_{i\_\text{best}\_\min} \\ 1 & k_{i\_\min}\leqslant x_i \leqslant k_{i\_\max} \\ \exp\left\{\dfrac{-(x-k_{i\_\text{best}\_\max})^2}{2\cdot(k_{i\_\text{best}\_\max}-k_{i\_\max})}\right\} & k_{i\_\text{best}\_\max}\leqslant x_i \leqslant k_{i\_\max} \end{cases} \qquad (6.5)$$

根据上述原理,每一个质量控制点都能够依照复合高斯梯形隶属函数形成复合高斯梯度隶属模型,以及得出该质量控制点的质量指数;一批产品由于包含若干质量控制点,因此形成一组复合高斯梯度隶属模型和一组质量指数。

当质量控制点所测量的实际值处于最适区间内时,得到的质量指数为 1;当测

量值处于合适范围外时,得到的质量指数为0;当测量值处于最适左值与合适左值之间时,构造一个高斯函数,函数的中心为最适左值,函数的方差为最适左值减去合适左值的差,通过高斯隶属函数算出处于这中间的质量指数;当测量值处于最适右值与合适右值之间时,构造一个高斯函数,函数的中心为最适右值,函数的方差为合适右值减去最适右值的差,通过高斯隶属函数算出处于这中间的质量指数;最后把所有复合高斯梯度隶属模型得出的质量指数求平均,便可以得出整批农产品的平均质量指数,该指数肯定在[0,1]之间。由于单个质量控制点出现超标现象即可严重影响农产品的质量,因此在求平均质量指数时,我们做了一个规定,一旦有一个质量指数为0,平均质量指数的值直接为0。最后本发明定义,平均质量指数在[1,1]时给出的质量评价为优,在[0.8,1)时给出的质量评价为良,在[0.5,0.8)时给出的质量评价为中,在(0,0.5)时给出的质量评价为中下,在[0,0]时给出的质量评价为差。

6.3.2.4　浏览器端实现

本系统的页面组一共有两套,其中一套页面组是针对 PC 端浏览器开发的,另外一套页面组则是针对移动设备浏览器所开发的。

1. PC 端页面组

在浏览器端,本系统选用 AngularJS 的开发框架,因此在系统第一次被访问的时候,浏览器只请求到一个默认的 HTML 文件,这个 HTML 文件会让浏览器重新向系统服务器发送请求,去请求得到 AngularJS 的脚本以及全套页面组及其对应的样式表。AngularJS 加载完后,能够将用户真正需要看到的界面填充到 DIV 处,不需要经过服务器响应。

PC 端所有界面都采用 DIV+CSS 的布局模式。DIV+CSS 是 Web 设计的标准,它是一种网页的布局方法。与传统中通过表格(Table)布局定位的方式不同,它可以实现网页页面内容与表现相分离。提起 DIV+CSS 组合,还要从 XHTML 说起。XHTML 是一种在 HTML(标准通用标记语言的子集)基础上优化和改进的新语言,目的是基于 XML 应用与强大的数据转换能力,适应未来网络应用更多的需求。

CSS 方面本系统直接采用 SemanticUI 框架进行编码,因此在页面中会看到类似"class='ui'"的代码。

2. 移动设备端页面组

移动端页面组只有一个页面,即响应消费者扫描二维码后的页面,考虑到移动设备的流量问题,该页面组使用最简单的 CSS 样式表以及 Javascript 脚本,无任何冗余代码,最大化节省页面流量。若二维码未激活,则隐藏所有内容,仅仅显示文字"二维码未激活"。

6.3.2.5 前端实现

这里所说的前端路由技术,其实是指无刷新的视图切换技术,通过将页面内所有链接转化,防止浏览器自行发送请求,而达成无刷新的页面切换效果。为了实现这种效果,本系统选用 ajax 请求从后台取数据,然后套上 HTML 模板渲染在页面上,然而 ajax 的一个致命缺点就是导致浏览器后退按钮失效,尽管我们可以在页面上放一个大大的返回按钮,让用户点击返回来导航,但总是无法避免用户习惯性地点后退。解决此问题的一个方法是使用 hash,监听 hashchange 事件来进行视图切换,另一个方法是用 HTML5 的 history API,通过 pushState()记录操作历史,监听 popstate 事件来进行视图切换,也有人把这叫作 pjax 技术。基本流程如图 6.21 所示。

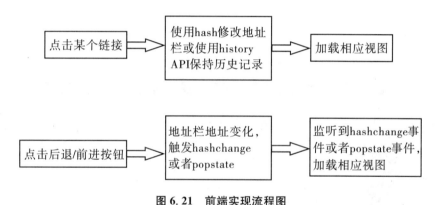

图 6.21 前端实现流程图

如此一来,便形成了通过地址栏进行导航的深度链接(Deeplinking),也就是我们所需要的路由机制。通过路由机制,一个单页应用的各个视图就可以很好地组织起来。

6.4 运行效果分析

溯源服务平台主要提供给消费者对某一产品的全程溯源信息查询服务。为了实现产品信息的公开透明化,平台以示范企业为例,提供了详细的产地信息、产品信息和质量控制点信息等,每一产品都实现在线的二维码生成绑定,记录产品从生产到销售的全过程溯源信息。目前示范企业的三个产地信息都已详细展示在平台上，生产者用户登录以后点击导航栏中的"产地"，可以管理企业的产地信息，并在消费者扫描了相关产品以后会呈现给消费者。产地管理界面如图 6.22 所示。

图 6.22　产地管理界面

生产者可以在线添加即将出售的产品信息、质量控制点信息等，如图 6.23～图 6.26 所示。

图 6.23　产品管理界面

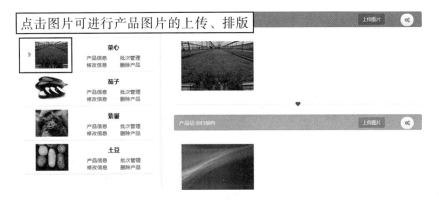

图 6.24　图片管理

图 6.25　添加产品

图 6.26　添加质量控制点信息

最终展示的产品效果如图 6.27 所示。

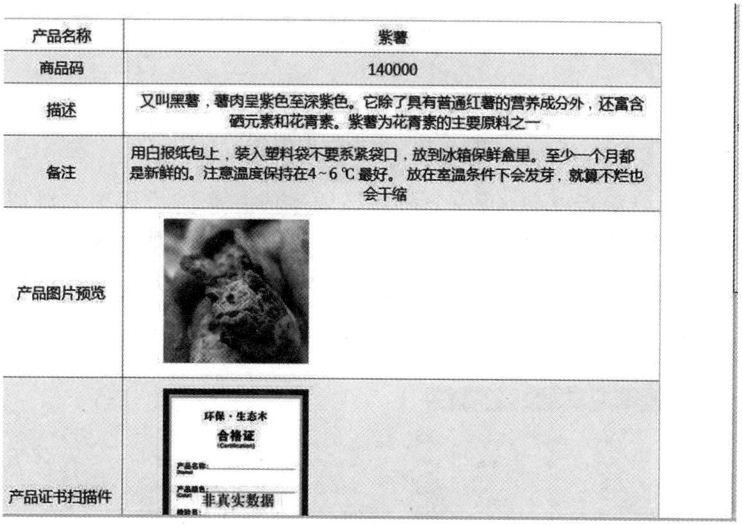

图 6.27　产品详细信息

生产者添加某一批次的产品信息最终展示如图 6.28 所示。

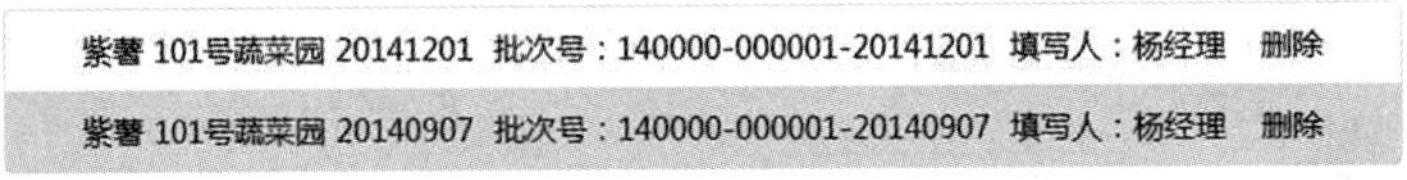

```
紫薯 101号蔬菜园 20141201   批次号：140000-000001-20141201   填写人：杨经理   删除
紫薯 101号蔬菜园 20140907   批次号：140000-000001-20140907   填写人：杨经理   删除
```

图 6.28　产品所有批次信息

点击进入某一批次，可以看到详细的批次信息，包括质量检测报告以及产品质量控制点的信息和对策，如图 6.29 所示。

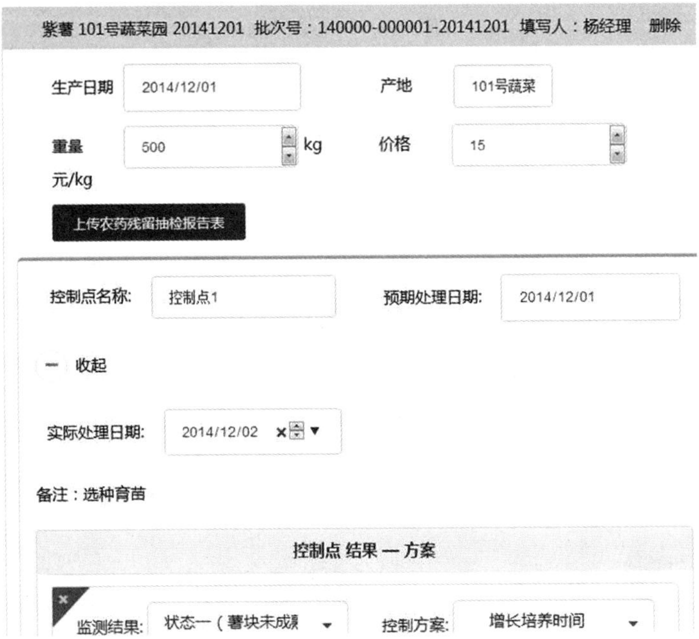

图 6.29　批次详细信息

为了提供给消费者查询，每一个产品必须生成一个二维码。二维码的操作一共有 5 种，分别为二维码生成、生成记录查询、激活记录查询、二维码状态查询以及激活二维码。生产者用户登录后，点击导航栏"二维码"可以进行上述前 4 种操作，如图 6.30 所示。

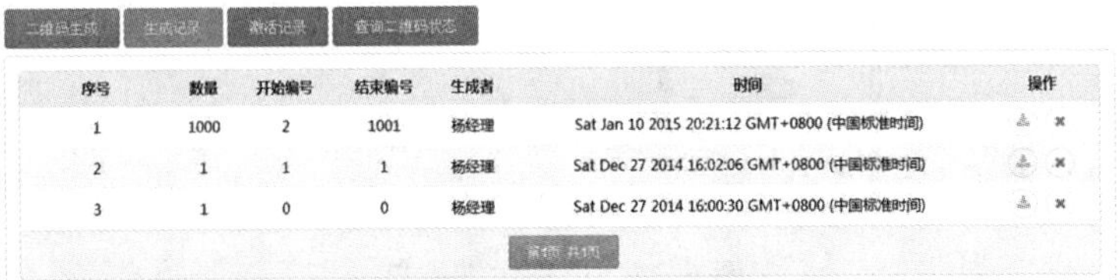

图 6.30　二维码生成记录

生成二维码之后,选择某个产品的某个批次,输入需要激活的二维码的起始编号和终止编号,即将该编号范围内的二维码与该批次的产品绑定,如图 6.31 所示。

图 6.31　绑定产品与二维码

激活之后,可以查询该二维码对应的产品信息,如图 6.32 所示。

图 6.32　查询二维码对应的产品信息

同时,我们还对每一批次产品的二维码扫描解析进行了识别率和时间上的统计,如表 6.2 所示。

表 6.2　食品包装上的二维码的扫描解析时间及其识别率

(2014.10.03～2014.12.03)

统计时间	统计量(扫描二维码个数)	成功识别量	平均扫描解析时间	识别率
2014.10.03	100	99	1586 ms	99%
2014.10.10	120	118	2351 ms	98.3%

续表

统计时间	统计量（扫描二维码个数）	成功识别量	平均扫描解析时间	识别率
2014.10.18	200	196	2142 ms	98%
2014.10.25	100	100	1751 ms	100%
2014.11.03	150	149	1975 ms	99.3%
2014.11.09	200	199	2003 ms	99.5%
2014.11.15	180	175	2219 ms	97.22%
2014.11.21	100	100	1969 ms	100%
2014.11.28	200	196	1812 ms	98%
2014.12.03	150	148	1992 ms	98.7%

注：统计中使用的二维码为 12 mm×12 mm，扫描器为微信自带的二维码扫描器。二维码的平均扫描解析时间在 1.5～2.5 s 之间，时间长短受扫描器、二维码清晰度、二维码分辨率等因素的影响。

以上是平台的运行效果展示，基本上完成了产品的全程溯源信息查询功能目标，查询的响应时间也在可接受的范围内。消费者一旦购买到有问题的产品，通过该平台的查询，即可追溯到产品的源头信息，投诉或者举报相关责任方；反过来平台对于产品信息的公开透明化也进一步监督了生产者对产品质量的更严格把关。

6.5 小　　结

本章从平台介绍、平台功能组成、平台实现、运行效果分析四个方面全面详细地描述了溯源平台的实现以及应用。

平台介绍部分，主要介绍了平台开发的背景、主要内容以及实现的整体流程等，大致了解平台的主要工作。

平台功能组成部分，详细介绍了平台实现的基本功能，包括产品信息管理、二维码生成与管理、企业及用户管理。

平台实现部分，主要从服务器端和浏览器端分别介绍了使用的技术架构和实现框架，以及改进的算法实现和效果分析等。

运行效果分析部分，从主要功能的角度展示了平台的运行界面、所能达成的效果等。

本平台借助互联网实现对农副产品全程生产所涉及农事信息及后期加工信息

等查询追溯。查询方式简单易行,通过一般二维码扫描工具,扫描农副产品包装上的二维码即可查询对应信息,主要的意义有如下 3 点:

① 系统收集生态农产品溯源信息,清晰呈现于民众面前。建立于可信赖的生态农产品评价模型之上,生态农产品溯源公共服务平台网页将普通产品应有信息一一列出的同时,把生态农产品溯源信息通过文字、图片、视频等多种方式有机结合,将当地生态农产品全方位地呈现于民众面前,方便民众寻找所求产品并进行全面的了解。

② 呈现生态农产品溯源信息,拉近地区政府、生态农产品生产企业、民众之间的距离。通过专有的生态农产品溯源公共服务平台,民众能够直接并且直观了解生态农产品溯源信息的同时,了解政府在生态农产品行业的发展规划、政策以及近期政务,促进民众和政府间交流,让民众有一个便捷的渠道向政府反映民意;地方政府也可以在平台上了解民意,并与民众进行有效的沟通。企业通过专有的生态农产品溯源公共服务平台能够与政府建立互动,了解政府政策动态,提出企业角度的建议,完善政府制定的政策。民众能通过平台直接了解到每一生态农产品所对应生态农产品企业的真实情况,方便沟通。

③ 方便浏览生态农产品舆情信息,便于政府决策和预测生态农产品发展方向,有利于生态农产品生产企业分析政府政策和改进生产、销售、推广当中的问题。

第7章 安全农产品舆情监控信息平台

7.1 平台介绍

7.1.1 实施目标

平台实施的具体目标是对互联网上有关供港食品舆情信息实现定向实时采集，通过一定的数据挖掘及分析技术，自动获取有关食品安全舆论信息和突发事件信息，围绕"提供及时准确的危机预警"为目标，力求在最短时间内将舆论危机所造成的负面影响降低到最低水平。

7.1.2 主要内容

平台主要包括网络爬虫和智能信息处理两大子系统。

1. 网络爬虫子系统

负责从互联网上各大门户网站，以及各大主流媒体的官方网站进行增量、实时地采集新闻网页信息，并将网页内容进行清洗，得到新闻的标题、内容、来源、发布时间等信息。最后，对清洗后的内容进行主题过滤，得到食品安全相关的内容。网络爬虫得到的数据通过统一数据库和智能信息处理子系统共享，以供信息处理子系统进行智能分析。

2. 智能信息处理子系统

对网络爬虫爬取到的信息进行智能化处理，涉及的内容有：定期生成热点话题，从而感知舆情话题关注点，生成舆情简报；按日、周、月时间获取热词，并生成热词变化曲线，得到食品安全舆情的动态变化走势，并预测食品安全趋势；对信息进行按来源、关键词分类等多角度分类展示，全方位展示信息特点；对信息进行智能情感分析,得到信息的情感分类,判断信息属于正面舆情、负面舆情还是中性舆情;个性化定制舆情预警,通过邮件或者弹窗的方式,自动提醒关注对象。

7.1.3 整体架构

平台的整体架构如图7.1所示。架构图可以分为以下几部分。

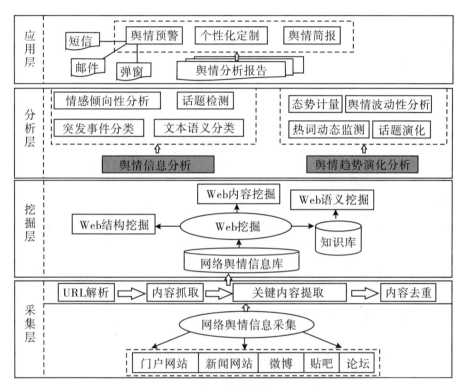

图7.1 系统架构图

1. 采集层

即从多种信息源中采集出相关的舆情信息,它为舆情信息挖掘层提供所需数据,是舆情深度挖掘的前提。首先,系统通过爬虫技术,根据给定的关键字或者URL列表爬取网络信息;其次,通过预处理模块实现网页自动去重、清除页面广告、其他网站分类导航信息等功能;最后,实现网页解析并根据数据库结构将信息对应存储到网络舆情信息库中。

2. 挖掘层

对采集的文本信息挖掘其内容、结构和语义等信息,为基于内容的舆情信息分析提供数据服务。

3. 分析层

通过分析舆情信息挖掘层提供的数据,能够检测网络话题、监测网络敏感信息、评估舆情态势等,为舆情信息服务层服务相关部门提供客观依据,是舆情信息处理的核心内容。

4. 应用层

一方面,系统根据分析的结果提供个性化的信息定制服务,提供舆情信息简报,为相关部门快速了解舆情动态、掌握舆情事件的来龙去脉提供便利;另一方面,综合考虑设定的舆情评价指标,做出舆情评测、适时发布舆情预警信号,为相关部门及时做出反应提供帮助。

7.2 平台功能组成

7.2.1 信息抓取

舆情监控平台要实现舆情监听和预警,前提是要有真实可靠的海量数据,有了这些 Web 数据才能对其进行监控。要获取互联网上的这些数据,必然需要平台提供信息抓取的功能。互联网上数据海量且繁杂,而本项目只关注与农产品安全相关的舆情信息,所以对于信息抓取功能具有一定的要求。为实现信息的有效抓取,提高信息抓取的准确性,本平台提供了两种信息抓取方式,即按关键字抓取与按网站抓取。

1. 按关键字抓取

本平台只负责监听农产品安全相关的舆情信息,因而设置农产品安全相关的关键字,并以此为根据抓取 Web 数据,可以有效地缩小信息抓取的范围,使抓取到的 Web 数据只落在农产品安全相关领域。

2. 按网站抓取

对于一些主流报道农产品舆情的网站,本平台可设置其为监控网站,并以这些网站为基准抓取 Web 数据,通过这种方式抓取的农产品信息快速且准确。同时可以掌握行业内主流网站对于农产品信息的关注点,对于改善信息抓取功能的角度及范围有积极意义。

7.2.2 最新舆情

即时有效的抓取最新的舆情信息,是检验一个舆情监控网站合格的关键之举。本平台将网络爬虫抓取的有关农产品安全的最新新闻报道呈现在本模块上,模块动态更新最新的舆情信息,确保浏览平台网站的用户能第一时间掌握最新资讯。最新舆情功能如图 7.2 所示。

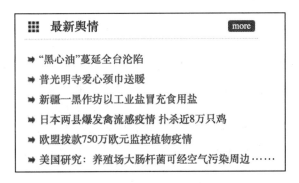

图 7.2　最新舆情功能图

本模块同时提供信息检索功能。用户可按照网站上提供的若干农产品关键字查找包含该关键字的新闻舆情,也可按时间检索,设置起始时间及终止时间,便可掌握某一时段的所有农产品安全事件。检索效果如图 7.3 所示。

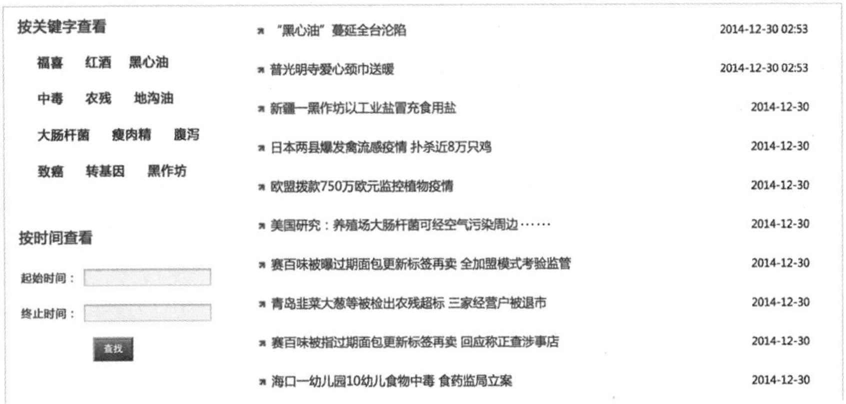

图 7.3　最新舆情检索图

7.2.3 舆情简报

图 7.4 舆情简报功能图

舆情监控平台追求农产品舆情数据分析结果的简单有效呈现,为此系统提供舆情简报功能模块,用于编辑动态监测、热点事件等关键信息的图、表以及文字描述。舆情简报以月份为单位,使用尽量简洁的图形及文字,把每一月份的重要农产品安全舆情展现在平台上。系统生成的报表清单以文件形式存储在本地设备上,舆情简报功能如图 7.4 所示。

舆情简报功能提供文本编辑框,方便负责人员在平台上直接编写舆情简报。编写成功的舆情简报将直接呈现在平台上,同时生成本地文件作为备份文件。对于已经生成的舆情简报,本模块还提供基本的增删改查功能,效果如图 7.5、图 7.6 所示。

图 7.5 舆情简报列表

图 7.6 舆情简报修改图

7.2.4　热门话题

尽管平台已经提供了根据关键字和指定网站的信息抓取技术，很大程度上减少了非农产品安全的舆情数据的获取，但是在海量 Web 数据的基准上抓取到的舆情信息依旧庞大。面对数据量如此庞大的舆情信息，必须花费大量人力和财力，才能确保重大农产品安全事件不被遗漏。本平台提供的热门话题功能可以很有效地节约人力、财力资源，减少不必要的开销。热门话题功能通过建立的话题模型，对陆续到来的新闻文本流进行监测，发现新话题并收集其后续与之相关的新闻报道。每一类型的话题都有一个随机选择的新闻报道代表，通过该新闻报道的标题，用户可以很直观地知道近期有哪些热门话题。热门话题的功能效果如图 7.7、图 7.8 所示。

热门话题
more
东莞查生猪"瘦肉精"合格率99.99%
日本食企农药投毒案凸显管理松弛 警方深入……
肯德基豆浆被检出转基因？食品事件为何迷雾……
武汉两水厂氨氮超标停产 政府称污染水未入……
真菌毒素超标已成我国农产品出口欧盟最大阻……
兰州：酿皮黑作坊内污水横流臭气熏天 发现……

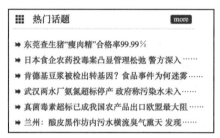

图 7.7　热门话题功能图

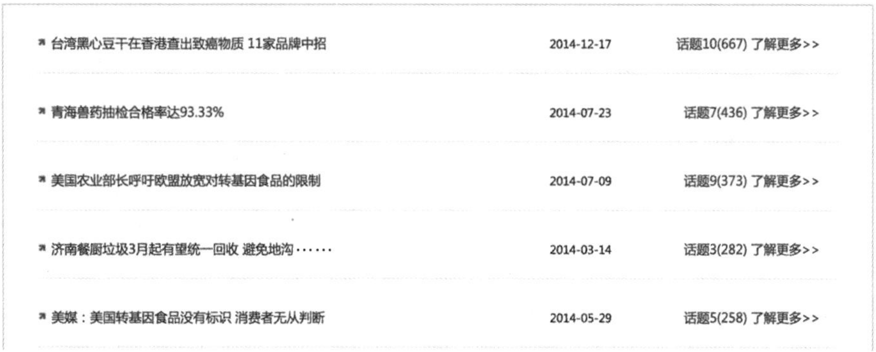

台湾黑心豆干在香港查出致癌物质 11家品牌中招
2014-12-17
话题10(667) 了解更多>>
青海兽药抽检合格率达93.33%
2014-07-23
话题7(436) 了解更多>>
美国农业部长呼吁欧盟放宽对转基因食品的限制
2014-07-09
话题9(373) 了解更多>>
济南餐厨垃圾3月起有望统一回收 避免地沟……
2014-03-14
话题3(282) 了解更多>>
美媒：美国转基因食品没有标识 消费者无从判断
2014-05-29
话题5(258) 了解更多>>

图 7.8　热门话题详情图

7.2.5 动态监测

动态监测功能主要是针对互联网舆情信息进行实时监听与分析,对热点信息进行倾向分析与趋势分析,以监听信息的突发性。本模块负责监听互联网上食品安全相关网站的新闻报道趋势,采取图表形式呈现舆情热词排行、热门网站关注点等信息,是舆情监控平台获取实时突发事件信息的重要措施。动态监测功能提供的热词及权威网站关注点,也为信息抓取功能提供一定的关键字和网站参数,对提供信息抓取准确率具有指导性的现实意义。动态监测功能如图 7.9 所示。

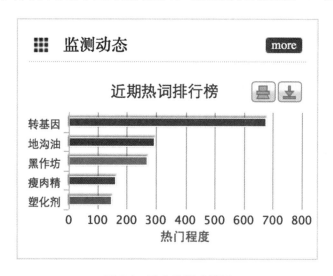

图 7.9　动态监测功能图

本模块提供两种动态监测图表,即热词排行榜、权威农产品网站关注点。热词排行榜以柱状图的形式,清晰地展现了近期的热门农产品短语,同时以这些热词作为网络爬虫的抓取关键字,能够显著地提高信息抓取功能的准确性和高效性。

对于用户的分时段检索需求,本平台也提供了需求满足。热词排行榜除了有热词总排行榜图表外,还增设了 2014 年四个季度独立的热词排行榜,对于用户有效掌握一定时间段的农产品热门事件具有现实意义。

本功能提供的权威网站关注点分布图,帮助平台了解其他网站对于哪些农产品产业比较关心,以及是否出现了新的农产品关注点。这些都有助于改善本舆情监控平台关于农产品安全监控的完整性,对于提高平台的健全性具有很大的实际意义。图 7.10 展示的是凤凰网在 2014 年度对于食品安全舆情的报道分布图。

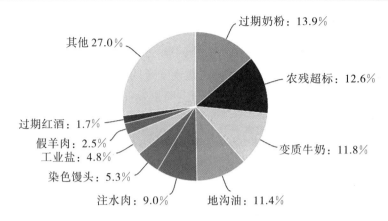

图 7.10 凤凰网 2014 年度有关食品安全舆情报道分布图

7.2.6 舆情查看

面对海量的舆情信息，高效检索所需的农产品舆情也是舆情监控平台的必备功能。本平台为解决用户的检索需求，提供了舆情查看功能。舆情检索可以分为三种检索模式，即全网检索、按网站检索、按关键字检索。

1. 全网检索

本平台保留 2014 年一整年所有的信息抓取的历史记录，舆情监管人员通过浏览一年的农产品舆情信息，能够全方位的掌握一年来农产品市场上出现的重大事件及问题产业，对于将来农产品安全监管的方针、政策以及着力点有着极为重要的帮助，为舆情监管人员提供决策支持。

2. 按网站检索

本平台提供按照网站分类检索舆情信息的功能，对于用户了解自己喜好网站的农产品安全舆情的需求提供了实质性的帮助。按网站检索效果如图 7.11 所示。

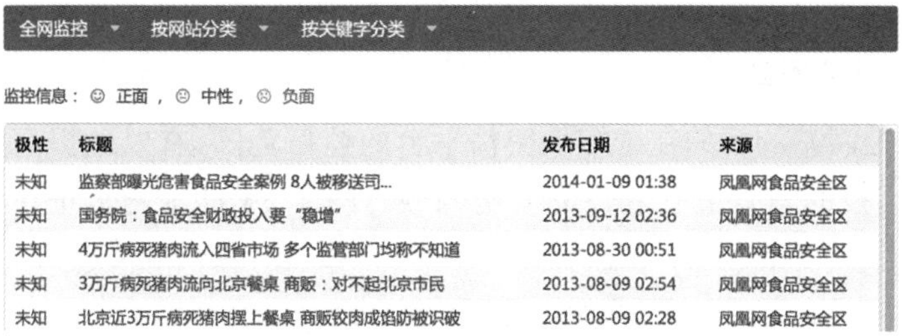

图 7.11 舆情按网站检索效果图

3. 按关键字检索

对于某一时间段最热门的农产品安全问题及事件，本平台提供了按关键字分类检索，帮助舆情人员全面地掌握某一关键性安全问题的所有资讯，对于更有效地解决此类安全问题具有积极帮助。按关键字检索效果图如图 7.12 所示。

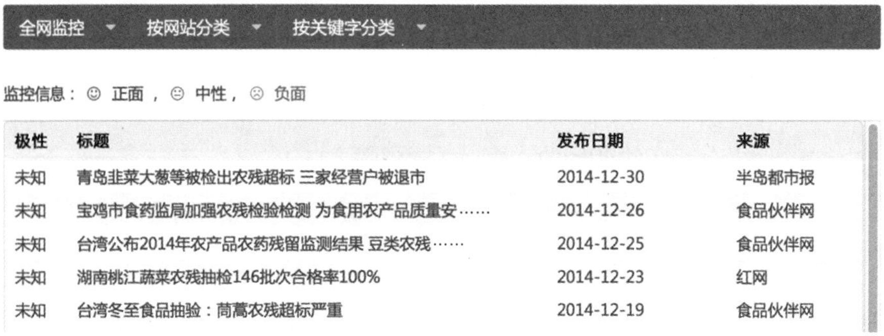
全网监控
按网站分类
按关键字分类
监控信息：☺ 正面，😐 中性，☹ 负面
极性
标题
发布日期
来源
未知
青岛韭菜大葱等被检出农残超标 三家经营户被退市
2014-12-30
半岛都市报
未知
宝鸡市食药监局加强农残检验检测 为食用农产品质量安……
2014-12-26
食品伙伴网
未知
台湾公布2014年农产品农药残留监测结果 豆类农残……
2014-12-25
食品伙伴网
未知
湖南桃江蔬菜农残抽检146批次合格率100%
2014-12-23
红网
未知
台湾冬至食品抽验：茼蒿农残超标严重
2014-12-19
食品伙伴网

图 7.12　舆情按关键字检索效果图

7.2.7　监控设置

监控设置功能是系统后台管理人员根据实时监测的热词，以热词为监控的关键字，从各大门户网站上定向采集有关食品安全的相关新闻网页及用户评论的必要功能。在本模块中，管理人员能够以热词为关键字，或以新兴食品安全网站的 URL 为站点信息设置信息获取系统抓取的数据范围。

1. 设置关键字

设置关键字功能分为设置监控关键字和设置监控企业两个子功能。设置监控关键字的目的在于为信息抓取功能提供基准，缩小信息抓取范围，减少无用舆情的捕获；设置监控企业的目的在于满足不同企业的监控需求，抓住企业的关注点，具有很大的市场价值。参数设置详情如图 7.13 所示。

2. 设置监控网站

设置监控网站的目的在于缩小舆情平台的监控范围，有效地提高舆情监控效率，把舆情监控的重点放在农产品安全领域。图 7.14 展示的是正在监控的网站列表。

第 7 章 安全农产品舆情监控信息平台

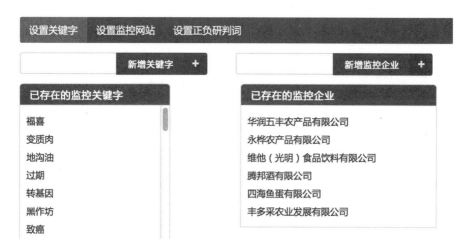

图 7.13 关键字及监控企业设置图

图 7.14 监控网站列表

URL 作为网站的唯一标识,在设置监控网站时必须给出。设置网站排除关键字,可排除网站上不必要的新闻报道,做到监控得准确无误。在设置监控网站的过程中,管理人员还可以根据不同需求设置抓取方式。抓取方式分为两种,即全量抓取和增量抓取。设置增量抓取的目的在于提高信息抓取的效率。监控网站的具体设置细节如图 7.15 所示。

3. 设置正负研判词

设置正负研判词的目的在于为舆情信息的情感分析提供极性依据。判断舆情信息的正负性,可在不浏览舆情详细信息的情况下对舆情的极性有个大致的把握,极大地提高了舆情审阅的效率。正负研判词的设置效果如图 7.16 所示。

图 7.15　监控网站设置图

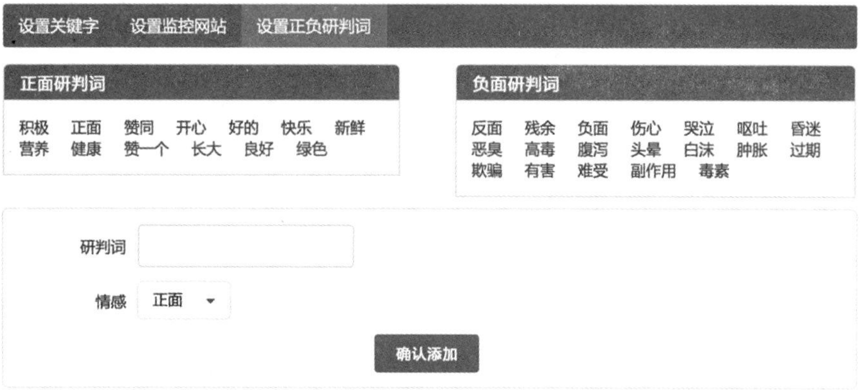

图 7.16　正负研判词设置图

7.2.8　舆情预警

健壮的舆情监控平台除了提供食品安全舆情信息的实时监控,还必须提供敏感信息的舆情预警。本项目的舆情预警功能模块通过对关键词、监控源的设定,能有效反应舆情的发展形势和用户的舆情关注特点,实现对敏感信息自动预警。预警方式包括邮件预警、弹窗预警等。支持设定关键词、监控源的预警级别,内置监控源类型的预警加权设定。根据实际需要,本模块可设置舆情预警的客户名单,确保相关部门及相关人员能够第一时间掌握突发农产品事件的讯息。图 7.17 展示的是如何设置舆情预警功能。

图 7.17　舆情预警功能图

7.2.9　用户管理

用户管理功能包括管理人员和舆情预警人员的信息管理。设置管理人员方便将来扩充舆情监控平台的人员队伍，设置舆情预警人员以得到舆情信息发送对象。用户管理功能设置情况如图 7.18 所示。

图 7.18　用户管理功能图

7.3 平台实现

本节将详细介绍平台的架构设计和系统实现所使用到的核心技术。

7.3.1 架构设计

安全农产品舆情监控平台的主要目标是以农产品方面的舆情为监控重点,配合"供港食品有害物质全程溯源与实时监控关键技术研究及其应用"中的溯源平台系统,锁定供港食品安全这一特定领域,获取互联网相关信息源。信息来源具体包括新闻、论坛、微博三大信息源,系统开展包括正负面判断、热词分析、话题发现和跟踪等一系列的舆情监控措施。

信息抓取模块负责从专题网站、论坛和微博上下载信息,经由信息抽取模块的分析判断,将非结构化数据转换为结构化数据并存储到关系型数据库中。智能分析模块将读取这些数据库中的结构化数据,进行文本分析。系统最后得到舆情分析结果,并通过 Web 页面方式呈现给用户。

总体来说,舆情监控平台以农产品溯源为切入点,通过 Web 信息挖掘,重点开展智能信息分析与预警关键技术研究,研制开发智能分析与预警系统,构建农产品生产、消费与价格分析服务应用平台,完成以主要农产品品种为对象、以预测预警技术为支撑、以系统应用服务为内容的技术攻关项目。

7.3.2 核心技术

7.3.2.1 信息采集和信息抽取

互联网上的绝大多数信息都是以网页 HTML 文本的形式进行存储,网页存储的信息与传统的文本信息相比,有以下特点:

一是多主题,在网页中,一个网页可能分成多块,每一块里描述了相对独立的主题。二是多噪声,网页中不仅包含网页设计者所要表达意思的信息,还混杂其他的许多噪声,比如广告条、浏览框、修饰的图片、公司 logo 等[18]。

由于网页的这些特点,当我们进行互联网信息采集和信息抽取的时候,首要的前提就是对网页进行预处理,去除掉网页中的噪声,识别出网页的主要内容。我们使用著名的开源网络爬虫项目——Heritrix,它是基于Java语言开发的,最大的优点在于强大的参数配置功能和模块化的代码设计方式,本系统的信息获取模块是基于Heritrix二次开发实现的。相对于其他开源爬虫框架来说,Heritrix有如下优点[20]:

① 作为一个著名的爬虫框架,有大量的开发学习人员可以互相交流,同时文档资料较为完善。

② Heritrix架构清晰,非常容易扩展,具有非常好的功能定制特性。

③ Heritrix性能优秀,内存、缓存等方面的管理运用避免了大量的重复抓取。

④ Heritrix功能齐全,作为一个爬虫框架具备完善的日志记录,具备控制爬取规模、爬取速度等辅助性功能模块,可以针对不同的网站定制不同的爬取方式等功能。

⑤ Heritrix非常符合本文信息获取项目的实际需求,例如Heritrix只是负责抓取,不做检索,抓取的镜像资源可以很容易地截取到字节流数据并作为信息抽取的资料库。

⑥ Heritrix除了提供核心的网络爬虫抓取功能外,还提供了一个Web控制台。用户可以通过该Web控制台,配置Heritrix各项爬取参数,进行抓取任务管理,查看Heritrix的抓取情况。

本系统以Heritrix为基础,为舆情监控平台定制开发了自有的信息抓取方式,扩充了原有Heritrix处理链。扩充处理链包括灵活度更高的域名过滤、增加ContentType类型过滤、关键词过滤等三种过滤方式,提高了信息抓取的效率。此外,在信息抓取的环节提出了节点网页的概念,并借助该概念和Heritrix的定点恢复功能实现信息获取系统的增量抓取功能;系统整合了微博信息抓取功能,从而实现了微博、新闻以及论坛三者数据源的信息抓取。在信息抓取的基础上,系统采用XML文件模板抽取的方式对新闻文本和论坛文本进行了非结构化信息抽取,并对抽取的信息进行了基本的分类整理,为下一步的文本分析提供数据材料。

系统对Heritrix源码的修改包括如下内容:

1. 过滤方面的修改

过滤方面的修改包括两部分,即ContentType过滤与关键词筛选过滤。

(1) ContentType过滤

Heritrix原始代码中是处理所遇到的所有URL链接。这些链接请求包括text/html、image/jpeg、image/gif、application/pdf等类型。在修改后的Heritrix中,除text/html类型的URL链接外,过滤掉所有其他类型的链接。

(2) 关键词筛选过滤

本文的舆情监控系统仅仅关注涉农食品安全领域,应该尽量抓取食品安全领域的新闻以及论坛信息。如果只是将所有的非结构化文本都转换抽取并传输到智能分析模块,势必会加大智能分析的分析数据,而且文本关注度也会大大降低。为此本文增加了涉农词典关键词过滤。

2. 扩充原有的域名过滤方式

修改后的 Heritrix 代码可以区分多级域名,使得多个 Heritrix 可以在非集群的情况下,通过多级域名和服务器文件夹的范围划分功能,从而实现协同抓取。

3. 功能方面的修改

功能方面的修改包括存储处理链的修改与编码方式的修改。

(1) 存储处理链的修改

原有的存储处理链有两种处理方式,分别是镜像存储和索引存储。现有的 Heritrix 在镜像存储的基础上删除原有的镜像文件输出,将字节流引导到抽取模块代码中去。这一改变不但使得 I/O 延时大幅减少,提高抓取效率,同时也使得存储空间大大减少,极大地增加 Heritrix 的处理速度。

(2) 编码方式的修改

由于现有的抽取模块需要在代码中处理字符,原有的编码方式只设定一个默认编码,在针对不同的目标网站编码进行抓取转换时会出现乱码。现有的编码方式会使每一个待抓取的网站对应到待抓取网站的 XML 抽取模板文件上,从而根据特定编码从字节流数据中解释出字符流数据,供给以后的抽取模块使用。

4. 增加的功能

增加的功能有增量抓取。增量抓取的实现方式有两个方面,这两方面互相配合,实现增量抓取的功能。

① 在爬虫抓取过程中,HTTP 访问需要耗费大量的时间,如何尽量减少 HTTP 访问,尽快抓取到有效信息,是所有信息爬虫面临的一个难点。本文实现的信息获取系统在第一次全量抓取过程中,使用 Berkeley 数据库将 ContentType 不等于 text/html 的 URL 链接存储起来,使得系统在增量抓取时可以避开这些 URL,从而减少大量的 HTTP 访问。

② 在全量抓取完成后,MySQL 数据库已经存储有节点网页(节点网页的概念可以参见第 3 章的相关概念说明)的有效信息了。系统可以在这些有效信息的帮助下,指导增量抓取过程。在增量抓取启动过程中,本项目首先将全量抓取的有效 URL 导入到已访问的 URL 文件中。这样,信息获取系统就能过滤出大量节点网页出来,在增量抓取的过程中不用访问已经抽取过正文的 URL 链接,同时对非节点网页没有影响,从而实现首页、新闻列表文件等非节点网页的抓取。这一增量抓

取方式不同于其他的网络爬虫所使用的指纹对比等方法,使得增量抓取时的 URL 数量大大减低,但是同时只根据 URL 的判断,也造成了不能对节点网页内容的更新进行重抓取的缺陷。Heritrix 软件设计如图 7.19 所示。

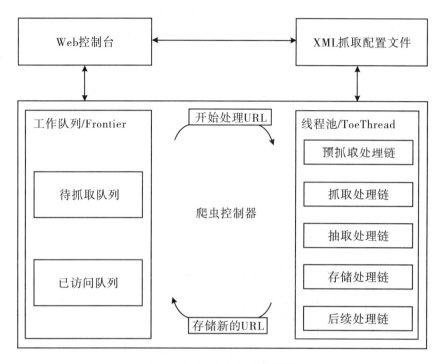

图 7.19　Heritrix 软件设计图

7.3.2.2　文本预处理

1. 中文分词

中文分词是中文信息处理中的一个重要环节,其质量的高低会直接影响到信息处理的质量。与英文不同,中文没有明确的分界标志用于区分词语。但对于中文而言,其所表达的内容都是由一个个词汇组合而成的。中文分词就是将连续的、没有分隔的字串转换为具有现实意义的词串。

本文所采用的分词系统为中科院分词系统(ICTCLAS)。ICTCLAS 是中科院开发的汉语词法分析系统,主要包括中文分词、命名实体识别、词性标注、新词识别等功能。ICTCLAS 具有分词速度快、准确度高等特点,被认为是世界上最好的汉语语法分析系统。ICTCLAS 分词的总体流程主要包括以下 5 个步骤:

① 初步分词。
② 词性标注。

③ 人名、地名、机构组织名识别。
④ 重新进行分词。
⑤ 重新进行词性标注。

而对于分词的第一个步骤"初步分词"而言,又细分为以下 3 个步骤:
① 原子切分。
② 找出原子之间所有可能的组词方案。
③ N-最短路径中文词语粗分。

在所有的步骤之前,ICTCLAS 首先要加载词典库,而其中所常用的词典包括核心词典库、词间关联库、人名库、地名库、机构组织名库。ICTCLAS 分词的基本流程如图 7.20 所示。

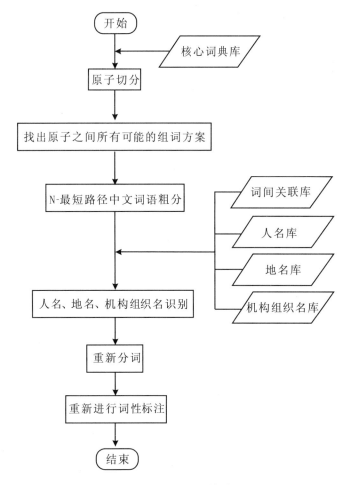

图 7.20　ICTCLAS 分词的基本流程

2. 向量空间模型

向量空间模型是一个用于表示文本的代数模型,它对非结构化、计算性差的文本进行建模,将其转化为结构化、计算性强的向量空间,通过对两文本的向量空间距离或夹角进行计算,得出两个文本的相似程度。该模型由 Salton 等人最早提出,并成功应用于 SMART 文本检索系统中。向量空间模型主要涉及文本(Document)、特征项(Term)和特征项的权重(Weight)三个概念。

(1) 文本

文本即为一篇文本文章。对于本文所设计的系统而言,文本所指的对象是一篇有关食品安全的新闻报道。

(2) 特征项

文本好似一个词袋,它所表达的内容是由其中所包含的一个个具有实际意义的词汇体现出来的,这些具有实际意义的词汇称为文本的特征项。文本即可用这些特征项的集合表示成为 n 维向量的形式 $d(t_1,t_2,\cdots,t_i,\cdots,t_n)$,其中 t_i 为特征项。

(3) 特征项的权重

对于文本 $d(t_1,t_2,\cdots,t_i,\cdots,t_n)$ 而言,由于其所表达意思的侧重点不同,不同的特征项对于文本 d 的重要程度也会有差异,常选择一定的权重 w_i 来表示 t_i 对于文本 d 的重要程度,即为 $d(t_1,w_1;t_2,w_2;\cdots;t_i,w_i;\cdots;t_n,w_n)$。对于一个特征项已选定的数据集而言,其中的文本即可简单地表示为 $d(w_1,w_2,\cdots,w_i,\cdots,w_n)$。

向量空间模型已广泛应用于信息过滤、信息检索、文本分类以及文本聚类等领域。向量空间模型虽然对文本语义的敏感度不佳,但能很好地解决文本结构化表示的问题,大大提高文本的处理效率。

3. 特征选择

对于一篇文本或一个文本语料集而言,将分词后得到的所有词都作为特征向量的一个维度,必会产生一个高维度特征向量。而维度越高,所占用的计算资源就越大,系统的性能也随之会降低。特征选择旨在选取能够较好表示文本内容的词,以降低文本特征向量的空间维度,提高计算效率。

文本通过分词以及去除停用词后,得到初始的 n 个特征。而从这 n 个特征中选取出可以更加简明扼要地表示文本信息的 k ($k<n$) 个特征的过程即为特征选择。

特征选择的一般思路如下:

① 构建评估函数,对文本初处理后所得到的特征集中的每一个特征进行评估。评估的分值越高,表示该特征对于文本的表征能力就越强。

② 确定所要选取特征数目的一个阈值,根据评估的结果,对特征进行排序,选取满足阈值数量的特征组成特征集。

常用的特征评估函数包括信息增益(Information Gain)、文档频(Document

Frequency)、单词权(Term Strength)、χ^2 统计(CHI)、互信息(Mutual Information)、期望交叉熵(Expected Cross Entropy)等。其中 χ^2 统计、信息增益、互信息、期望交叉熵都是有监督的特征选择,而文档频和单词权属于无监督的特征选择。系统主要的研究重点是聚类算法,它是一种无监督式学习算法,因此本文只能选择文档频或单词权作为特征评估函数。然而,与文档频相比,单词权在计算之前必须先计算所有文本之间的相似度,这样就提高了计算的复杂度。所以系统最终选择文档频作为特征评估函数。

4. 特征加权

特征选择之后,即可确定用于表示文本的向量空间模型中的特征集。但对于文本而言,不同的特征对文本的表征能力以及区分能力也有所不同。因此,有必要对特征进行加权,提高表征能力强的特征的权重,降低表征能力弱的特征的权重。本系统选择的特征加权方式为 TF-IDF(Term Frequency-Inverse Document Frequency),这种加权技术常常应用于信息检索以及文本挖掘之中。TF-IDF 算法如下[60]:

词频(Term Frequency,TF),表示词条 t 在文档 d 中出现的概率。

文档频数(Document Frequency,DF),表示包含有词条 t 的文档数量。

逆向文档频数(Inverse Document Frequency,IDF),与文档频数(DF)成反相关比。

对于一个特征词 t_i 在文档 d_j 中的权重计算公式为

$$TF-IDF_{i,j} = TF_{i,j} \times IDF_i = \frac{n_{i,j}}{\sum_k n_{k,j}} \times \lg \frac{|D|}{|\{j:t_i \in d_j\}|}$$

其中,$n_{i,j}$ 是词 t_i 在文档 d_j 中出现的次数,$\sum_k n_{k,j}$ 是文档 d_j 中所有字词的出现次数之和。加入 $\sum_k n_{k,j}$ 是为了归一化,防止 TF 偏向于长文档。

TF-IDF 权重计算的含义为:一个特征词在文本中出现的次数越多,其权重就越大;一个特征词在越多的文本中出现,说明其区分能力也就越低,则其权重也就越低。

5. 相似度计算

文本相似度表示两个文本之间的匹配程度。两个文本之间的匹配度越高,说明它们所描述的内容越相似。通过上面所提到的文本特征选择以及特征加权处理,一个文本就可以转化为可计算的特征向量空间,基于特征向量空间即可进行相似度计算。目前最常用的相似度计算公式为余弦公式,即计算向量之间夹角的余弦。

假设通过对数据集 D 进行特征选择处理,已获得维度为 n 的特征向量 $\boldsymbol{T} =$

$\{t_1,t_2,t_3,\cdots,t_n\}$。根据特征向量以及特征加权,分别获得文档 $d_1 = \{w_{11},w_{12},w_{13},\cdots,w_{1n}\}$ 和文档 $d_2 = \{w_{21},w_{22},w_{23},\cdots,w_{2n}\}$ 的特征向量表达形式。那么,d_1 和 d_2 的余弦相似度计算公式为

$$\mathrm{sim}(d_1,d_2) = \cos\theta = \frac{d_1 d_2}{\parallel d_1 \parallel \parallel d_2 \parallel} = \frac{\sum_{i=1}^{n} w_{1i} w_{2i}}{\sqrt{\sum_{i=1}^{n} w_{1i}^2}\sqrt{\sum_{i=1}^{n} w_{2i}^2}}$$

通过上述公式即可得出文档 d_1 和 d_2 的余弦相似度值,该值越大,表明 d_1 和 d_2 所表述的内容越相似,我们将余弦公式应用于系统中进行文本相似度计算。

两个文本的余弦相似度值越大,表明它们所表述的内容越相似。本系统也是将余弦公式应用于系统中进行文本相似度计算。

7.3.2.3 热点话题检测

文本聚类是一种无监督式的学习,它是在没有先验知识学习的情况下,将无类别标记的文本自动分组,使得组内的文本相似度较高,而组间的文本相似度较低。根据聚类应用的对象不同,聚类算法主要分为增量式聚类和非增量式聚类。非增量式聚类即为静态聚类,针对一个固定的数据集进行聚类分析。几个比较常用的静态聚类算法有 K-means 算法、X-means 算法、BIRCH(Balanced Iterative Reducing and Clustering using Hierarchies)算法、DBScan 算法等。增量式聚类即为动态聚类,针对的是一个动态的并不断变化的数据集进行聚类分析。Single-Pass 算法就是最经典的增量式聚类算法。

对于话题检测而言,由于其所处理的对象为陆续而来的新闻文本流,本系统即采用以增量式聚类算法为主体来对话题进行检测。在本系统所使用的算法组合中涉及 K-means 算法、X-means 算法以及 Single-Pass 算法。

1. K-means 算法

K-means 是一种基于划分的聚类算法,它将给定的聚类对象划分为 k 个类,而在算法运行之前必须确定初始参数 k 的值。K-means 是一种简单、高效的聚类算法,而该算法同时也存在着一些问题。在 K-means 算法中,初始参数 k 值是需要事先给定的,而对于聚类分析而言,事先并不知道所给定的数据集分为多少个类簇才合适。因此,k 值是很难确定的。此外,从本质上来讲,K-means 属于一种贪心算法,它只能保证局部最优,而不能保证全局最优。

2. X-means 算法

X-means 算法是 K-means 算法的一种改进,该算法无须事先给出确切的 k 值,只需给出 k 值的一个范围即可,算法会根据 KD-Tree 以及 BIC 评价指标来自动找

出聚类效果最好的 k 值,最终完成聚类分析。

3. Single-Pass 算法

Single-Pass 是一种增量式的聚类算法,主要用于对文本流进行聚类分析。该算法依次将所到达的文本与已存在的簇质心进行相似度计算,若最大的相似度值大于或等于某一阈值,则将该文本聚合到相似度最大的簇中,并重新计算该簇的质心;若最大的相似度值小于某一阈值,则创建一个新的簇,并将该文本聚合到新创建的簇中。基于经典 Single-Pass 算法的在线话题检测流程如图 7.21 所示。

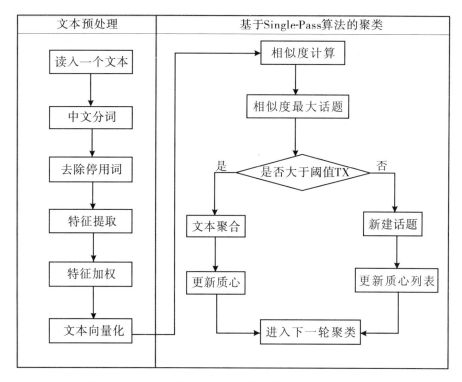

图 7.21　基于经典 Single-Pass 算法的在线话题检测流程

系统对经典增量式聚类算法 Single-Pass 进行了改进,提出了改进的聚类算法。Single-Pass 算法是一个经典的增量式聚类算法,该算法是按照新闻到达的时间序列,一次读取一篇新闻来进行增量式聚类分析。这样的处理会带来一个问题:由于动态聚类不同于静态聚类,静态聚类首先是针对整个数据集进行特征提取,然后用所提取的特征来表示数据集中的每一个文本,这样便可保证每次都会得到相同的聚类分析结果;而在动态聚类中,每次进行特征提取都仅仅只是针对一个文本,这样就会导致在特征提取时没有任何其他的文本作为参照,文本处理显得过于单一,进而使得各话题的质心会因文本读入的顺序不同而产生很大的差异,影响聚类效果。

同时，Single-Pass 算法在文本与话题聚合的过程中是按照以下方法进行：若文本与话题的最大相似度大于某一阈值，则将该文本聚合到相似度最大的话题中并更新话题质心的原则进行聚类的。通过一个相似度阈值来对话题的聚合和话题质心的更新进行控制会存在一个问题：对于一个话题而言，其中既有对这个话题核心进行报道的新闻，也有对这个话题核心的相关内容进行报道的新闻，按每聚合一篇新闻就更新一次话题质心的策略进行处理，一些仅对该话题核心的相关内容进行报道的新闻中的特征就会被添加到话题质心中，导致话题质心出现不必要的漂移。该算法主要是对 Single-Pass 算法进行了柔化处理，因文本读入的顺序不同而产生的差异使得各话题的质心减少，影响聚类效果。系统首先引入基于 X-means 算法的聚类缓冲区来对一部分文本进行初始聚类，再通过双重阈值来控制话题的聚合以及话题质心的更新，减少聚类过程中话题质心的漂移。改进算法实现的话题检测的流程如图 7.22 所示。

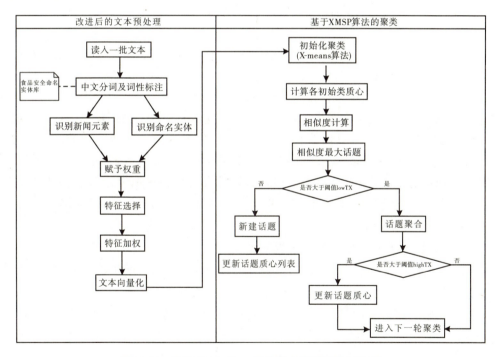

图 7.22　改进 Single-Pass 算法的在线话题检测流程

7.3.2.4　话题主题词抽取

话题检测算法将相关的报道聚集在一起，形成一个话题，但这样的结果并不能直接显示给用户，因为用户无法直观地知道某个话题是代表什么内容，因此，必须有一种方法来给话题抽取出一些关键词组,使得用户通过关键词组能够对话题的内容一目了然。如果只是用话题中某一篇报道的标题来代表话题,无疑是很片面的,因为话题的中心内容随着报道的加入会不断地发生偏移。借鉴传统的TF-IDF算法,系统实现了一种用于提取话题关键词的算法——TF-ITF(Term Frequency-Inverse Topic Frequency)。其中,对于某个话题 i,TF(term,i) 表示词 term 在话题 i 中出现的频率,而 ITF(term)则表示词 term 的逆话题频率。TF 越大,表明该词在此话题中的重要性越大,而 ITF 越大,表明该词对于话题的区分能力越强。因此,TF-ITF 越大,表明这个词在本话题中很重要,且在其他话题中较少出现,因此它能够很好地代表本话题。

在计算出每个话题中所有词语的 TF-ITF 值后,将其进行排序,取出 TF-ITF 最大的几个词语,作为该话题的关键词组。

7.3.2.5 热门短语挖掘分析

采集后的网页内容繁多,对网页内容进行有针对性的分析处理,得出关键信息,对于提高互联网信息利用率、互联网数据有效性至关重要。提高信息利用效率的方法众多,对热门短语进行排名是行之有效的方法之一。

本系统是基于新闻标题来进行热门短语的挖掘分析的。分词是热门短语挖掘的基础,采用 ICTCLAS 分词器和自定义字典能够确保分词的效率和准确率。对于分词处理后的短语需要进行预处理,过滤停用词,以减少不必要的热度权值计算。使用基于改进的 PAT-Tree 的可变长统计语言模型提取候选短语,最后采取基于概率统计的热度评价方法,通过累加若干时间单位内的词频/时间比,计算出有效短语的热度权值,并对其排行。

1. 基于 PAT-Tree 的候选短语提取算法

系统使用改进的 PAT-Tree 可以快速地获取文本中所有的语言模式(LP)的统计信息。当语言模式的频率较低时,计算出的有效估计函数值(SE)也会很小,但新闻报道中的网络热词具有传播迅速的特点,所以这点对本文算法的影响不大。系统认为满足条件 SE(LP)>T 的 LP 即为一个候选短语,其中 T 为阈值。从一个给定的文本集中提取候选短语时,采用长字符串优先的策略,即先从最长的子串开始评分,若候选集中已经存在一个包含此子串的候选短语,则丢弃较短的字符串。另外,本文选定的最大词长为 6。候选短语集提取步骤如下:

① 设置停用候选词集 filter。

② 根据文本集构建 PAT-Tree:

(a) 停用词过滤。

(b) 按标点符号与空格进行文本切分。

(c) 建立空的 PAT 树 t。

(d) 对于(b)中切出来的语句片段,遍历其所有短语,若某一该短语已存在 t 中,则更新其频率,否则将该短语插入 t 中。

③ 依次遍历树中所有长度分别为 6、5、4、3、2 的 LP,对于每个此集:

(a) 在 filter 集合中查找 LP,若查找失败则进入。

(b) 否则进入(c)。

(c) 计算 SE(LP),若 SE(LP)>T,将其加入候选词集。

(d) 继续处理下一个子串。

2. 短语热度排序方法

候选实体短语和非实体短语串很多,需要进行热度排序,取大于设定阈值的词语为热词。排序是根据词语的热度权值高低进行的排序。根据热词的定义,热度权值分成两个部分,即基础权值和波动权值。基础权值由标题出现频率和文档频率组合计算来确定。

波动权值则考虑了长、中、短期三种时间长度中基础权值的变化过程,短期频率与长期频率比值越高,则波动权值越高。最后赋予波动权值更高的权值,因为我们更看重的是该词的新颖程度,最终的历史波动权值越高,则新颖度越高,更符合热词的含义。

具体热度权值计算公式为

$$baseweight = titledf \times 2 + contentdf$$

该式为词语的原始基本权值计算公式,$baseweight$ 值为原始基本权值,$titledf$ 短语在标题出现的频率,$contentdf$ 为短语在正文出现的文档频率。计算原始基本权值以天为单位,公式中标题中词语的词频数乘 2,强调词语在标题出现的重要程度要高于正文出现的。

7.4 运行效果分析

安全农产品舆情监控信息平台通过对国家质量监督检验检疫局、香港商报、广东省出入境检验检疫局、广东省质量技术监督网、新浪社会新闻、凤凰网食品安全区、食品伙伴网、深圳新闻网——食品新闻、腾讯、深圳新闻网——曝光台、香港食物安全中心、南都网等新闻传媒网站关于食品安全的新闻进行实时的监控,综合 2014 年度监控到的相关数据进行如下分析。

7.4.1 舆情热点

根据安全农产品舆情监控信息平台对监控网站的监测,2014年度监测到的总体热词排行榜如图7.23所示,热门程度是以该词出现次数除以所有词出现的总次数来计算。由图中可以看出,2014年度出现的有关食品安全的问题主要集中在养禽类、豆制品、乳业和种植业这四方面。其中以养禽类问题居多,包括"福喜腐肉"问题、"汉丽轩口水肉"事件等,此外黑心油、地沟油问题也是频繁出现。据监测,本年度"深圳八成豆制品来路不明""过期挂面换了包装进市场""上海香啡缤巧克力蛋糕遭指大肠菌群超标三倍""福喜事件后鸡肉需求大幅下滑,快餐巨头销售额大降""台湾德昌豆干在香港被检出含致癌物""香港食安中心发现街市摊档售卖的新鲜牛肉含二氧化硫""深圳食品抽检:人人乐锦绣店卤猪肚检出'瘦肉精'""上海:男子假冒注册商标获刑3年,贴标'进口红酒'身价翻10多倍""台湾地区59所学校伙食染地沟油,顶新被诉""台湾地区抽检果蔬农药残留,豆菜不合格居多"为网民讨论度较高的10起舆情事件。

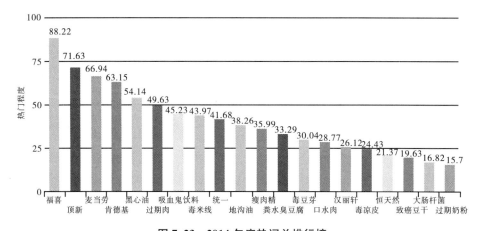

图 7.23　2014 年度热词总排行榜

为进一步了解各个季度的关注情况,将2014年度按季度划分,我们可以得到每一个季度的排行榜,如图7.24~图7.27所示。

由图7.24可知,2014年第一季度主要安全问题有:沃尔玛"狐狸肉"事件、猫屎咖啡问题、奶粉以及若干食物过期问题等。

由图7.25可知,2014年第二季度涉及食品安全相关问题有:昆明毒米线事件、恒天然奶粉事件、兰州自来水苯超标以及家乐福散装菜干二氧化硫含量超标等。

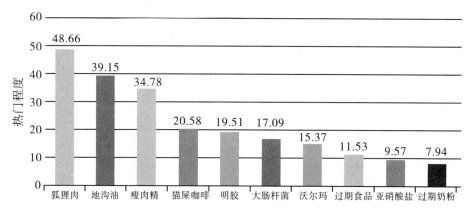

图 7.24　2014 年第一季度热词排行榜

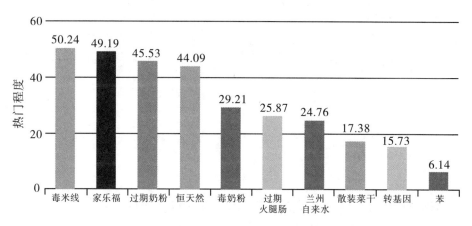

图 7.25　2014 年第二季度热词排行榜

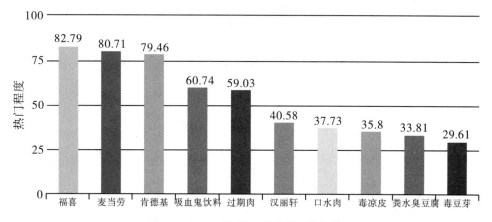

图 7.26　2014 年第三季度热词排行榜

由图 7.26 可知,2014 年第三季度食品安全问题频发,大量安全事件被曝光,包括上海福喜腐肉事件、汉丽轩口水肉事件、三无产品"吸血鬼饮料"、毒凉皮、毒豆芽以及粪水浸泡臭豆腐等。

由图 7.27 可知,2014 年第四季度新闻报道的有关食品安全的问题有:顶新"黑心油"事件、统一泡面问题、家乐福散装菜干问题、致癌豆制品等。

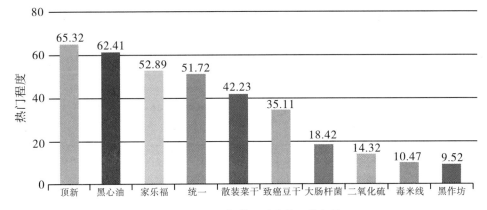

图 7.27　2014 年第四季度热词排行榜

7.4.2　目标网站分析

根据项目的监控目标,平台的采集主要来源于以下网站。

1. 国家质量监督检验检疫局

链接:http://www.aqsiq.gov.cn/。

采集数目:65。

特点分析:网站主要是一些政策和信息的公开,涵盖的是全国范围的质检信息,更新频率比较高,网站内容有原创和转载。突发的食品安全信息新闻较少。

2. 香港头条日报

链接:http://www.h1.com.hk/。

采集数目:28。

特点分析:香港头条日报主要是香港地区新闻信息,即时新闻更新频率高,食品安全相关新闻占比较小,网站内容几乎原创。

3. 香港成报网

链接:http://www.singpao.com.hk/。

采集数目:32。

特点分析:香港成报网涵盖香港地区各个领域的新闻信息,即时新闻更新频率高,食品安全相关新闻占比较小,网站内容几乎原创。

4. 星岛环球网

链接:http://www.stnn.cc/。

采集数目:40。

特点分析:网站主要覆盖中华区新闻的各个方面,港澳新闻频道中食品安全相关的新闻占比较小,更新频率高,网站转载的内容比较多。

5. 香港商报

链接:http://www.hkcd.com/。

采集数目:198。

特点分析:网站内容地域性强,香港地区新闻占比较高。食品安全相关新闻占比较小,网站内容几乎原创。

6. 食品伙伴网

链接:http://news.foodmate.net/。

采集数目:2468。

特点分析:网站针对性强,主要报道食品相关新闻,更新速度快,能够迅速获取食品安全方面的信息。网站内容大部分引用自其他媒体以及门户网站。项目采集到的主要新闻内容都来源于该网站,其采集到的内容分布如图 7.28 所示。

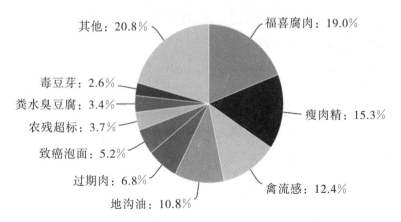

图 7.28 食品伙伴网 2014 年度有关食品安全舆情报道分布图

由图 7.28 可知,食品伙伴网作为食品安全方面权威的网站,涉及各类食品安全问题,而主要关注领域是养禽业,其中有关福喜腐肉的报道达到 19.0%,瘦肉精的报道占 15.3%,禽流感的相关新闻达到 12.4%,过期肉的报道也有 6.8%。种植业领域的相关报道也比较多,如植物农残超标占 3.7%,毒豆芽占 2.6%。

7. 深圳新闻网——食品新闻

链接:http://www.sznews.com/zhuanti/node_138287.htm。

采集数目:84。

特点分析:网站内容地域性强,主要报道深圳地区食品新闻。网站内容几乎原创,其舆情报道分布如图 7.29 所示。

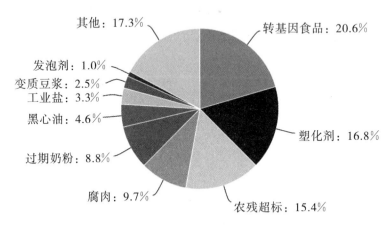

图 7.29 深圳新闻网 2014 年度有关食品安全舆情报道分布图

由图 7.29 可知,深圳新闻网 2014 年度有关食品安全的报道以转基因、塑化剂、发泡剂、工业盐等化学污染为主。其中转基因的报道占 20.6%,塑化剂也高达 16.8%。另外,种植业、养禽业、豆制品业、奶制品业也有相关的新闻报道。

8. 深圳新闻网——曝光台

链接:http://www.sznews.com/zhuanti/node_138290.htm。

采集数目:44。

特点分析:网站内容地域性强,主要报道深圳地区食品安全新闻。其内容全部为食品安全违规事件,针对性强。网站内容几乎原创。

9. 腾讯

链接:http://news.qq.com/。

采集数目:130。

特点分析:网站覆盖各个地域的社会新闻的各个方面,食品安全相关的新闻占比较小,网站内容原创或者引用自其他主流媒体。

10. 香港食物安全中心

链接:http://www.cfs.gov.hk/sc_chi/press/press_c.html。

采集数目:301。

特点分析:香港食物安全中心是香港特别行政区政府监察食物安全的权威机

构,网站内容地域性强,权威性高,主要发布香港地区食品安全事件,其内容全部为食品安全违规事件。网站更新频率高,内容几乎原创。凤凰网 2014 年度有关食品安全舆情报道如图 7.30 所示。

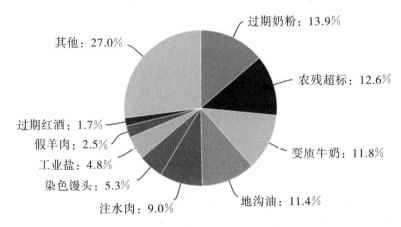

图 7.30　凤凰网 2014 年度有关食品安全舆情报道分布图

由图 7.30 可知,凤凰网关于香港方面的食品安全报道以奶制品为主,其中过期奶粉和变质牛奶的报道各占 13.9% 和 11.8%;种植业方面,有关农残超标的新闻占 12.6%,注水肉、假羊肉等养禽问题也达到 11.5%,此外还有一些关于使用工业盐、馒头染色等问题。

11. 南都网

链接:http://www.oeeee.com/。

采集数目:33。

特点分析:网站主要覆盖社会新闻的各个方面,食品安全相关的新闻占比较小,网站内容来源多数为原创,少数引用光明日报、新华社等。

12. 文汇报

链接:http://news.wenweipo.com/。

采集数目:46。

特点分析:网站主要覆盖社会新闻的各个方面,食品安全相关的新闻占比少,更新频率高,网站内容几乎原创。

13. 大公网

链接:http://news.takungpao.com/。

采集数目:50。

特点分析:网站主要覆盖社会新闻的各个方面,食品安全相关的新闻占比少,更新频率高,网站内容几乎原创。

7.4.3　目标企业监控情况

安全农产品舆情监控系统主要监控的企业包括华润五丰农产品(深圳)有限公司、深圳市永桦农产品有限公司、深圳维他(光明)食品饮料有限公司、深圳市腾邦物流股份有限公司/深圳市腾邦酒业有限公司、多鱼食品(深圳)有限公司、广东丰多采农业发展有限公司。以上企业2014年度监控情况如下：

1. 华润五丰农产品(深圳)有限公司

（1）惊！包装好的猪肉里暗藏针头　2014-10-14

链接：http://www.sznews.com/zhuanti/content/2014-10/14/content_10459245.htm。

（2）包装好的猪肉里暗藏针头　事发深圳山姆会员店　2014-10-14

链接：http://news.foodmate.net/2014/10/279103.html。

2. 深圳市永桦农产品有限公司

未发现相关报道。

3. 深圳维他(光明)食品饮料有限公司

（1）维他奶再陷"变味"风波　宣布回收50万包柠檬茶　2014-2-19

链接：http://news.foodmate.net/2014/02/257323.html。

（2）进口维他柠檬茶抗氧化剂超标被退　2014-07-23

链接：http://news.foodmate.net/2014/07/268341.html。

（3）香港产维他柠檬茶被曝超范围使用抗氧化剂　2014-08-02

链接：http://news.foodmate.net/2014/08/269556.html。

4. 深圳市腾邦名酒有限公司

未发现相关报道。

5. 多鱼食品(深圳)有限公司

未发现相关报道。

6. 广东丰多采农业发展有限公司

未发现相关报道。

7.4.4　舆情新闻检索展示

根据目标监控网站、监控关键词爬取的互联网食品安全相关信息,可以按照条件检索相关舆情信息,如图 7.31~图 7.36 所示。

1. 按关键词检索

标题	发布日期	来源
美国某公司召回疑染沙门氏菌的猫粮	2015-01-19	食品伙伴网
厦门口岸首次检出西班牙进境冻猪肉含沙门氏菌	2015-01-14	厦门日报
英国阿尔迪超市召回含沙门氏菌的巧克力	2015-01-07	食品伙伴网
英国一超市所售巧克力含沙门氏菌被召回	2015-01-07	食品伙伴网
澳大利亚沙门氏菌食物中毒病例呈上升趋势	2014-10-17	食品伙伴网
欧盟食品安全局评估瓜类与西红柿中的沙门氏菌风险	2014-10-15	食品伙伴网
美国某公司召回疑染沙门氏菌的宠物食品	2014-09-28	食品伙伴网
正大饲料中神秘的沙门氏菌从何而来 专家:病菌可能源自两大环节	2014-09-25	食品伙伴网
龙岩:四场宴席151人疑似食物中毒 沙门氏菌是元凶	2014-09-24	海峡导报
曝亚运会食品安全存隐患 运动员午餐检测出沙门氏菌	2014-09-23	凤凰网
美国农业部拟出台最新肉类沙门氏菌标准	2014-09-18	食品伙伴网
男童连壳吞未熟鳖蛋 染沙门氏菌肠穿孔	2014-08-25	食品伙伴网
香港食安中心呼吁市民停食疑受沙门氏菌污染的美国花生酱和杏仁酱	2014-08-21	食品伙伴网
上海检出畜肉内脏含沙门氏菌 问题样品已下架停售	2014-08-06	东方网
上海部分畜肉和内脏检出沙门氏菌 或引发食物中毒	2014-08-05	新民网
欧洲食品安全局:鸡蛋常温下久放增染沙门氏菌风险	2014-08-04	中国科技网
南平:沙门氏菌超标圣农鸡块已全部下架	2014-07-26	新华网
圣农发展美乐鸡块检出沙门氏菌 百胜称肯德基未采用	2014-07-24	每日经济新闻
5月上海部分畜肉水产查出沙门氏菌和违规防腐剂	2014-07-14	新民网
美国加州福斯特农场召回染沙门氏菌的鸡肉	2014-07-09	食品伙伴网
美加两国出现芡欧鼠尾草粉末引发的沙门氏菌疫情	2014-06-06	食品伙伴网
美国召回疑染沙门氏菌的芡欧鼠尾草粉末	2014-05-30	食品伙伴网
美国农业部制定鸡块中弯曲杆菌与沙门氏菌标...	2014-05-30	食品伙伴网
美国18州爆发鼠伤寒沙门氏菌疫情	2014-05-22	食品伙伴网
美国研究表明绿色番茄抗沙门氏菌感染能力强	2014-01-09	食品伙伴网
美国农业部发布沙门氏菌行动计划	2013-12-06	食品伙伴网
美国内华达州150人遭沙门氏菌感染	2013-11-07	食品伙伴网
"甲天下"水饺沙门氏菌超标	2013-09-14	食品伙伴网
雀巢召回一款染沙门氏菌的狗粮	2013-09-03	食品伙伴网
美国公布2012年生肉及家禽产品中沙门氏菌、弯曲杆菌检测项目报告	2013-08-16	食品伙伴网

图 7.31 "沙门氏菌"关键词监控信息

标题	发布日期	来源
美国研究：养殖场大肠杆菌可经空气污染周边...	2014-12-30	食品伙伴网
山东青岛4企业消毒餐具大肠杆菌超标被立案处罚	2014-11-19	齐鲁晚报
德国北威州政府多个食堂发现受大肠杆菌污染肉食	2014-11-11	食品伙伴网
加拿大召回染大肠杆菌的春卷、叉烧包、馄饨	2014-09-19	食品伙伴网
香港食安中心呼吁市民停止食用疑受大肠杆菌污染的生牛奶芝士	2014-08-27	食品伙伴网
台湾新北抽检冷饮产品 部分大肠杆菌超标	2014-08-13	食品伙伴网
台北抽验即食熟食大肠杆菌 凉面不合格居多	2014-08-11	食品伙伴网
台北包装饮用水四成是自来水 个别含大肠杆菌	2014-08-04	食品伙伴网
加拿大召回疑似感染大肠杆菌的法国奶酪	2014-07-30	食品伙伴网
台湾水质最优水库现警讯 上游大肠杆菌超标200倍	2014-07-28	食品伙伴网
英国食品标准局修订大肠杆菌交叉污染防控指南	2014-07-15	食品伙伴网
台湾新北市饮料验出大肠杆菌超标7倍 被罚3万元	2014-07-03	食品伙伴网
美国开发出肉牛中大肠杆菌的基因快速测试法	2014-06-26	食品伙伴网
陕西大荔43名学生大肠杆菌感染 12人已出院	2014-06-19	中国新闻网
安徽抽检：3组饼干产品不合格 大肠杆菌超标	2014-05-30	食品伙伴网
美国农业部召回180万磅绞牛肉 可能感染大肠杆菌	2014-05-26	食品伙伴网
加拿大召回感染大肠杆菌的小牛肉	2014-05-12	食品伙伴网
青岛餐馆消毒餐具残留菜叶 黑作坊加工大肠杆菌超标	2014-05-09	青岛日报
日本研究人员用大肠杆菌"造"出最耐热生物...	2014-02-18	食品伙伴网

图 7.32 "大肠杆菌"关键词监控信息

标题	发布日期	来源
酒鬼酒"塑化剂风波"后再调查 现状：公司逐年亏损	2015-01-12	长江商报
食药监总局要求严格控制白酒塑化剂污染	2014-10-20	食品伙伴网
台湾38%包装食品验出塑化剂污染 麦当劳汉堡上榜	2014-10-04	深圳特区报
台湾"塑化剂"案宣判 昱伸赔偿统一1.3亿新台币	2014-08-14	食品伙伴网
塑化剂超标已破解 月饼出口保持增长	2014-08-12	羊城晚报
市民质疑超市缠菜胶带或含塑化剂 供应商：多为工业胶带	2014-08-05	羊城晚报
塑化剂无所不在 多喝水排出塑化剂	2014-08-05	生命时报
李宁：不是所有桶装白酒都含塑化剂	2014-07-29	中国经济网
撬开塑化剂"黑匣"	2014-07-17	南方周末
云无心：卫计委新白酒塑化剂风险评估值是否合理	2014-07-11	消费者报道
胡立彪：塑化剂的关键问题在哪	2014-07-03	食品伙伴网
陈君石：再谈白酒产品中的塑化剂	2014-07-02	食品伙伴网
晋育锋：白酒塑化剂评估值有意义吗	2014-06-30	食品伙伴网
白酒含塑化剂评估结果公布 未证明损害人体健康	2014-06-30	北京晚报

图 7.33 "塑化剂"关键词监控信息

2. 按目标网站检索

标题	发布日期	来源
台现新型禽流感疫情 全球首见	2015-01-12	香港商报
健康新知：喝酒呕吐 真会增加食道癌几率？	2015-01-12	香港商报
莫桑比克发生群体饮酒中毒事件致52死	2015-01-12	香港商报
回条短信几千块没了?专家：回短信不会中毒	2015-01-05	香港商报
上海福喜所有问题食品完成处理	2015-01-05	香港商报
那些年亚视风光明媚	2015-01-03	香港商报
赛百味被曝过期面包更新标签再卖	2014-12-30	香港商报
科学证明喝红酒有抗衰老作用你造吗？	2014-12-29	香港商报
饭后一种水果排空体内致癌物	2014-12-24	香港商报
中国批准进口杜邦先锋转基因大豆	2014-12-23	香港商报
马英九声明：绝非顶新黑心油门神	2014-12-23	香港商报
中国政府批准进口拜耳公司转基因大豆	2014-12-22	香港商报
光明食品拿下Salov集团90%股权	2014-12-19	香港商报
桂格燕麦片因"水分超标"再上质检"黑榜"	2014-12-05	香港商报
中科协：转基因食品影响生育力说法无根据	2014-12-04	香港商报
央视曝光廉价辣条添加剂超标 常吃可致癌	2014-12-02	香港商报
近一成木门甲醛超标 质量售后拖累行业发展	2014-11-28	香港商报
顶新黑心油危局	2014-10-17	香港商报

图 7.34 "香港商报"网站监控信息

标题	发布日期	来源
台湾进口的樽装腐乳含染色料二甲基黄	2015-01	香港食物安全中心
美国进口苹果和预先包装焦糖苹果疑受李斯特菌污染	2015-01	香港食物安全中心
食安中心再发现杏脯样本防腐剂含量超出法例标准	2015-01	香港食物安全中心
食物安全中心设立「全城减盐减糖」Ｆａｃｅｂｏｏｋ专页	2015-01	香港食物安全中心
香港禁止从日本冈山县入口禽肉及禽类产品	2015-01	香港食物安全中心
本港暂停江西省九江市共青城市的食用家禽及禽产品进口	2015-01	香港食物安全中心
食安中心发现两个菜心样本的除害剂残余超出法例标准	2015-01	香港食物安全中心
香港进一步放宽日本牛肉入口限制	2015-01	香港食物安全中心
食安中心发现小棠菜样本的除害剂残余超出法例标准	2015-01	香港食物安全中心
香港禁止从台湾入口禽蛋	2015-01	香港食物安全中心
香港禁止从台湾屏东县入口禽蛋	2015-01	香港食物安全中心
食安中心发现两个腌制蔬菜样本防腐剂含量超出法例标准	2015-01	香港食物安全中心
食安中心公布两个不合格的樽装腐乳样本	2015-01	香港食物安全中心

图 7.35 "香港食物安全中心"网站监控信息

标题	发布日期	来源
日本再次爆发高致病性禽流感疫情	2015-01-19	食品伙伴网
美国某公司召回疑染沙门氏菌的猫粮	2015-01-19	食品伙伴网
山东一例H7N9患者死亡 专家：不会引发当地疫情	2015-01-19	山东商报
文锦渡检验检疫局查获美国进口薯片着色剂超标	2015-01-19	食品伙伴网
香港食安中心再发现杏脯样本防腐剂含量超出法例标准	2015-01-19	食品伙伴网
禽流感疫情持续加重 台湾彰化又一土鸡场异常	2015-01-19	食品伙伴网
深圳销毁一批携带疫情进口玉米下脚料	2015-01-19	食品伙伴网
买到过期食品 消费者可主张10倍赔偿	2015-01-19	食品伙伴网
江苏20多人吃烧饼被撂倒 初步确认食客系亚硝酸盐中毒	2015-01-18	扬子晚报
扬州高邮20人吃烧饼呕吐不止 疑似食物中毒	2015-01-18	扬子晚报
日本一养鸡场暴发禽流感疫情 扑杀处理20万只鸡	2015-01-16	食品伙伴网
进口食品市场有点乱：防伪标志缺失 产品标识不清 快过期仍在卖	2015-01-16	云南日报
成都一地沟油窝点被捣毁 3嫌疑人从2012年就干这行	2015-01-16	四川新闻网
台湾屏东严防禽流感疫情扩大 宠物鸟也要消毒	2015-01-16	食品伙伴网
江西加强监测排查防控高致病性禽流感疫情	2015-01-16	新华网
韩国为防禽流感疫情扩散 拟36小时禁运家禽	2015-01-16	食品伙伴网

图 7.36 "食品伙伴网"等网站监控信息

3. 按时间检索

平台还提供了按时间检索舆情的功能，首先选择查看的时间范围，如图 7.37 所示，这个时间段内检索到的新闻如图 7.38 所示。

按时间查看

起始时间：2014-12-01

终止时间：2015-01-20

查找

图 7.37 选择查看舆情的时间范围

↗ 台湾禽流感疫情愈演愈烈 扑杀家禽已逾26...	2015-01-19 19:36
↗ 白菜仔及青豆角样本除害剂超标－星岛头...	2015-01-19 16:42
↗ 浙江男子猝死妻子截肢续：警方初步判定系煤...	2015-01-19 15:08
↗ 马里连续42天未现埃博拉新病例 宣布疫情...	2015-01-19 09:21
↗ 四川3男暴揍女护士致流产 反复撞肚打倒在...	2015-01-19 09:16
↗ "青少年军"成立光明磊落/齐 依	2015-01-19 03:00
↗ 破解多囊卵巢综合征致不孕奥秘	2015-01-19 02:59
↗ 炒小米煎茶汤止腹泻健脾胃	2015-01-19 02:59
↗ 日本再次爆发高致病性禽流感疫情	2015-01-19
↗ 美国某公司召回疑染沙门氏菌的猫粮	2015-01-19
↗ 山东一例H7N9患者死亡 专家：不会引发当地疫情	2015-01-19
↗ 文锦渡检验检疫局查获美国进口薯片着色剂超标	2015-01-19
↗ 香港食安中心再发现杏脯样本防腐剂含量超出法例标准	2015-01-19
↗ 新疆一黑作坊以工业盐冒充食用盐	2014-12-30
↗ 日本两县爆发禽流感疫情 扑杀近8万只鸡	2014-12-30
↗ 欧盟拨款750万欧元监控植物疫情	2014-12-30
↗ 美国研究：养殖场大肠杆菌可经空气污染周边...	2014-12-30
↗ 赛百味被曝过期面包更新标签再卖 全加盟模式考验监管	2014-12-30
↗ 青岛韭菜大葱等被检出农残超标 三家经营户被退市	2014-12-30
↗ 赛百味被指过期面包更新标签再卖 回应称正查涉事店	2014-12-30
↗ 海口一幼儿园10幼儿食物中毒 食药监局立案	2014-12-30
↗ 滨州取缔一豆制品"黑作坊" 查封1000余斤原料大...	2014-12-30

图 7.38　按时间范围检索出的舆情信息

7.5 小　　结

本章从平台介绍、平台功能组成、平台实现、运行效果分析四个方面全面详细地描述了安全农产品舆情监控信息平台的实现以及应用。

平台介绍部分，主要介绍了平台的主要功能，实现的基本原理以及基础架构，从宏观的角度展示安全农产品舆情监控信息平台的特点。

平台功能组成部分，详细介绍了平台实现的九大功能，包括信息抓取、最新舆情、舆情简报、热门话题、动态监测、舆情查看、监控设置、舆情预警以及用户管理。

平台实现部分，从系统的架构设计和使用的核心技术两个方面，介绍了系统的具体实现方法。其中，核心技术方面主要使用的算法包括信息采集和信息抽取、文本预处理、热点话题检测、话题主题词抽取、热门短语挖掘分析。

运行效果分析部分，展示了系统的不同角度的运行效果，并对其结果进行分析。主要包括按季度划分舆情摘要，对目标网站的采集状况进行分析，目标企业的监控情况，全年度涉及的关键词，热词关注度情况。

该平台的功能目标基本已经达成，可以实现监控目标网站和目标企业中相关的食品安全舆情信息，可以在一定程度上辅助相关部门把握舆情动态、关注热点讨论、做出正确决策。它可以提供多视角的分析报告，为相关部门快速了解舆情动态、掌握舆情事件的来龙去脉提供便利，提高工作效率。

第8章 进口葡萄酒 COID 商品信息溯源系统

8.1 研究背景

近年来,由于食品安全事件频发,严重影响了人们的身体健康,引起了社会的广泛关注,以及对食品全生命周期进行溯源和管理的渴求,因此,应用先进技术实现对食品全生命周期有效跟踪、追溯和安全管理是一个极为迫切的课题。物联网技术的兴起和应用,使食品溯源管理得以实现。如 RFID 技术,以其唯一 ID 及芯片存储信息的特性,使其可应用于食品溯源追踪,并具有很强的适用性,再通过与后台信息系统对应匹配,以对食品全生命周期各环节信息的记录和反馈,实现食品全生命溯源管理。

中国是葡萄酒消费的大国。据海关官方统计数据,2012 年,我国进口葡萄酒总量达 394455181 L,进口额为 1581611815 美元。其中散装(>2 L)葡萄酒的进口量为 121627019 L,进口额为 143985618 美元。瓶装(≤2 L)葡萄酒的进口量为 272828162 L(含葡萄汽酒),进口额为 1437626197 美元。本项目是基于物联网技术的进口法国葡萄酒溯源平台(简称 COID 平台),以法国进口葡萄酒为载体,应用物联网技术对法国进口葡萄酒从葡萄种植产区、酒庄酿制生产、国际运输、进口检验检疫及通关,至中国门店销售等国际供应链各环节信息进行信息采集、记录、整理和反馈,实现对法国进口葡萄酒的全程溯源追踪和管理。

在信息获取、处理和反馈过程中,物联网技术发挥了重要作用,如 RFID 电子背标的采用、温湿度标签、RFID 远距离识别通道,以及支持触摸方式的智能商品溯源信息查询终端、电子数据整理及传输等。本项目平台采集整理的数据将为生产企业、流通企业、消费者和有关监管部门,如生产厂家、监管部门(海关、检验检疫部门)、流通企业(物流商、红酒经销商)和消费者等,提供基础数据信息,为生产管理、监管执法等部门提供参考数据。

8.2 系统简介

商品信息溯源平台(Certified Origin Identity)是充分借鉴和应用了一系列商品溯源系统的经验和成果,其架构是以商品流向追踪平台和商品产地认证平台为基础,通过统一的 RFID 中间件系统连接商品供应链和专卖门店部署的终端系统,把商品 RFID 标签上的信息以及相关作业信息采集到服务平台,以该平台提供的数据信息为基础,服务生产企业、销售企业、消费者和监管部门。

8.2.1 系统技术要点

1. 基于物联网技术的信息采集和数据获取方式

该方式解决信息采集自动化、提高效率和准确率的问题,如图 8.1 所示。

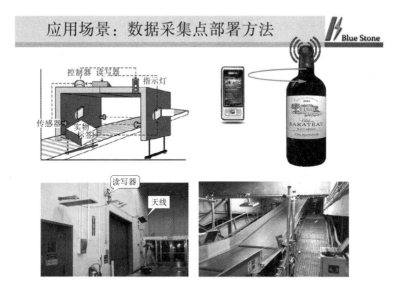

图 8.1　数据采集

2. 基于 SOA 技术的数据交互方式

该方式解决不同组织间的数据共享和互联难题,实现异构软件系统之间的数据交互。

在商品质量追溯中，采用 RFID 编码来代表制造商及其产品，在数据库中无数的动态数据能够与 RFID 标签相链接，它利用计算机自动地对物品的位置及其状态进行管理，并将信息充分应用于物流过程中，详细掌握从企业流向外界的每一件商品的动态和流通过程，出口商品物流客体在市场上流通路径长，物流通道复杂，需要信息化、标准化的现代物流供应链作为支撑，快速实现复杂的物流节点之间的信息共享、信息交换，实现不同企业之间真正的供应链对接。这个数据密集型的工作要求以连续的信息文件交换平台作为基本支持，需要一个多信息电子数据交换平台提供信息共享和数据交换服务；数据交换依托 RFID 中间件对出口流通链上各节点采集的商品信息过滤处理所得到的有效信息及时在供应链上共享，把物流链上的各家单位，包括货物运输企业、加工贸易企业、流通领域企业、海关、检验检疫部门、税务、环保部门和银行连接起来，构成一种强大的集信息处理、管理和通信于一体的数据交换平台，如图 8.2 所示。

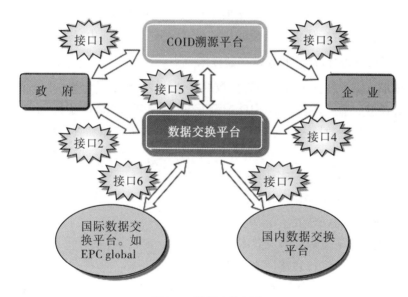

图 8.2　数据交换平台

外部接口说明如下：

（1）接口 1

属于政府相关部门专用接口，使数据接驳 COID 溯源平台，再通过接口 5 完成数据信息交换。

（2）接口 2

属于政府相关部门专用接口，数据可直接接驳数据交换平台，直接完成数据信息交换。

(3) 接口 3

属于企业的专用接口,数据用于接驳 COID 溯源平台,再通过接口 5 完成数据信息交换。

(4) 接口 4

属于企业的专用接口,数据可直接接驳数据交换平台,直接完成数据信息交换。

(5) 接口 5

用于数据交换平台和 COID 溯源平台之间的数据交换。

(6) 接口 6

商品流通数据接口,通过数据交换平台实现质量追溯监管平台与国际平台间的互联互通,使本平台数据具备全球数据交换的能力。

(7) 接口 7

商品流通数据接口,通过数据交换平台实现质量追溯监管平台与国内物联网(筹备中)的数据连接,使本平台数据具备全国数据交换的能力。

3. 基于分布式云存储的数据存储技术

该技术解决了新技术带来的海量数据存储的成本和方式问题。

随着项目的推广,大量的 RFID 读写设备、葡萄酒 RFID 电子背标和其他传感器会被部署到各个数据采集点,同时给后台系统带来了存储和查询的压力,表现在如下方面:

① 应用的分布式、跨多个地域。

② 海量数据存储、爆发式增长。

③ 查询信息的完整度。

④ 大数据量下查询和响应效率。

⑤ 生产环境对灾备和建设成本的要求。

所以在实现溯源平台存储功能时,采用了分布式存储技术,针对应用的特点进行了加强,具体表现在如下内容:读写数据的时候不需要关心操作的是哪个存储节点,做到了分布式读、分布式写,后台为用户解决了数据一致性、数据的分布式存储和数据备份等。低成本的水平扩展能力;存储层是水平扩展,处理和存储能力的提高不是依赖于增加现有节点的硬件处理能力,而当需要为集群添加更多容量或者处理能力时,可以安装一台新的数据服务器,指向现有集群的种子节点,所以不必重启任何进程,改变应用查询或手动迁移任何数据。该节点的存储和处理能力自动成为集群存储和处理能力的一部分。数据的分布式存储和备份如图 8.3 所示。

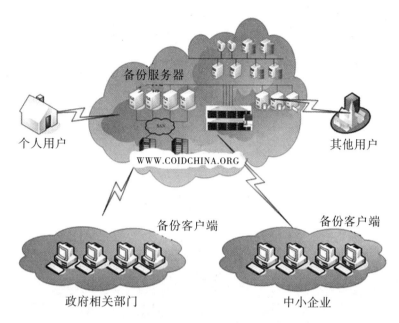

图 8.3 数据的分布式存储和备份

4. 建立追溯模型

对溯源进行建模研究,研究物联网环境下的溯源模型、分布式环境下的溯源信息存储、溯源信息的检索与可视化显示等,以及由此带来的存储和访问要求。本项目建立了一个数据存储和查询模型,并在该模型的基础上提供了两类接口,即存储接口和查询接口,通过 SaaS(Software-as-a-Service) 的模式,以帮助客户获取需要的信息。同时,在服务后台做到对存储空间的有效利用、满足查询的效率和获取信息的完整度,以应对 RFID 数据量具有的爆发式增长特点,及 IT 生产环境对建设成本、灾备等的要求。这也是本项目平台的核心价值所在。葡萄酒产品追溯流向流程如图 8.4 所示。

5. 电子背标、智能商品溯源信息查询终端等相关硬件产品研发

开发一系列针对葡萄酒行业的智能设备,包括 RFID 电子背标、支持触摸方式的智能商品溯源信息查询终端、固定式 RFID 读写器通道,从数据采集的硬件层面的设计与优化,实现成本与读取效率的平衡。以葡萄酒 RFID 电子背标的设计开发为例,电子标签对液体环境非常敏感,所以为了在葡萄酒上能够取得较好的读取率和读取效果,我们对标签的天线部分进行一系列的优化工作,充分利用酒瓶的弧度,做到更好的适应性,如图 8.5 所示。

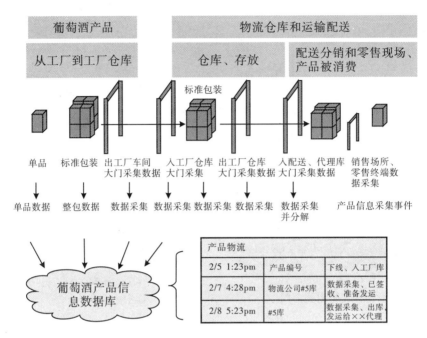

图 8.4 葡萄酒产品追溯流向流程

图 8.5 葡萄酒的 RFID 电子背标

6. 应用模式

本项目以进口葡萄酒为载体，通过供应链各环节的多部门协同，如法国葡萄酒生产酒庄、进口代理商、经销商、经销门店、中法两国政府相关监管部门等协同参与本项目，应用物联网技术实现多部门应用整合，扩大物联网技术闭环应用的范围和深度，为下一步的开环应用积累经验和奠定基础。

8.2.2 研究范围和主要内容

1. 研究范围

① 物联网技术的综合运用。研究通过电子标签、EDI 数据交换、云存储和互联网等物联网先进技术手段的综合应用,实现法国进口葡萄酒从葡萄庄园、葡萄酒酿造者、散装运输、运输用酒桶、灌装或包装,进出口检验检疫监装、口岸中转、通关、配送等的全过程信息采集、记录和整理,实现严密监管与源头可溯,与国际食品安全监管追溯体系接轨,为食品安全溯源提供技术支持手段。

② 通过物联网技术,实现国际供应链多部门协同示范应用。进口葡萄酒溯源追踪体系如图 8.6 所示。

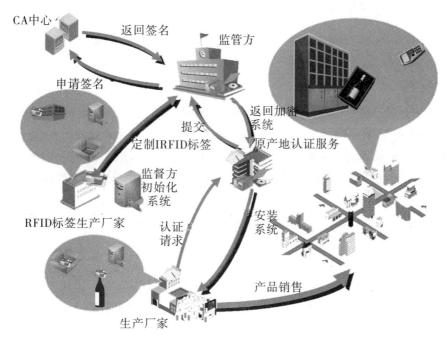

图 8.6 进口葡萄酒溯源追踪体系

2. 主要内容

本节的主要内容是基于 RFID 技术建立一套进口葡萄酒溯源追踪体系,并将已有试点门店规模推广,降低电子背标、触摸式智能商品溯源信息查询终端的应用成本。以"电子背标"作为进口葡萄酒身份标识认证数据载体,对法国进口葡萄酒从葡萄庄园生产到国内门店销售和配送等各环节实施全过程信息记录,实现进口葡萄酒从法国酒庄生产,物流运输、仓储、配送,进出口口岸检验检疫和通关环节的快速查验响应,提高流通效率。

① 在葡萄酒销售终端(如门店等)构造一个"葡萄酒信息管理系统(企业端/门店端)"。企业端/门店端以单品葡萄酒为基本单元,结合电子背标标识管理,对进口葡萄酒过程管理实行全程数据溯源,实现对法国进口葡萄酒管理环节数据信息的自动分析评判。借助电子背标详细记录每瓶葡萄酒在整个生产流通周期内的管理信息,形成单品葡萄酒生产履历和档案,为通过电子背标执行溯源追踪建立数据源。

② 建立进口葡萄酒电子背标信息资讯平台,即通过因特网实现供应链各环节的数据交互(如门店与葡萄酒生产酒庄之间),开发触摸方式的智能商品溯源信息查询系统,为进口葡萄酒溯源追踪体系建立数据仓库。通过电子背标信息资讯平台,实现进口葡萄酒相关信息查询的快速响应和信息反馈。

8.2.3 技术方案

本平台以系统科学理论为指导,宏观研究和微观研究相结合,通过对 RFID 关键技术、信息科学、电子产品流通管理科学等相关理论和标准化理论的研究,应用面向服务的体系架构和关键技术,采用 Java 语言、Web Service 方式,研究并构建基于物联网技术的法国进口葡萄酒溯源平台。后台存储系统采用分布式云存储技术。

8.2.4 总体框架和技术路线

基于物联网的进口全法葡萄酒原产地溯源平台(COID 平台)的总体架构如图 8.7 所示,分为三层,即基础层、平台层和应用层。基础层包括企业注册管理系统、计费系统、统计查询系统和决策支持系统等,这些系统是葡萄酒溯源管理平台的基础,用于对进口葡萄酒的所属企业信息的管理、货物的计费、货物的统计查询以及对企业进行决策支持等;平台层是基础层和应用层信息交换的纽带,原产地溯源平台的平台层主要包括一些数据交换技术,包括基于 Web 服务的数据交换技术和基于电子数据交换标准的数据交换技术等,这些技术使平台层和应用层进行很好的数据交换;应用层包括对进口葡萄酒的溯源管理系统等,主要用于对进口葡萄酒的信息服务、进口葡萄酒的安全追溯、进口葡萄酒的数据库管理等。

平台开发技术路线如下：
① 调查/架构/设计规划。
② RFID 及辅助设备的硬件选型。
③ RF 优化技术咨询。
④ 控制、通信。
⑤ 数据管理。
⑥ 软件集成。

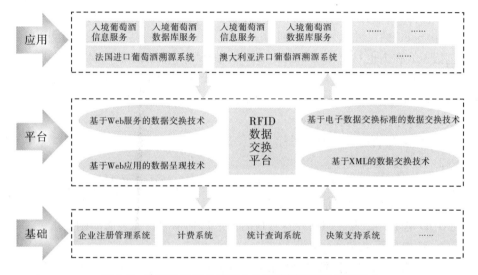

图 8.7 基于物联网的进口全法葡萄酒原产地溯源平台

8.2.5 技术实现

1. 数据交换技术

数据交换机制是平台的重要组成部分，是平台上各种应用系统数据与业务上、下游各环节数据交互的软件平台。数据交换机制要能及时、准确地把本环节数据传输到其他环节，同时把其他环节的数据传输到本环节；支持各环节分时上网下载数据，支持各环节分时上网上报本环节数据，能够承载大容量的数据交互压力。

本平台的数据交换机制包括支持数据接入的实时交换、上下游环节数据交换机制等。数据交换机制的建立必须要在统一化、规范化、标准化的前提下完成软件的开发和部署。

2. "一体化"平台技术

数据交换技术平台除了要解决各类用户之间的数据交互问题，还要包括用户注册管理、安全管理、计费管理、统计查询管理等功能,这些功能目前由各个相应的系统来完成,为保证功能和数据的统一,减少重复建设,数据交换技术平台必须与上述其他系统之间进行整合,以保证环节业务流程的连贯性与业务数据的准确性,提高业务处理的效率,必须要从"一站式"的应用模式实现技术来设计业务体系架构。

3. RFID 封装技术

电子标签的封装形式已经是多姿多彩,它不但不受标准形状和尺寸的限制,而且其构成也是千差万别,甚至需要根据各种不同要求进行特殊的设计。电子标签所标示的对象是液体、固体或金属,其构成千差万别。目前已得到应用的传输邦(Transponder)的尺寸从 ø6 mm 到 76 mm×45 mm,小的甚至使用灰尘级芯片制成,包括天线在内也只有 0.4 mm×0.4 mm 的尺寸;存储容量从 64~200 bit 的只读 ID 号的小容量型到可存储数万比特数据的大容量型(例如 EEPROM 32 Kbit);封装材质从不干胶到开模具注塑成型的塑料。

(1) 葡萄酒 RFID 电子背标

每一瓶葡萄酒配置一个电子标签。

(2) 用户数据模式

每一个电子标签预设一组电子编码,编码格式能够反映基本的信息。

(3) 电子标签的可视信息要求

RFID 电子背标表面印刷要符合现阶段进口葡萄酒背标表面印刷要求。

(4) 读取率距离和读取效果要求

考虑到葡萄酒的液体特征,背标用的电子标签天线需经过特殊优化,以达到较好的读取距离和多标签读取效果。

8.3 平台使用及功能介绍

8.3.1 源产地管理

1. 源产地用户登录

① 登录基于物联网技术的进口全法葡萄酒监管与溯源平台,如图 8.8 所示。

② 在登录界面上输入用户名和密码即可登录系统,如图 8.8 所示。

第 8 章　进口葡萄酒 COID 商品信息溯源系统

图 8.8　源产地登录页面

2. 源产地管理

在系统主页面,选择"源产地管理"菜单下的"生产管理",如图 8.9 所示。

图 8.9　源产地生产页面

说明　用户查看生产记录,可以根据"生产编号""起始时间""终止时间"搜索明细并填写相关搜索信息。

① 下一步点击"添加生产",根据系统所示录入源产地生产管理数据项,如图 8.10 所示。

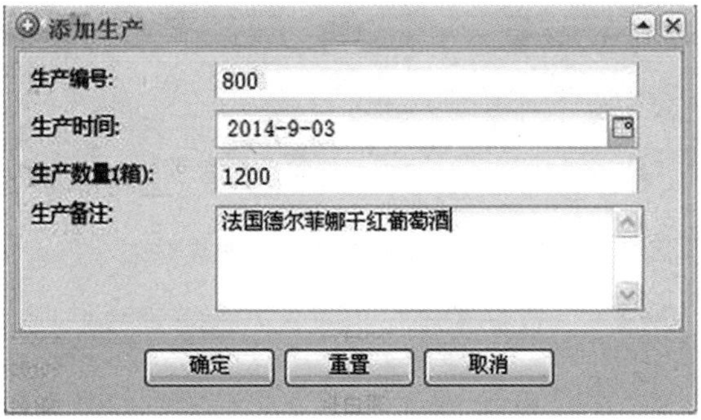

图 8.10　源产地添加生产页面

② 再点击"生产批启动",根据系统显示录入基地管理数据项,如图 8.11 所示。

图 8.11　源产地启动生产页面

③ 接着点击"装瓶",根据系统显示录入基地管理数据项,如图 8.12 所示。

图 8.12　源产地生产装瓶页面

④ 然后点击"贴标签",根据系统显示录入基地管理数据项,如图 8.13 所示。

图 8.13　源产地生产贴标签页面

⑤ 选择自己想要查询的某条葡萄酒的信息,点击"查询",如图 8.14 所示。

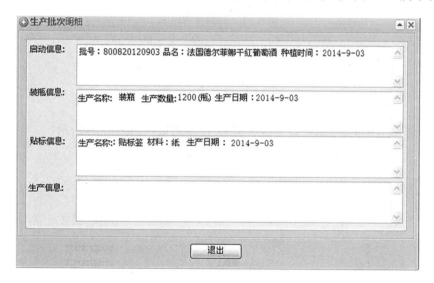

图 8.14　源产地生产明细页面

8.3.2　装箱管理

点击左边菜单的"装箱管理",如图 8.15 所示。

图 8.15 装箱管理页面

8.3.3 出货管理

点击左边菜单的"出货管理",点击"无订单出货",如图 8.16 所示。

图 8.16 出货信息页面

8.3.4 用户管理

1. 源产地账户信息管理

① 点击左边菜单的"源产地管理",选择菜单下的"系统维护"中的"源产地账户信息管理",点击"编辑用户"修改数据信息,如图 8.17 所示。

② 点击"修改密码"修改数据信息,如图 8.18 所示。

图 8.17　编辑用户列表　　　　　图 8.18　修改用户密码

2. 用户管理

点击左边菜单的"源产地管理",选择菜单下的"系统维护"中的"用户管理",点击"添加新用户"新增数据信息,如图 8.19 所示。

可以根据无效的用户情况选择该信息,点击"删除",则删除该用户信息,如图 8.20 所示。

图 8.19　添加新用户　　　　　图 8.20　删除用户管理页面

3. 操作日志查询

点击左边菜单的"源产地管理",选择菜单下的"系统维护"中的"操作日志查询",如图 8.21 所示。

图 8.21 日志记录信息列表

8.3.5 制造商管理

1. 制造商用户登录

打开浏览器,在地址栏输入 http://192.168.0.104:8888/coid/,即可登录"进口葡萄酒 COID 商品信息溯源平台系统",在登录界面输入用户名"pliams@qq.com"、密码"234567"登录系统,如图 8.22 所示。

图 8.22 制造商登录页面

2. 订单录入管理

① 选择"制造商管理"菜单下的"订单录入管理",点击左边菜单的"订单录入管理",如图 8.23 所示。

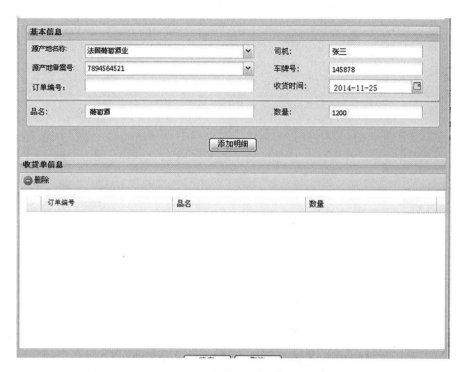

图 8.23　订单录入管理页面

② 也可以选择订单信息,点击"删除",则删除该订单,如图 8.24 所示。

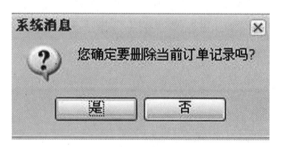

图 8.24　删除订单管理页面

8.3.6　备货管理

① 添加备货信息,用户点击"添加"按钮,填写"添加备货信息",点击"添加明细",确认无误后点击"确定"按钮,添加备货信息,如图 8.25 所示。

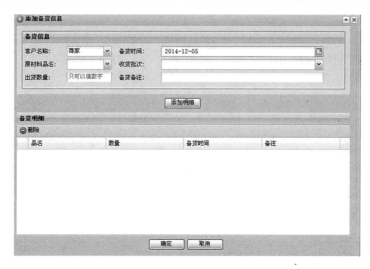

图 8.25　添加备货信息页面

② 删除生产计划,点击"删除"按钮,完成此操作,如图 8.26 所示。

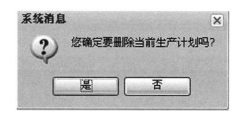

图 8.26　删除生产计划页面

③ 查看备货明细,点击"查看"按钮,完成此操作,如图 8.27 所示。

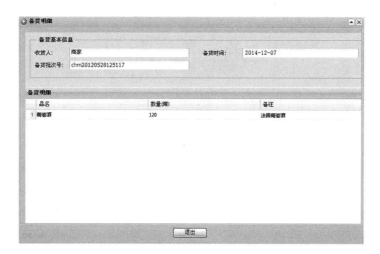

图 8.27　查看备货明细页面

8.3.7 出货管理

① 点击左边菜单的"出货管理",点击"添加出货单"按钮,填写完出货信息后,再点击"添加明细"按钮,如果确认无误,就点击"确定"按钮,完成出货操作,显示如图 8.28 所示。

图 8.28　添加出货单页面

② 查看出货详细信息,选中列表中的某一行数据,点击"查看"按钮,如图 8.29 所示。

图 8.29　出货单明细页面

8.3.8 系统维护

1. 客户管理

点击左边菜单的"客户管理",选择菜单下的"系统维护"中的"客户管理",如图 8.30 所示,测试正确。

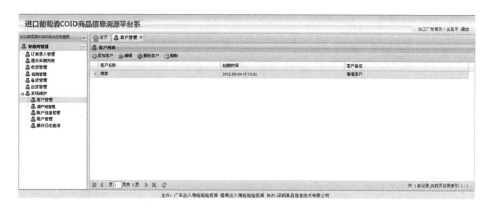

图 8.30 客户管理页面

(1) 添加客户

点击"添加"按钮,填写基本信息,点击"确定",完成添加客户功能,如图 8.31 所示。

(2) 编辑客户

点击"编辑"按钮,填写基本信息,点击"修改",完成修改客户信息功能,如图 8.32 所示。

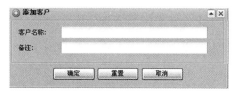

图 8.31 添加客户页面

图 8.32 修改客户页面

(3) 删除客户

先点击"删除"按钮,再点击"是",完成删除客户功能,如图 8.33 所示。

图 8.33 删除客户页面

2. 源产地管理

点击左边菜单的"源产地管理",选择菜单下的"系统维护"中的"源产地管理",添加源产地信息,点击"添加源产地"按钮,填写基本信息,点击"确定",完成源产地添加功能。

① 点击"编辑"修改数据信息,如图 8.34 所示。

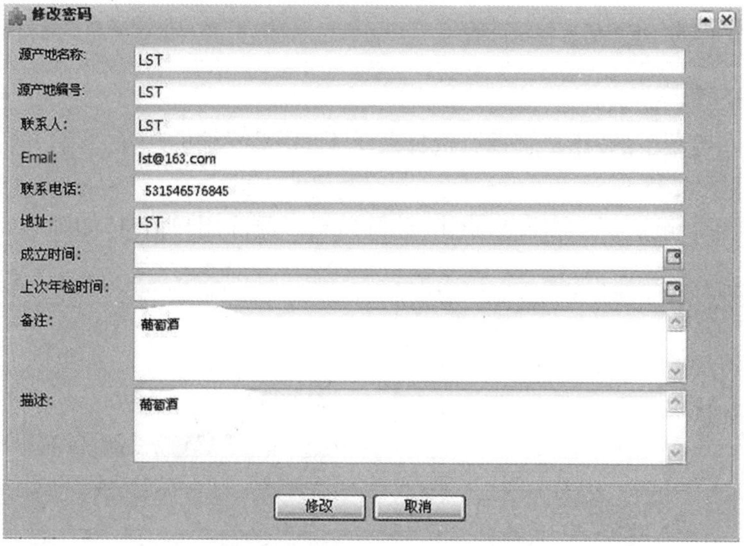

图 8.34 修改源产地信息页面

② 点击"删除",可以删除源产地信息,如图 8.35 所示。

图 8.35 删除源产地信息页面

3. 账户信息管理

① 选择菜单下的"系统维护"中的"账户信息管理",点击"编辑",如图 8.36 所示。

② 点击"修改",如图 8.37 所示。

图 8.36　账户信息编辑页面

图 8.37　修改账户信息页面

4. 用户管理

点击左边菜单的"用户管理",选择菜单下的"系统维护"中的"用户管理",点击"添加",如图 8.38 所示。

选择想要删除的用户信息,点击"删除",可以删除用户信息,如图 8.39 所示。

图 8.38　信息查询列表页面

图 8.39　删除用户信息页面

5. 操作日志查询

点击左边菜单的"操作日志查询",选择菜单下的"系统维护"中的"操作日志查询",如图 8.40 所示。

图 8.40　操作日志查询

8.4　系统平台外部登录

打开浏览器,在地址栏输入 http://192.168.0.104:8888/vegetable/,如图 8.41 所示,即可登录进口葡萄酒 COID 商品信息溯源平台。

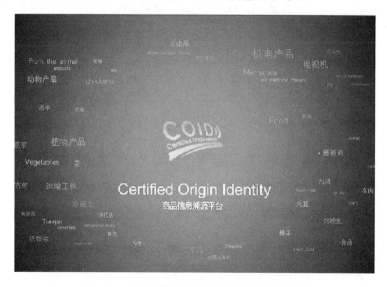

图 8.41　进口葡萄酒 COID 商品信息溯源平台

下面以葡萄酒这种商品为例介绍平台功能,点击图 8.41 中的"葡萄酒",进入

COID 查询界面。详见 8.5 节。

8.5 网站平台 COID 查询界面

进入系统网站主界面后,可输入葡萄酒对应的 COID 号,点击"enter"进行查询,如图 8.42 所示。在门店客户体验中心,用户只需把葡萄酒放入指定的区域,平台系统可自动获取 COID 号。

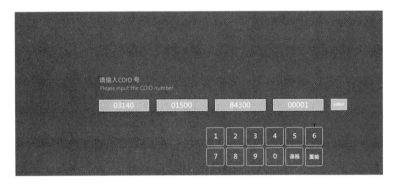

图 8.42　输入葡萄酒对应的 COID 号

8.6　小　　结

自该系统平台示范应用以来,共计申报入境 2 批次、2000 瓶葡萄酒,通过溯源查询可实现葡萄酒的真伪查询。

1. 为中国消费者提供健康和权益保障

消费者把进口法国葡萄酒酒瓶上粘贴的 COID 标签上的数字输入到"WWW.COIDCHINA.ORG"的查询窗口进行查询,不仅可以确认这瓶葡萄酒的真伪,还可以知道这瓶葡萄酒的原产地信息和背后所包含的文化,并得到葡萄酒大师提供的饮用、储存、搭配建议。从而杜绝假酒危害,并且喝出葡萄酒的浪漫和法国的历史与文化。

2. 为法国葡萄酒提供保护品牌形象的工具

假酒泛滥不仅损害了消费者的健康,还损害了法国葡萄酒的形象,必须通过有效而直接的手段,让消费者直观高效地判断所消费产品的真伪,这样 COID 应运而生。用手机上网查编码,到门店查酒瓶的电子标签,方便快捷,而且伪造成本极高,能够给造假分子极大威慑。

3. 为平台成员提供精确高效的供应链管理方法

供应链可追踪(Supply Chain Traceability)是 COID 的另一大亮点。COID 对葡萄酒供应链的各个关键点,如葡萄庄园,葡萄酒酿造者,散装运输,运输用酒桶,灌装或包装,进出口检验检疫、通关、配送等都进行数据采集和交换,从而具备全流程、全生命周期的管理能力。

4. 为中、法两国政府有关部门提供可靠的监管工具

中国的进出口检验检疫部门、海关可以通过 COID 平台对每一瓶报关的葡萄酒进行全寿命查询,电子标签的唯一性、不可更改性和非接触式信息获取使检查变得非常便利。未来两国政府有关部门在检验数据共享后,商品的价格、数量、物流情况等均一目了然。

5. 为法国葡萄酒进口商提供通关便利

使用电子标签封口的葡萄酒在得到两国海关的支持下,能够以某种绿色通道的形式进行通关,极大地缩短等待时间,减少可能的损失。

6. COID 全法葡萄酒原产地身份认证平台

该平台(一期)将涵盖全法主要的 12 大葡萄酒产区、300 多座城堡庄园、200 多个 AOC 产区的葡萄酒。

第 9 章 供港食品数据采集与自动上传技术

9.1 研究背景

通过 RFID 标签,我们对供港食品进行了标识,下面来介绍如何将这些标识信息所对应的溯源信息采集并自动上传进入后台数据库,为政府部门的监管以及消费者的信息查询提供基础数据。

在食品生产与加工过程中,厂家在种植、施肥、施药、采摘、自检等过程中的数据通过软件系统进行溯源数据的录入。出口食品还需经过出入境检验检疫局食品检疫技术中心的实验室的检验,检验合格方能出口。

大部分的溯源信息是由厂家通过软件系统自行录入的。而对于一些敏感的溯源信息,厂家手工录入时可能会产生一些偏差,故采用自动上传技术,确保关键溯源信息的可靠与安全。检验检疫局食品检疫技术中心的检验结果对于食品安全的保障也是一个重要的证据。本章其他节将分别介绍生产厂家自检数据自动采集技术与实验室检测数据自动采集技术,实现关键溯源信息的采集与上传。

9.2 厂家自检数据自动上传技术

为了确保检测数据的真实性、溯源信息的准确性以及减少人工对检测数据的干预,我们开发一款针对农药残留的速测仪 NC800,并开发了一套厂家自检数据自动上传软件。通过该软件,每一批次蔬菜的检测结果自动上传到后台数据库中,该数据库对政府部门是可访问的,配合安装在实验室的摄像头,即可实现对厂家自检实验的有效监管。图 9.1 给出了自检数据采集的步骤与模块。

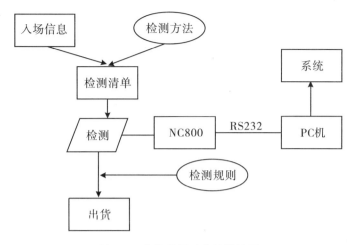

图 9.1 自检数据采集的模块图

9.3 实验室检测数据自动采集技术

为了能够将权威机构的检验结果加入到食品溯源信息中,我们对实验室检测数据自动采集技术进行了深入研究,不同于厂家的自检数据自动采集技术,实验室内的仪器设备种类多、操作复杂,通过开发部署于仪器设备内部的数据自动采集模块,实现了深圳检验检疫局内多台检测仪器设备的检测数据自动采集。

图 9.2 是实验室检测数据自动采集组成模块图。

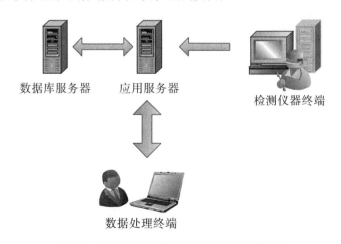

图 9.2 实验室检测数据自动采集组成模块图

系统一共分为三个组成部分,分别是综合处理服务端、仪器监控及采集客户端和数据录入及报表查询客户端。

(1) 综合处理服务端

服务端负责起到仪器监控及采集客户端、报表自动化处理客户端和 LIMS 的连接,服务定时监控 LIMS 的样品数据,即时处理仪器监控及采集客户端的报文数据,即时响应报表自动化处理客户端的数据请求。

(2) 仪器监控及采集客户端

该模块部署到每台实验仪器对应的 PC 上,实时监控 PC 相应的监控路径产生的实验数据文件。每完成一个实验,对应的路径都会自动生成一个 REPORT1.XLS 和 REPORT.PDF 文件,监控客户端实时获取这两个文件,解析 REPORT1.XLS 文件的数据,把指定的数据上传到数据库服务器中,并把生成的图谱文件(REPORT.PDF)上传到服务器指定的路径。

(3) 数据录入及报表查询客户端

该模块主要是提供实验室工作人员处理实验报表以及简单资产使用情况的统计,主要包括送检样品导入、中间基础数据录入、报表查询。

9.3.1 模块说明

服务端模块主要负责处理前端和后台数据库的业务操作,作为中间数据交互层。服务端与前端通信均采用 Web Service,数据交换协议采用 XML 自定义格式。Web Service 框架采用开源的 Xfire 框架,部署在 Tomcat Web 服务器,系统 IOC 框架采用 Spring2.5,数据库持久层框架采用 Ibatis,整个系统的框架如图 9.3 所示。

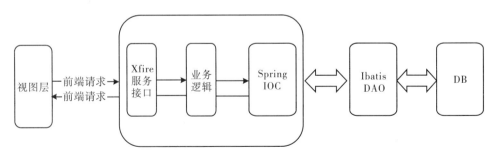

图 9.3　服务端系统架构图

在图 9.3 中,前端发送过来请求消息,在服务接口层会对 XML 格式的报文解析,然后调用对应的业务逻辑服务,业务逻辑服务层在 Web 服务器初始化的时候即通过 Spring IOC 注入容器中,包括 DAO 接口,所有的数据库访问均通过 DAO 封装,调用 Ibatis 框架进行数据库操作。

系统的功能模块如图 9.4 所示。

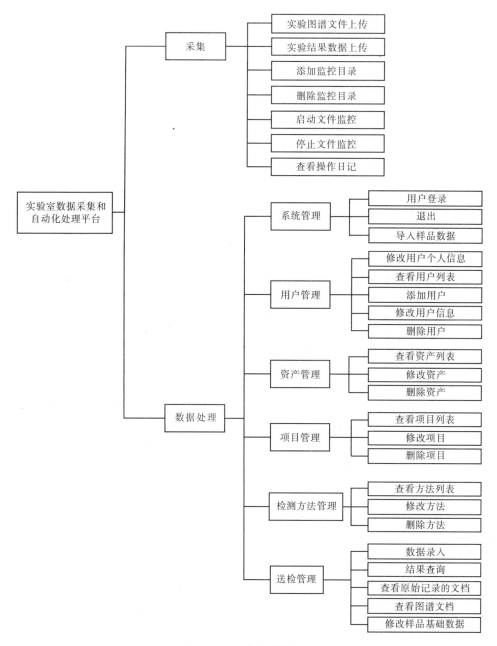

图 9.4 系统功能模块图

9.3.2 数据采集

数据采集终端的处理流程如图 9.5 所示。

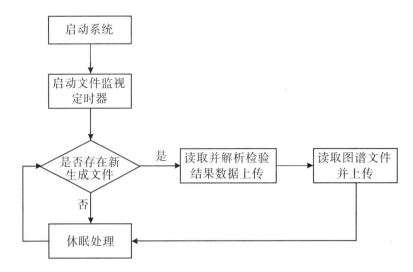

图 9.5　数据采集终端的处理流程

在图 9.5 中,系统在初始化的时候即启动文件监控定时器,每隔一段时间(10 ms)查询是否存在生成文件的消息,如果存在,则读取文件并解析数据上传,样品试验结果图谱的文件一并上传到服务器中。

采集终端可以设置多个监控目录,尽量避免设置重复或者子目录,影响系统性能。采集客户端主要操作界面如图 9.6 所示。

点击"查看日记"按钮,可以查看软件运行日志情况,如图 9.7 所示。

数据采集部分与检验仪器紧密相关,在每台仪器配套的操作软件中,指定的数据文件路径都会有一定规则,根据实验室实际操作,每天上机的样品算是一批,指定一个批号,系统对应的数据路径会以该批号(比如 101130P)为名称建立一个数据存储的文件夹,对应的每个样品编号(或者名称)都会在该批次的文件下创建文件,命名规则为"样品编号.D"。

实验结果中的数据文件为 REPORT1.XLS,图谱文件为 REPORT.PDF。

为了实现获取自动化文件,并且实现各个不同的项目解析方法的统一性,我们规定各种不同性质的样品的命名规则如下:

① 实际样品,如果只有一个样品,则以"S+样品编号"为名称(比如 S201000001);如果存在多个样品,则采用"样品编号-1""样品编号-2"这种命名规则。

② 阴性样品(空白样品),统一命名为 BLK。
③ 加标样品 1,统一命名为 SA1。

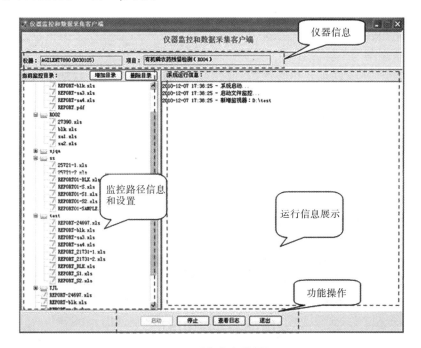

图 9.6　采集客户端界面

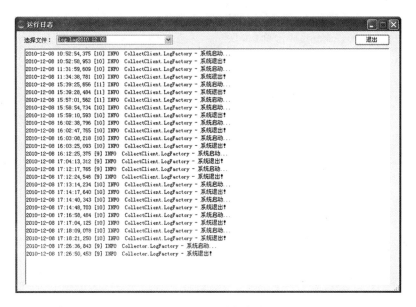

图 9.7　日记信息查询

④ 加标样品 2,统一命名为 SA2。

在做完一个样品的时候,系统自动获取 Excel 报表文件,解析系统需要的数据,将其上传到应用服务器中。在解析样品数据的过程中,会同时把生成的图谱 PDF 文档一起上传到服务器中指定的路径存储。在数据处理终端可以下载该文档,检验数据结果正确与否。

对于目前的安捷伦公司的仪器(液相和气相),我们采集的数据字段都是一致的,具体的数据采集上传协议如下(以有机磷为例):

```
〈param〉
    〈sample〉
        〈Sample-Name〉S201000001〈/Sample-Name〉
        〈Sample-Operator〉gjl〈/Sample-Operator〉
        〈Sample-Date〉27-Oct-10,07:36:42〈/Sample-Date〉
        〈Sample-Type〉R004〈/Sample-Type〉
        〈Sample-Method〉ORGP1701F.M〈/Sample-Method〉
        〈Sample-Asset〉AGILENT7890(B030105)〈/Sample-Asset〉
        〈Sample-Batch〉101026P 2010-10-26 10-40-02〈/Sample-Batch〉
    〈/sample〉
    〈record〉
        〈Record1〉
            〈AmtPerResp〉0〈/AmtPerResp〉
            〈Amount〉0〈/Amount〉
            〈MeasRetTime〉0〈/MeasRetTime〉
            〈Area〉0〈/Area〉
            〈Name〉ddvp〈/Name〉
            〈IntPeakType〉〈/IntPeakType〉
            〈ExpRetTime〉6.05322504043579〈/ExpRetTime〉
        〈/Record1〉
        〈Record2〉
            〈AmtPerResp〉0〈/AmtPerResp〉
            〈Amount〉0〈/Amount〉
            〈MeasRetTime〉0〈/MeasRetTime〉
            〈Area〉0〈/Area〉
            〈Name〉fenitrothion〈/Name〉
```

```xml
            <IntPeakType></IntPeakType>
            <ExpRetTime>19.1511058807373</ExpRetTime>
    </Record2>
    <Record3>
            <AmtPerResp>0</AmtPerResp>
            <Amount>0</Amount>
            <MeasRetTime>0</MeasRetTime>
            <Area>0</Area>
            <Name>acephate</Name>
            <IntPeakType></IntPeakType>
            <ExpRetTime>9.95367813110352</ExpRetTime>
    </Record3>
    <Record4>
            <AmtPerResp>0</AmtPerResp>
            <Amount>0</Amount>
            <MeasRetTime>0</MeasRetTime>
            <Area>0</Area>
            <Name>pirimiphos-methyl</Name>
            <IntPeakType></IntPeakType>
            <ExpRetTime>16.5261974334717</ExpRetTime>
    </Record4>
    <Record5>
            <AmtPerResp>0</AmtPerResp>
            <Amount>0</Amount>
            <MeasRetTime>0</MeasRetTime>
            <Area>0</Area>
            <Name>parathion</Name>
            <IntPeakType></IntPeakType>
            <ExpRetTime>20.417272567749</ExpRetTime>
    </Record5>
    <Record6>
            <AmtPerResp>0.240555817578399</AmtPerResp>
            <Amount>336.262235776869</Amount>
```

```xml
        <MeasRetTime>17.5858669281006</MeasRetTime>
        <Area>1397.85534667969</Area>
        <Name>chlorpyrifos</Name>
        <IntPeakType>BB</IntPeakType>
        <ExpRetTime>17.59</ExpRetTime>
    </Record6>
    <Record7>
        <AmtPerResp>0</AmtPerResp>
        <Amount>0</Amount>
        <MeasRetTime>0</MeasRetTime>
        <Area>0</Area>
        <Name>methacrifos</Name>
        <IntPeakType></IntPeakType>
        <ExpRetTime>8.61984348297119</ExpRetTime>
    </Record7>
    <Record8>
        <AmtPerResp>0</AmtPerResp>
        <Amount>0</Amount>
        <MeasRetTime>0</MeasRetTime>
        <Area>0</Area>
        <Name>isocarbophos</Name>
        <IntPeakType></IntPeakType>
        <ExpRetTime>21.6584281921387</ExpRetTime>
    </Record8>
    <Record9>
        <AmtPerResp>0</AmtPerResp>
        <Amount>0</Amount>
        <MeasRetTime>0</MeasRetTime>
        <Area>0</Area>
        <Name>methidathion</Name>
        <IntPeakType></IntPeakType>
        <ExpRetTime>24.5655841827393</ExpRetTime>
```

			</Record9>
		<Record10>
			<AmtPerResp>0</AmtPerResp>
			<Amount>0</Amount>
			<MeasRetTime>0</MeasRetTime>
			<Area>0</Area>
			<Name>chlorpyrifos-methyl</Name>
			<IntPeakType></IntPeakType>
			<ExpRetTime>15.2940721511841</ExpRetTime>
		</Record10>
		<Record11>
			<AmtPerResp>0</AmtPerResp>
			<Amount>0</Amount>
			<MeasRetTime>0</MeasRetTime>
			<Area>0</Area>
			<Name>Omethoate</Name>
			<IntPeakType></IntPeakType>
			<ExpRetTime>12.3495283126831</ExpRetTime>
		</Record11>
		<Record12>
			<AmtPerResp>0</AmtPerResp>
			<Amount>0</Amount>
			<MeasRetTime>0</MeasRetTime>
			<Area>0</Area>
			<Name>monocrotophos</Name>
			<IntPeakType></IntPeakType>
			<ExpRetTime>14.5410795211792</ExpRetTime>
		</Record12>
		<Record13>
			<AmtPerResp>0</AmtPerResp>
			<Amount>0</Amount>
			<MeasRetTime>0</MeasRetTime>
			<Area>0</Area>

                〈Name〉dimethoate〈/Name〉
                〈IntPeakType〉〈/IntPeakType〉
                〈ExpRetTime〉15.1268854141235〈/ExpRetTime〉
        〈/Record13〉
        〈Record14〉
                〈AmtPerResp〉0〈/AmtPerResp〉
                〈Amount〉0〈/Amount〉
                〈MeasRetTime〉0〈/MeasRetTime〉
                〈Area〉0〈/Area〉
                〈Name〉diazininon〈/Name〉
                〈IntPeakType〉〈/IntPeakType〉
                〈ExpRetTime〉12.5926818847656〈/ExpRetTime〉
        〈/Record14〉
        〈Record15〉
                〈AmtPerResp〉0〈/AmtPerResp〉
                〈Amount〉0〈/Amount〉
                〈MeasRetTime〉0〈/MeasRetTime〉
                〈Area〉0〈/Area〉
                〈Name〉parathion-methyl〈/Name〉
                〈IntPeakType〉〈/IntPeakType〉
                〈ExpRetTime〉17.85〈/ExpRetTime〉
        〈/Record15〉
        〈Record16〉
                〈AmtPerResp〉0〈/AmtPerResp〉
                〈Amount〉0〈/Amount〉
                〈MeasRetTime〉0〈/MeasRetTime〉
                〈Area〉0〈/Area〉
                〈Name〉phorate〈/Name〉
                〈IntPeakType〉〈/IntPeakType〉
                〈ExpRetTime〉11.3533496856689〈/ExpRetTime〉
        〈/Record16〉
        〈Record17〉
                〈AmtPerResp〉0〈/AmtPerResp〉

　　　　〈Amount〉0〈/Amount〉
　　　　〈MeasRetTime〉0〈/MeasRetTime〉
　　　　〈Area〉0〈/Area〉
　　　　〈Name〉phosphamidon-2〈/Name〉
　　　　〈IntPeakType〉〈/IntPeakType〉
　　　　〈ExpRetTime〉17.8073577880859〈/ExpRetTime〉
〈/Record17〉
〈Record18〉
　　　　〈AmtPerResp〉0〈/AmtPerResp〉
　　　　〈Amount〉0〈/Amount〉
　　　　〈MeasRetTime〉0〈/MeasRetTime〉
　　　　〈Area〉0〈/Area〉
　　　　〈Name〉fenthion〈/Name〉
　　　　〈IntPeakType〉〈/IntPeakType〉
　　　　〈ExpRetTime〉18.6752643585205〈/ExpRetTime〉
〈/Record18〉
〈Record19〉
　　　　〈AmtPerResp〉0〈/AmtPerResp〉
　　　　〈Amount〉0〈/Amount〉
　　　　〈MeasRetTime〉0〈/MeasRetTime〉
　　　　〈Area〉0〈/Area〉
　　　　〈Name〉methamidophos〈/Name〉
　　　　〈IntPeakType〉〈/IntPeakType〉
　　　　〈ExpRetTime〉7.22199869155884〈/ExpRetTime〉
〈/Record19〉
〈Record20〉
　　　　〈AmtPerResp〉0〈/AmtPerResp〉
　　　　〈Amount〉0〈/Amount〉
　　　　〈MeasRetTime〉0〈/MeasRetTime〉
　　　　〈Area〉0〈/Area〉
　　　　〈Name〉quinalphos〈/Name〉
　　　　〈IntPeakType〉〈/IntPeakType〉
　　　　〈ExpRetTime〉21.6900615692139〈/ExpRetTime〉

```
        </Record20>
        <Record21>
            <AmtPerResp>0</AmtPerResp>
            <Amount>0</Amount>
            <MeasRetTime>0</MeasRetTime>
            <Area>0</Area>
            <Name>triazophos</Name>
            <IntPeakType></IntPeakType>
            <ExpRetTime>31.8764152526855</ExpRetTime>
        </Record21>
        <Record22>
            <AmtPerResp>0</AmtPerResp>
            <Amount>0</Amount>
            <MeasRetTime>0</MeasRetTime>
            <Area>0</Area>
            <Name>malathion</Name>
            <IntPeakType></IntPeakType>
            <ExpRetTime>18.7899532318115</ExpRetTime>
        </Record22>
    </record>
</param>
```

"sample"节点的数据为该样品的基础信息,"record"节点为该项目(有机磷农药残留检测)所有的检测项目的检验结果数据。"record"节点的内容因项目不同,数据会有一定差异。

采集客户端配置文件内容如下:

```
<?xml version="1.0" encoding="utf-8"?>
<configuration>

<!-- 日志处理配置 -->
<configSections>
    <section name="log4net" type="log4net.Config.Log4NetConfiguration-SectionHandler,log4net-net-1.2.10" />
```

```
</configSections>

<log4net>
  <root>
    <level value = "INFO" />
    <appender-ref ref = "LogFileAppender" />
    <appender-ref ref = "ConsoleAppender" />
  </root>
  <logger name = "testApp.Logging">
    <level value = "DEBUG"/>
  </logger>

  <appender name = "LogFileAppender" type = "log4net.Appender.
   RollingFileAppender,log4net" >
    <param name = "File" value = "logs/log.log"/>
    <param name = "AppendToFile" value = "true" />
    <param name = "RollingStyle" value = "Date" />
    <param name = "DatePattern" value = "yyyy.MM.dd" />
    <param name = "StaticLogFileName" value = "true" />
    <layout type = "log4net.Layout.PatternLayout,log4net">
      <param name = "ConversionPattern" value = "%d[%t]%-5p %c-%m%n" />
    </layout>
    <filter type = "log4net.Filter.LevelRangeFilter">
    <param name = "LevelMin" value = "INFO" />
    <param name = "LevelMax" value = "ERROR" />
    </filter>
  </appender>

  <appender name = "ConsoleAppender"
            type = "log4net.Appender.ConsoleAppender" >
    <layout type = "log4net.Layout.PatternLayout">
      <param name = "ConversionPattern"
```

```
                value = "%d [%t] %-5p %c [%x] - %m%n" />
        </layout>
    </appender>
</log4net>

<!-- 配置仪器类型 -->
<appSettings>
    <add key = "type" value = "GC"/>
    <add key = "asset" value = "AGILENT7890(B030105)"/>
    <add key = "project" value = "有机磷农药残留检测"/>
    <add key = "projectType" value = "R004"/>
</appSettings>

<system.serviceModel>
    <bindings>
        <basicHttpBinding>
            <binding name = "ReportMonitorServiceHttpBinding" closeTimeout = "
                00:01:00"
                openTimeout = "00:01:00" receiveTimeout = "00:10:00" sendTimeout = "
                00:01:00"
                allowCookies = "false" bypassProxyOnLocal = "false"
                hostNameComparisonMode = "StrongWildcard"
                maxBufferSize = "65536" maxBufferPoolSize = "524288"
                maxReceivedMessageSize = "65536"
                messageEncoding = "Text" textEncoding = "utf-8" transferMode = "
                Buffered"
                useDefaultWebProxy = "true">
                <readerQuotas maxDepth = "32" maxStringContentLength =
                    "8192" maxArrayLength = "16384"
                    maxBytesPerRead = "4096" maxNameTableCharCount = "16384" />
                <security mode = "None">
                    <transport clientCredentialType = "None"
                        proxyCredentialType = "None"
                        realm = "" />
```

```
        <message clientCredentialType = "UserName" algorithmSuite =
          "Default" />
      </security>
    </binding>
  </basicHttpBinding>
 </bindings>
 <client>
  <endpoint address = "http://127.0.0.1:8080/labService/services/
   ReportMonitorService"
    binding = "basicHttpBinding" bindingConfiguration =
    "ReportMonitorServiceHttpBinding"
    contract = "ReportService.ReportMonitorServicePortType" name =
    "ReportMonitorServiceHttpPort" />
 </client>
 </system.serviceModel>
</configuration>
```

该配置文件的内容主要包括日记文件生成规则及路径配置、监控仪器相关信息配置、Web Service 相关配置。在部署的时候，只需要修改 Web Service 服务端 IP 以及仪器相关信息即可，下面对仪器相关信息内容做简要说明。

```
<appSettings>
<add key = "type" value = "GC"/>
<add key = "asset" value = "AGILENT7890(B030105)"/>
<add key = "project" value = "有机磷农药残留检测"/>
<add key = "projectType" value = "R004"/>
</appSettings>
```

"type"节点配置仪器所属的大类，"GC"指气相，"LC"指液相，目前只支持这两种仪器。

"asset"节点配置资产相关信息，格式为"仪器型号（资产编号）"，比如"AGILENT7890（B030105）"是指仪器型号为 AGILENT7890、资产编号为 B030105 的设备。

"project"节点配置仪器所做的项目。

"projectType"节点配置该项目的原始记录单编号。

在仪器更改项目的时候,"project"和"projectType"节点的内容要及时更新,否则会导致采集数据上传出错。

9.3.3 数据处理

数据处理客户端主要是提供给实验室工作人员做报表辅助,取代原来手工计算原始记录单数据的工作方式,逐步实现无纸化办公。实验室报表自动化处理部分是系统最为关键的模块,前面的数据采集也是为了实现最终实验报表自动化填写,节省工作人员填写原始记录单的时间,也避免人为错误的发生。通常来说,工作人员填写实验原始记录单的工作都是高度重复性的,并且都是依照一定的规范填写,数据计算可以通过逻辑归类和相关的算法实现,从而把这部分繁重而重复的工作完全交给计算机处理,工作人员可以把更多的精力放在实验的相关操作上去,提高工作效率。

现阶段,我们选择 5 个项目作为测试,分别是"有机磷农药残留量检测(R004)""有机氯农药残留量检测(R003)""拟除虫菊酯农药残留量检测(R002)""三聚氰胺检测(FQR298)""苯甲酸、山梨酸、糖精钠检测(FQR203)"。

数据处理流程如图 9.8 所示。

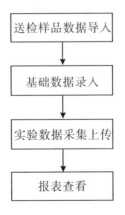

图 9.8 数据处理流程

在图 9.8 中,系统要预先导入送检数据,这只是暂时的解决方案,以后规划的目标是直接从 LIMS 中取得数据,从而省去这部分的工作。在基础数据录入方面,主要是录入实验过程中产生的中间数据,比如称量、选择的方法等,具体如图 9.9 所示。

1. 系统管理模块

该模块的主要功能包括修改当前用户信息、导入样品数据、注销用户、退出。

(1) 修改当前用户信息

主要修改用户个人信息,具体修改内容如图 9.10 所示。

图 9.9 数据录入界面

图 9.10 修改用户信息

(2) 导入样品数据

该功能主要是导入送检样品的基本信息,包括样品编号、样品名称、样品项目、检测方法、收样日期。通常在使用的过程中,可以一次把下个星期的所有样品的数据预先导入进去,实验室数据可以批量录入,这样的话可以避免重复输入一些基础信息,比如加标信息等。导入的数据文件为 Excel 格式,该文件从现有 LIMS 中自动导入,不要手动修改格式,否则导入系统的数据容易出错。

(3) 注销用户

该功能主要是退出当前用户,但是系统没退出。

(4) 退出

该功能是直接退出系统。

2. 用户管理模块

数据处理平台的用户一共有两种,即管理员和普通用户。管理员拥有所有权限,在系统部署的时候默认创建,普通用户由管理员创建。普通用户拥有除了用户管理模块之外的所有功能权限。

用户管理模块的功能包括查看用户列表、添加用户、编辑用户信息、删除用户。用户列表界面如图 9.11 所示。

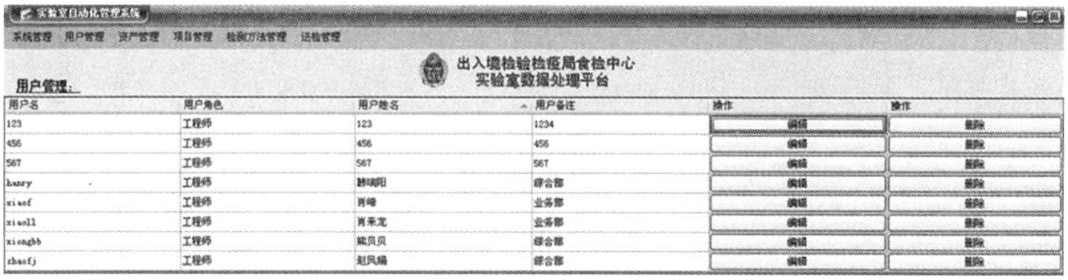

图 9.11 用户列表界面

点击用户行所在的"编辑"按钮,可以修改该用户的个人信息(用户名除外),编辑页面如图 9.12 所示。

图 9.12 修改用户列表界面

点击"修改"按钮完成信息修改。

点击用户所在行的"删除"按钮,可以删除该用户的信息,在弹出的确认对话框中选择"是"即可完成操作,如图 9.13 所示。

图 9.13 确认删除用户

3. 资产管理模块

目前平台涉及的资产一共有两种,分别是仪器和天平。其中,天平输入公共资产,不从属于任何项目;仪器为专用资产,从属于一个或者多个项目。

该模块负责管理实验室所使用的资产,功能包括查看资产列表、添加资产、编辑资产、删除资产。

资产列表页面如图 9.14 所示。

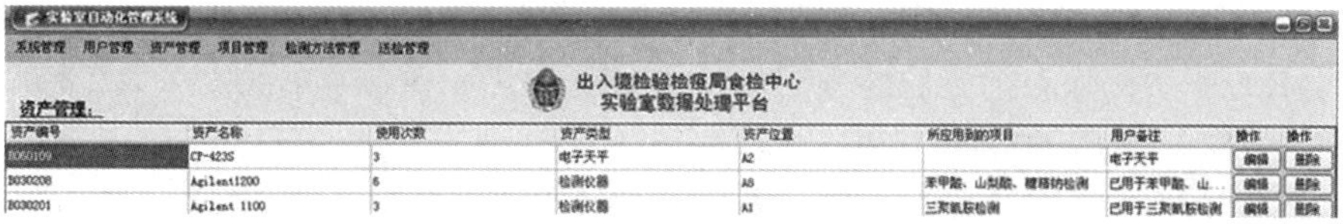

图 9.14 资产列表页面

点击资产所在行的"编辑"按钮,可以修改资产信息。具体修改信息页面如图 9.15 所示。

图 9.15 修改资产信息

所属项目为多选下拉菜单,目前的修改功能无法初始化原有的项目,所以在修改的时候注意全选需要的项目。操作界面如图 9.16 所示。

选择后会以文本形式显示在下拉框中。

点击资产所在行的"删除"按钮,可以删除该资产的记录,在弹出确认对话框选择"是"即可完成删除操作,如图 9.17 所示。

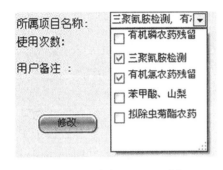
图 9.16 资产所属项目选择

图 9.17 确认删除资产

4. 项目管理模块

项目是指检测分类的大项目,比如"有机磷农药残留量检测"等,现阶段只选择了 5 个项目作为测试,分别为"有机磷农药残留量检测(R004)""有机氯农药残留量检测(R003)""拟除虫菊酯农药残留量检测(R002)""三聚氰胺检测(FQR298)""苯甲酸、山梨酸、糖精钠检测(FQR203)"。

该模块的功能包括查看项目列表、添加项目、编辑项目、删除项目。

项目列表如图 9.18 所示。

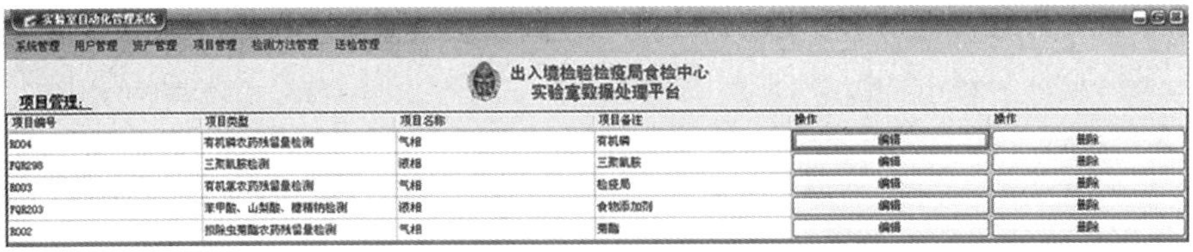

图 9.18 项目列表页面

点击项目所在行的"编辑"按钮可以修改项目的信息。具体修改内容信息如图 9.19 所示。

点击图 9.19 中的"修改"按钮,即可完成项目信息修改操作。

选择图 9.18 中项目所在行的"删除"按钮,可以删除该项目,添加确认对话框的"是",选项即可完成操作,如图 9.20 所示。

图 9.19　修改项目信息

图 9.20　确认删除修改项目

5. 检测方法管理

检测方法是指实验过程中使用的方法,一个方法只从属于一个项目。方法数据为系统基础数据,一般在系统部署的时候提前录入,平时改动不大。

该模块的功能包括查看方法列表、添加方法、编辑方法信息、删除方法记录。

方法列表页面如图 9.21 所示。

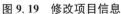

图 9.21　检测方法列表页面

点击图 9.21 中方法所在行的"编辑"按钮,可以修改方法的信息,具体修改内容如图 9.22 所示。点击"修改"按钮即可完成修改操作。

点击图 9.21 中方法所在行的"删除"按钮,可以删除该方法记录,在弹出的确认对话框中选择"是"即可完成操作,如图 9.23 所示。

图 9.22　修改检测方法

图 9.23　确认删除检测方法

6. 送检管理

送检管理模块是该平台的主要操作内容，包括数据录入和结果查询功能。数据录入处理流程如图 9.24 所示。

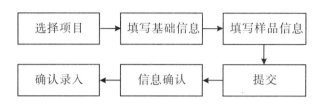

图 9.24　数据录入流程

录入操作界面如图 9.25 所示。

图 9.25　数据录入界面

填写完后，点击"提交"按钮，进入信息确认框，如图 9.26 所示。
确认信息都是正确的，即可点击"确定"按钮，提交本次录入的数据。
如果录入数据有误，可以在结果查询页面做修改，操作页面如图 9.27 所示。
点击图 9.27 中的"修改样品数据"，弹出的修改页面如图 9.28 所示。
修改完成后，点击"确定"按钮，即可完成数据修改。

7. 结果查询

结果查询主要功能包括下载附件和查看原始记录单。
结果查询列表页面如图 9.29 所示。

第 9 章 供港食品数据采集与自动上传技术

可以在过滤栏输入相关信息,过滤显示列表。在结果列表中的送检样品的状态主要有"未完成"和"已完成"两种。查看结果报表只能是针对"已完成"的样品,其中,"下载附件"主要是下载实验过程中仪器生成的图谱报表文件。一般包括空白样图谱文件(BLK. PDF)、添加样 1 图谱文件(SA1. PDF)、添加样 2 图谱文件(SA2. PDF)以及样品图谱文件。具体操作是在需要下载的样品行中选择右键,弹出路径选择窗口,如图 9.30 所示。

图 9.26 数据录入信息确认

图 9.27 在结果查询页面上的修改操作

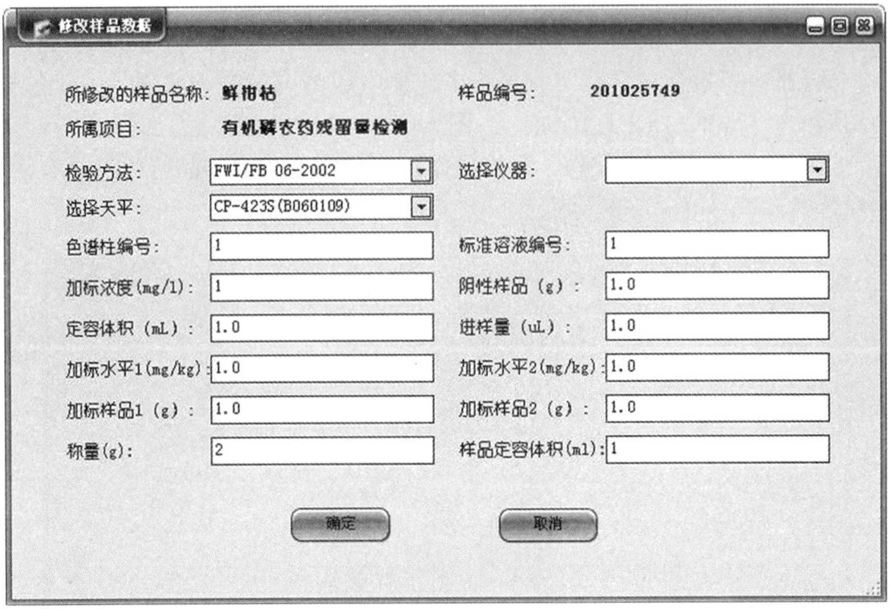

图 9.28　修改样品数据界面

序号	样品编号	样品名称	称量(g)	定容体积(mL)	状态
1	201025749	鲜柑桔	2	1	未完成
2	201026000	鸡	1	1	已完成
3	21731	位元堂至尊金丝燕窝饮品	2.57	25	已完成
4	27390	包菜SC-SW-029	1	1	已完成
5	24697	鲜哈密瓜	1	1	已完成
6	201025130	皇族牌燕麦口味无糖饼干	2.570, 2.570	10	已完成
7	201027188	GULA-GULA牌哈密瓜口味果冻	1, 1	10.0	未完成
8	201024986	鲜橙	1	1	未完成
9	201026379	糯米鸡	1, 1	10.0	未完成
10	201023938	冷冻马铃薯薯棒30430	1, 1	10.0	未完成
11	201026720	鹤牌 芝麻风味味噌	1, 1	10.0	未完成
12	201026869	6326啫乳母猪浓缩饲料	1	25	未完成
13	201026296	梅赛尔原味小麦啤酒	1	10.0	未完成
14	201024953	金克瑞士牛奶巧克力	1	25	未完成
15	201026561	干香菇(薄菇)	1	10	已完成
16	201024064	脐橙	2	1	未完成
17	201024460	冻罗非鱼片	1	25	未完成
18	201026480	乳清粉	1	25	未完成
19	201025383	白色城堡奶油曲奇饼	1	25	未完成
20	201025109	惠氏S-26金装健儿乐奶粉(200G)	1	25	未完成
21	201024682	日幸奶油夹心巧克力(草莓味与酸奶味)	1	25	未完成
22	201024009	麦奇妙乐巧克力夹心威化酥饼	1	25	未完成
23	201023916	皇室牌草莓味奶油饼干	1	25	未完成
24	201025802	内脏	1	25	未完成
25	201024746	棒棒糖布丁	1	25	未完成
26	201023918	皇室牌姜味饼干	1	25	未完成
27	201025390	极爱全麦加钙营养饼干	1	25	未完成
28	201025196	夹心果仁朱古力	1,	25.0	未完成
29	201024302	内脏	1	1	未完成

图 9.29　结果查询页面

图 9.30 设置下载路径

选择完路径后即开始下载文件,会在指定的文件夹路径下生成文件夹(文件名为"附件＋当前时间",比如"附件 20101209174142"),具体的文件如图 9.31 所示。

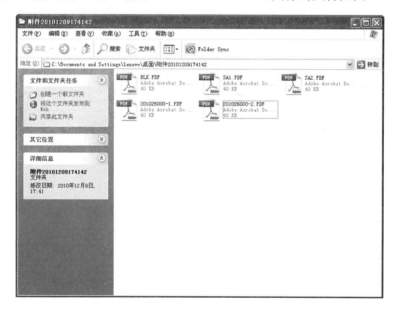

图 9.31 下载附件文件列表

查看原始记录单的操作与下载附件类似。在需要查看的样品行中单击右键,点击"查看原始记录单"选项,即可打开原始记录单的文档。

自动生成的原始记录单样本在附件中的文档查看,再选择有机磷的空白原始记录单和生成的原始记录单做对比。

9.4 小　　结

本章从溯源信息采集与上传的自动化、智能化角度出发,介绍了生产厂家自检数据自动上传技术和实验室检测数据自动处理技术,确保溯源信息的可靠性与及时性,为溯源信息的应用提供了坚实的数据基础。

第 10 章 供港食品数据挖掘平台

10.1 平 台 介 绍

10.1.1 背景

随着以数据库技术和互联网技术为代表的信息技术在全球商业领域的普及和深入,全球各个商业组织纷纷建立了自己的数据库管理系统以加强经营管理、提高运营效率,并随时间的推移而积累了大量的商业数据。那么如何有效地利用这些宝贵的历史数据,让这些数据为企业经营、企业拓展、企业决策提供支持和帮助,不仅成为全球商业环境中企业管理者必须面对的重大问题,更是信息技术领域必须要认真对待和解决的紧迫问题。

再来看信息技术领域的变化。以数据库、数据仓库、Internet/Web 技术为代表的数据存储、管理和访问技术的发展,为数据挖掘技术的研究和应用提供了深厚的土壤;计算机芯片技术的发展所带来的计算机性能的提高和先进体系结构的发展使数据挖掘技术的研究和应用成为可能;统计学、人工智能等领域的理论与技术进步,为数据挖掘技术的提出和发展起到了极大的推动作用。

数据挖掘技术就是在这样的全球性的商业需求和技术进步的背景下产生的。数据挖掘(Data Mining),又称为数据库中的知识发现(Knowledge Discovery in Database,KDD),就是从大量数据中获取有效的、新颖的、潜在有用的、最终可理解的模式的非平凡过程,简单地说,数据挖掘就是从大量数据中提取或"挖掘"知识。数据挖掘通过对数据进行诸如关联分析、聚类分析、分类、预测、时序模式和偏差分析等处理,从而能够向市场预测、投资、制造业、银行、通信等商业领域提供决策支持服务。

目前,数据挖掘软件市场大致可以分为低端和高端两大阵营。低端数据挖掘软件往往功能简单,不能单独解决数据挖掘问题,不具有处理大数据量的能力,不具有扩展性,但其价格便宜;高端数据挖掘软件主要来自于那些将数据挖掘工具与其数据库系统捆绑的厂商,它们更多的不是工具而是花费巨大的系统集成项目,由于不是"量体裁衣"的解决方案,高端数据挖掘工具也往往不能很好地满足用户运行效率与投资回报上的期望。

10.1.2 主要内容

供港食品数据挖掘平台对数据挖掘过程进行抽象,并且遵循了行业数据挖掘标准 CRISP-DM(CRoss-Industry Standard Process for Data Mining),即跨行业数据挖掘过程标准设计,实现了数据挖掘过程中涉及的数据准备、建立模型、模型评估、结果部署所需要的相关功能。同时它也是一个模块化、可扩展的数据探索平台。用户以可见即所得的方式创建数据挖掘工作流,执行完整数据挖掘工作流或者选择性执行部分工作流。工作流执行的结果可以在友好的人机界面里以易于理解的形式展示。知识挖掘工作流也可被保存,让知识挖掘过程得以复用。

图 10.1 展示了供港食品数据挖掘平台的数据挖掘产品的主界面。它是由菜单条、工具栏、组件库、主编辑区、主题挖掘视图、模型库视图、案例库视图、控制台视图、属性视图等模块组成的。产品效果图中展示了一条典型的知识挖掘工作流,

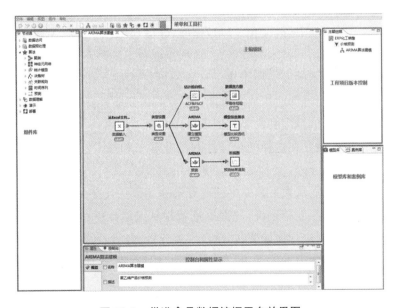

图 10.1　供港食品数据挖掘平台效果图

用户通过拖拽组件库中的相关组件到工作台中,就可以在很短的时间内建立起一条知识挖掘工作流,建立好的工作流就可以保存在项目管理区域内,以便以后修改和复用。不仅如此,工作流可以立即被执行,在控制台中可以立即看到工作流执行的结果。

1. 产品组成及功能架构

如上文所述,供港食品数据挖掘平台是一个模块化的产品。它主要是由用户界面工作台模块、工作流引擎模块、数据挖掘组件库模块、统一数据存储模块、项目管理模块、日志管理模块所组成的。图 10.2 是供港蔬菜数据挖掘平台的系统体系结构图,图中展示了整个系统内部的模块结构。

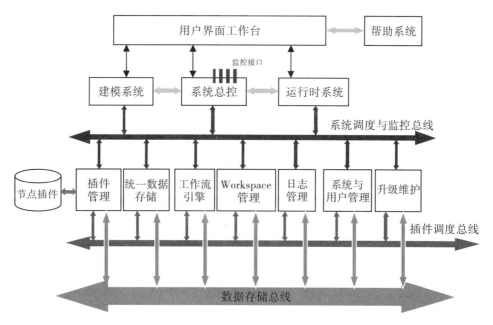

图 10.2　供港蔬菜数据挖掘平台的系统体系结构

2. 用户界面工作台模块

用户所有的操作都在用户界面工作台中完成的。它提供了一个友好的人机交互界面。算法组件分类显示可拖拽的工作台、工作流保存和项目管理,执行工作流的控制台是其主要功能。

3. 工作流管理模块

工作流引擎是后台的工作模块,它翻译用户界面工作台中的图像,转化为机器可识别的工作流。若要真正实现用户界面,则工作台定义工作流在后台的调度和运转。模块中包含了工作流定义、工作流解析器和工作流引擎。

4. 数据挖掘组件库模块

数据挖掘组件库提供了丰富的数据挖掘算法组件。根据行业数据挖掘过程标准，把组件分类为数据访问、数据预处理、算法和数据理解四个部分。其中，算法涵盖了几乎所有的经典常用的数据挖掘算法组件。供港食品数据挖掘平台组件分类如图10.3所示。

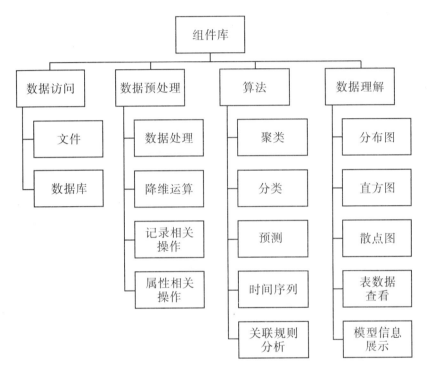

图10.3　供港食品数据挖掘平台组件分类图

5. 项目管理模块

项目管理为每个用户分配各自私有工作空间并用于存储工作流。其功能主要包括权限控制、工作空间分配管理、项目管理和节点库管理。用户拥有了私有的工作空间后，可以将工作流持久化到本地，并支持导入、导出工作流功能。面向解决问题的知识挖掘工作流可以在不同终端的供港食品数据挖掘平台之间传递。

6. 统一数据存储模块

统一数据存储模块也是一个后台模块。它提供了一个集中式的数据管理器。统一管理任务运行中的数据资源，提供统一的访问接口、高效的数据存储管理以及对大数据处理的支持。平台中的数据导入、导出和数据缓存都是在这个模块中管理的。

7. 日志管理

记录系统运行时各个部分的状态信息,为系统的跟踪调试、程序状态记录、崩溃数据恢复提供必要的支持。在系统出现异常时能够根据系统保存的各种信息和日志恢复系统异常前的状态,尽量减少由于系统崩溃等意外情况所造成的损失。

10.1.3 技术架构

供港食品数据挖掘平台是基于 Eclipse 技术的胖客户端应用程序,它是一个层次化、插件式、总线型的系统体系结构。

1. 插件式结构设计

采用 Eclipse 的插件式软件体系结构,使供港食品数据挖掘平台具有高可扩展性和灵活的可配置性。

2. 内核式设计

将系统的核心功能模块,如插件管理、工作流引擎、日志管理等作为基础内核和系统服务,将应用系统功能(如建模系统)与内核功能分离,相互之间相对独立,使各自的实现方式相互透明,便于未来的扩展和改进。

3. 以数据挖掘项目为单位的任务管理机制

数据挖掘建模以及挖掘模型部署运行的任务将以项目为组织单位进行管理,借鉴 IT 项目、咨询项目的概念和方法设计相应的功能、流程和系统模块。

4. 工作流形式的设计

将数据挖掘过程表示成工作流的形式,以工作流建模、管理和执行的方法实现数据挖掘过程的建模、模型的管理和模型的部署运行。

5. 统一数据管理

系统中将会使用到各种各样的数据,如元数据和系统运行数据结构。为了便于管理和使用,并且使系统的日志和崩溃恢复机制更易于实现,设计时将采用集中式的数据管理入口,进行统一的数据管理。

6. 基于 Eclipse EMF 构架的 UI 系统结构设计

根据 MVC 的设计思想,以 Eclipse 平台中的 EMF/GEF/SWT 为标准进行界面系统结构的设计,保证 UI 开发的标准化和高可扩展性,如图 10.4 所示。

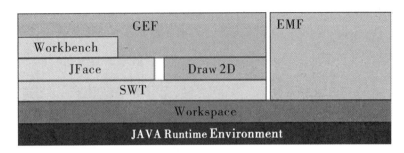

图 10.4 基于 Eclipse EMF 构架的 UI 系统结构设计

10.2 平台选择的技术路线和关键技术

10.2.1 技术思路

不同的数据根据不同的数据挖掘算法进行处理。首先,我们需要对多元异构的数据进行分析以及预处理,由于处理结果和具体业务有关联,我们需要对特定的知识领域也需要有所了解;其次,针对现有的算法进行改进,使其适应我们取得的特定数据,进行大量实验,不断调整参数,并根据中间出现的结果又反过去对数据进行进一步处理;再次,进行大量实验之后形成比较稳定适应数据的改进算法,将这些算法予以实现,集成在一个系统中,方便使用;最后,分析一些特定的有害物质、特定的检查品种,产生一个局部报告,对报告进行专业领域的解释说明。

10.2.2 研究路线图

本节的研究路线将分为如下四个阶段。

1. 需求分析阶段

根据笔者近几年在数据挖掘和机器学习等传统领域的研究积累,对各类算法适用情况进行充分的分析归纳,探讨当前国内外在相关研发领域存在的问题,总结出本节的主要研究问题与目标。

2. 技术研究和具体方案展开研究阶段

针对第一阶段需求分析的结果,从现有的积累和成熟的技术出发,探讨具体的研究内容和解决方案;针对第二阶段现有问题的分析结果,进行具体解决方案的设计;进而将二者结合在一起,得到最终的理论研究问题集合,并进行具体的研究工作。

3. 挖掘算法的实现阶段

针对第三阶段的技术研究结果,进行数据挖掘算法的实现过程,主要包括实现各挖掘算法、预处理算法子系统以及集成这些子系统的软件运行平台,形成完整的数据挖掘及分析系统。

4. 应用验证阶段

针对研究目标,利用第四阶段研发得到的软件原型系统分析特定的有害物质及检测产品,形成一份可解释的报告,作为进一步修正技术研究与系统开发的依据。

10.2.3 关键技术说明

10.2.3.1 数据预处理

1. 数据清理

首先,去除无关字段,主要是清理与具体业务有关而与研究目标无关的字段;其次,我们需要对由于人工输入失误导致的数据缺失以及信息不完整进行填充;最后,需要对数值性的字段进行归一化,针对特定的算法同时需要将连续性的数据离散化。

2. 数据不平衡

传统的分类任务主要是在相对平衡化的数据集下进行的,例如在一般的文本分类问题中,把文本看作是要分类的数据,文本所属类别数量分布较为均衡;一般抽样选取拿来做训练的文本也是类别分布较为平衡的,一般意义上的分类算法就是基于这个前提假设来做学习和分类的,但是一旦遇到数据不平衡的情况,分类算法如果还是不加任何修改地拿来做训练,效果往往不尽如人意。解决不平衡数据分类的简单有效的方法就是采取策略让数据在预处理阶段将不平衡特征的数据平衡化,在一般情况下采用的方法是重采样技术,主要分为欠采样和过采样两种。

(1) 欠采样方法

欠采样是通过对数据集中的负类样本进行采样,来达到平衡化数据集的目的。随机欠采样是采样技术中最简单的一种,它随机地删除数据集合中的负类样本,减轻数据集的不平衡程度,当数据集中存在噪声的情况时,采用随机欠采样的方法能达到不错的效果。其中,Tomeklinks 方法的大致思想是:x_i 和 x_j 是从属于不同类别的样本,$d(x_i,x_j)$ 代表它们的距离,如果不存在这样一个样本 x_k 使得 $d(x_i,x_k)<d(x_i,x_j)$ 或者 $d(x_j,x_k)<d(x_i,x_j)$ 都成立,就认为 (x_i,x_j) 形成了一个 Tomeklinks 对,样本 x_i 和 x_j 中的一个可能会是噪声,或者认为它们在边界上。在不平衡样本集合中,可以用这个方法把所有符合 Tomeklinks 的样本对找出来,然后把这些点对当中的负类样本删除,这样的话就能达到对负类样本欠采样的目标。

近邻清除法是一种利用 KNN 思想去删除负类样本的欠采样方法。它的基本思路是:针对样本集合中的每一个样本,寻找与它最相邻的三个样本,看当前样本与这三个样本的多数类标是不是一样的。假如当前样本的类标是负类,而三个最近邻的样本中至少两个类标是正类,就删除当前样本;假如当前样本的类标是正类,而三个最近邻的样本中至少两个类标是负类,那么可以删除这三个近邻中类标是负类的样本。可以看到,近邻清除法是能够达到欠采样的效果的。

(2) 过采样方法

随机过采样是最简单的过采样方法。一方面,它通过随机复制正类样本来增加正类的数量。这个方法的缺点是容易造成分类算法过拟合。另一方面,因为数据量的增加会导致训练时间的延长。

SMOTE 算法是过采样中经常采用的方法,也是效果很好的方法。SMOTE 的基本思想是:在距离较小的正类样本之间产生一个新的正类样本,生成方法是通过对这两个正类样例进行随机的线性插值,样本集合中会因此而增加一些人工合成的正类样例,从而使得不平衡样本平衡化。SMOTE 算法具体流程是:针对每一个正类样例 x_i,找出这个样例最近的 k 个近邻样例,从中选择 m 个样例,然后对于这 m 个中的每一个样本 $x_j(j=1,2,\cdots,m)$,按照式

$$x_{new}=x_i+\mathrm{rand}(0,1)\times(x_j-x_i)$$

生成新的样本点,并且将这个样本划分到正类参与训练。其中,rand(0,1)产生的是 0 到 1 的随机数,可以根据实际问题来控制产生样本的数目。实验结果表明,SMOTE 算法可以比较好地规避分类算法的过拟合问题,能够较大地提升正类样本的分类效果,训练算法的整体分类精度也不会因为前期做了 SMOTE 的采样而降低。

（3）代价敏感方法

代价敏感学习针对不一样的类别采用不一样的误分的惩罚，对认为是比较重要的类别的样本赋予更高的错分代价，使得分类器在学习过程中更倾向于关注这个类别的样例。那么针对不平衡数据的情况，其中正类样本是属于重要性程度较高的样本，所以在算法的设计中会考虑对错分的正类样本给予更高的样本权重，使得分类算法在训练过程中能对正类样本采取一定程度的偏置学习，抵消负类样本数目较多的冲击。已有实验表明，这种方法对于解决不平衡数据分类问题是很有效的。然而代价敏感学习必须事先就确定好错误分类的代价值，这在实际操作当中是很难预知的。另外，代价敏感学习会比较容易导致模型的学习过度拟合。

10.2.3.2 基于随机森林的数据分类方法

随机森林算法是机器学习领域中的一种集成学习方法，它通过集成多个决策树的分类效果来组成一个整体意义上的分类器。然而，当数据类别分布不平衡时（特别是供港蔬菜实验室数据库中的数据），也就是某一类别的样本实例的数量远远小于其他类别的样本数量的情况下，随机森林算法会出现分类效果不佳、泛化误差变大等一系列的问题。我们提出了一种改进的应对不平衡数据分类问题的随机森林算法，主要是从随机森林的子空间选取和模型集成两方面来改进。

一种是基于装袋思路的集成特征选择方法。该方法是建立在基于相关性度量的特征选择算法的基础上，这种集成特征选取方法加大了有利于正类样本分类的特征的选取概率，同时不会过多地剔除负类样本的有用特征。

采用基于分层抽样的子空间选择算法，对集成特征选择方法生成的特征子集进行分别采样，同时保证了特征的重要性和生成的模型的差异性。

另一种是针对不平衡数据的新的树模型过滤方案，包括根据树模型分类强度以及树模型相似程度来做过滤，对树模型合集进行评估和重组，达到模型优化的目的。

基于随机森林的数据分类，其主要工作内容如下：

1. 随机森林算法

随机森林是由多个分类决策树组成的分类器，每一个分类器中采用独立同分布的随机向量决定了树的生长过程。最终是由所有树的多数表决结果来决定最后模型的输出结果。

如图 10.5 所示，随机森林是一个多决策树分类器，构建每一个分类器都需要从原始的训练集中有放回地随机采样一部分数据子集作为训练子空间，然后在这个随机子空间上建树。在这个建树过程中,每一次的特征选取都是基于随机选取特征子空间来进行的,特征选取一般也是基于信息增益度量指标来做的,最后在每一个 Bag 上都形成了一个决策树模型,那么最终的训练模型可以认为是这些树的合集,分类结果也是看多数树模型的分类结果来决定的。

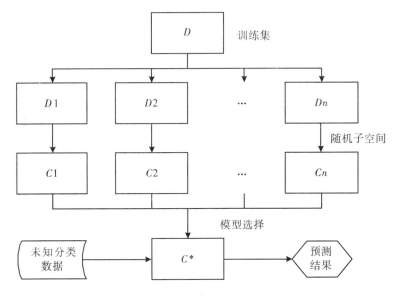

图 10.5　多决策树分类器

2. 面向不平衡数据的随机森林子空间选择

(1) 基于 Bagging 的集成特征选择

对于用于二类分类的不平衡数据,其中包含正负两类,正类样例很少,而负类样例相当多。为了选出不平衡数据集中对正类样本影响较大的特征,可以借助集成学习的思想来做,通过对负类样本采样,让采样出来的负类样本数量与正类样本数量相等,这样的话,采样出来的负类样本和原有数据的正类样本就能够组成一个相对比较平衡的数据子集。我们可以通过多次循环采样降低负类样本的规模所带来的对特征选取算法的影响,同时极大地提高了正类样例参与有效特征选取的概率,因为 Bagging 的多次采样过程中正类样例是全部参与 Bag 子集中去。这样的话,达到了如下的一种效果,即稀释了负类样本的数据,使得其在每个 Bag 中和正类样本在参与特征选取中是作为同等性的考量,产生多个 Bag 的结果也必然导致正类样本很大程度上能够被特征选取算法考量,同时综合考量采样的负类样例最终也不会减弱算法选取对负类有影响力的特征集合的能力。

在经过上述装袋采样的过程后,会生成一系列的平衡化的数据子集,那么我们可以在这些子集之上分别执行前一节所提到的基于相关性的特性选择方法,求取相应的特征子集。

图10.6给出了上述集成特征选取过程的具体流程图,可以基于这个流程来划分得出好的特征子集和差的特征子集。

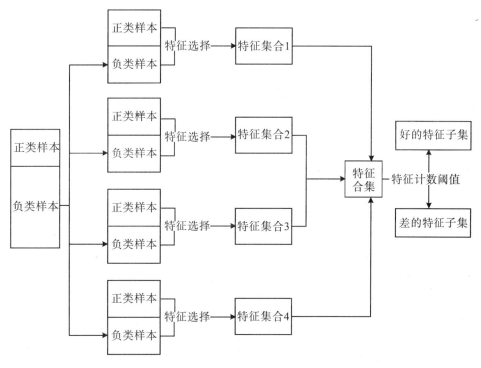

图 10.6　特征子集选取流程图

基于以上分析,本书提出在相关性的特征选择方法的基础上改进的不平衡特征选取方法。

算法首先采用有放回采样的方式稀释负类样本到多个装袋子集中,使得每一个装袋中的正负类别的样本数目相当,然后将每次抽取的负类样本子集和全部的正类样本组成多个新的训练装袋子集。这些装袋子集就是用来作为特征选取的输入的训练样本集。对多个新产生的装袋子集采用前面章节中讲述的基于相关性的特征选择方法,得出多个选出的好的特征子集。最后合并成一个好的特征合集,这个合集中包括所有的装袋子集中被选取的特征,可能会有重复出现的特征,我们可以认为如果某个特征在这个合集中经常出现,那么可以认为这个特征对不平衡数据的分类效果是有积极作用的,则首先可以统计特征合集中各个特征出现的次数,认为出现次数越多,特征就越重要,可以根据数据集的特点来设定一个出现频率阈值,出现次数超过这个阈值的特征就认为是好的特征,其余的特征认为是不好的特征。不平衡数据的集成特征选择方法伪代码如下：

输入：训练数据集 T = {(Attr1,Attr2,Attr3,…,AttrM,C)},Bag 数目 N
输出：特征子集 F
1. 开始
2. for i = 1 to N do
3. 通过 Bagging 方式从负类样本集合 Tr - 中有放回地采样出一个样本子集 Trk - ,采样的样本数量和 T 中正类样本集合 Tr + 数量相当。重组样本生成第 i 个样本合集 Trk - ∪Tr + 。
4. 在重组的集合上采用特征选择算法,得到特征子集 Fi。
5. end for
6. 将各个 Bag 子集中选取的特征子集合并到 F。
7. 统计 F 中各个特征出现的频率,按降序排列。
8. 删除 F 中低于频率阈值的特征。
9. 返回 F,结束

输入不平衡数据集,通过设置装袋次数以及特征频率阈值,执行上述集成特征选择算法,可以选择出所需要的特征子集。

(2) 基于分层抽样的子空间选择算法

分层特征抽样方法生成基准特征合集的方式如下:假如由特征选择方法筛选出的好的特征子集为 A,剩下的特征子集认为是不好的特征子集 B,假定 A 中特征数目为 a,B 中特征数目为 b,那么基准特征合集可以分别从 A 和 B 中按比例抽取组合而成,假定需要采样的基准特征数目为 K 个,那么可以在 A 集合中采样 $K \cdot (a/a+b)$ 个特征,从 B 集合中采样 $K \cdot (a/a+b)$ 个特征,将这两组采样的特征组合起来形成最终的基准特征合集,然后再在这个合集之上采取属性选择的度量指标去选取一个最好的特征来作为当前树模型的分裂点。分层特征抽样方法的流程图如图 10.7 所示。

分层特征采样方法采用的是在好的特征子集中采样一部分,在坏的特征子集中采样一部分,最后将这两部分作为基准的特征合集。这个方法的好处是:第一,每次采样都能够保证选取到对不平衡数据分类效果好的特征;第二,从坏的特征子集中也进行采样是为了保证所建立的树和树之间存在一定程度上的差异性,有利于模型的融合。当数据的特征空间维度非常高的时候,采用原始的随机特征采样方法不能保证每次选中的特征都是好的特征,而采用分层采样的方式是能够规避这个缺陷的。所以这种采样方式是非常适合高维数据的分类的。

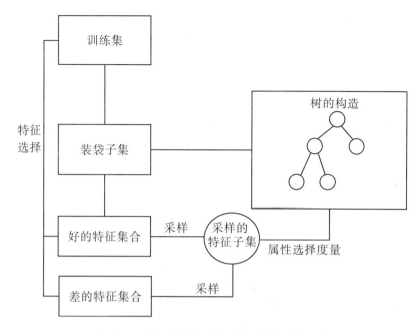

图 10.7 基于分层特征抽样的建树方法示意图

(3) 面向不平衡数据的随机森林模型集成

原始的随机森林在生成多个树模型后,最终的森林是集成所有树模型来组成的,可以看到,这个森林集合中树模型之间是有一定的差异性的,主要是因为两个因素:第一,前期的数据层次的有放回采样引入了随机因素;第二,每棵树的分裂过程的子空间选取也引入了随机因素。这些差异性的引入保证了森林模型内部的树模型能够学习到分布在不同范围领域的数据的规律,这也是随机森林算法之所以性能优良的原因之一。但是在生成的树模型个数非常多的条件下,随机因素的引入并不能总是保证单棵树的强度以及树与树之间的差异性,而在多个模型做集成时如果能够让基分类器保持不同程度的多样性,效果会比相似模型的融合更好。所以,在不平衡数据分类中,有选择性地集成多个树模型,也是能够带来模型效果的提升的。

衡量树的结构的相似性常用的方式是用树的编辑距离去计算,但是这个方法含有计算复杂度高的缺点。因此我们从树在不平衡数据上分类效果来计算。

随机森林在执行之前,预先采样出三个集合的样本作为树模型相似性度量的验证集。这三个样本集合不参与随机森林算法的 Bagging 和树模型的建立。在随机森林算法生成了树模型的合集之后,如果要衡量其中两棵树之间的相似性,那么只需要看这两棵树在这三个预先取出来的数据集合下的表现是否一致。

树模型的相似度度量过滤流程如图 10.8 所示。

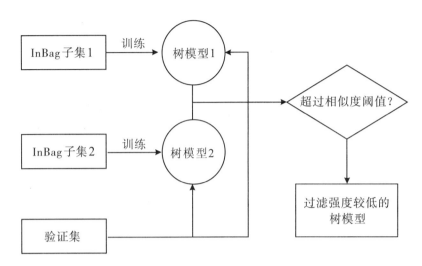

图 10.8　树模型的相似度度量过滤流程图

可以看到,如果两个树结构相似,那么这两个树在任何数据集上的分类效果都应该是相差无几的。反之,如果两棵树在一个数据集上的分类效果相似,是不能推出这两棵树是相似的,因为不同结构的树很有可能产生相同的分类结果。但是如果这两棵树同时在三个随机采样的数据集上都表现类似,那么可以认为这两棵树是极其相似的,因为可以推断结构很不相同的树在三个不同数据集上的表现同时一样为小概率事件。

所以,对于两棵树模型 A 和 B,三个验证集合 V_1、V_2、V_3,可以定义公式

$$\mathrm{Sim}(A,B) = \frac{1}{3}\sum_{i=1}^{3}(A,B \text{ 在 } V_1 \text{ 上共同分类的样本个数})/Count(V_1)$$

表征模型 A 和模型 B 的相似度。

接下来,结合这两个指标来介绍本文中采取的模型选择策略。假定每个 Bag 子集训练得到的决策树为 Treei,训练完后得到的树模型合集为 T,算法输入树强度 AUC 阈值 δ 以及树相似性阈值 S,输出经过模型集成方案过滤之后的决策森林 Forest。

树模型的选取策略算法伪代码如下:

输入:树模型合集 T = {(Tree1,Tree2,Tree3,…,TreeM)},AUC 阈值 δ,相似性阈值 S,验证集 V = {(Valiset1,Valiset2,Valiset3)}。

输出:决策森林 Forest

1.开始

2.for i = 1 to M do

3.计算 Treei 在 Out-Of-Bagi 数据集中的 ROC 曲线下 AUC 面积指标 AUCi。若小于阈值 δ 则从 T 中删除 Treei。

4.end for

5.for i = 1 to M do

6.　for j = i to M do

7.　　计算 Treei 和 Treej 在验证集 V 上三个集合一致分类的比例,得到两棵树的相似性 Sim(i,j),如果大于阈值 S,则从 T 中删除树 i 和树 j 中分类强度较小的那棵树。

8.　end for

9.end for

10.返回 T,结束

首先,设定分类强度 AUC 阈值,根据分类强度度量指标从生成的树集合中选取高于阈值的树模型。对每个树模型来讲,它的训练集称为 In-Bag 集合,那么训练集中剩余的样本组成的集合称为 OOB(Out-Of-Bag)集合,OOB 因为未参与这个树模型的训练,成为天然的树模型验证集。我们可以根据树模型在 OOB 之上的 AUC 指标来衡量当前树模型对于不平衡数据的分类效果。其次,从决策森林中删除那些低于 AUC 阈值的树模型。最后,设定相似性度量的阈值,根据相似度指标在过滤的树模型集合中遍历树相互之间的相关性,删除那些高于相似度阈值的成对的树模型中的分类强度较低的那个树模型,得出最终的树模型集合。

10.2.3.3 关联规则挖掘

我们研究的主要内容是时间序列的关联规则挖掘,最后用分布式予以实现,涉及的主要步骤有时间序列压缩、时序关联规则获取、时序关联规则评价及解释和其分布式实现等五个主要步骤,如图 10.9 所示。

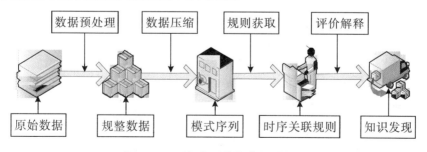

图 10.9　时间序列的关联规则挖掘

时间序列预处理是指清洗时间序列中的噪声数据。由于时间序列中的噪声数据会严重影响时序关联规则挖掘,特别是时间序列孤立点噪声数据的存在会影响时间序列压缩,最终影响时序关联规则的挖掘,所以时序关联规则的挖掘首先要进行时间序列预处理,主要包括清洗时间序列中的孤立点噪声数据。

在挖掘时序关联规则前必须压缩时间序列,把时间序列转化成模式序列。时间序列压缩具有双重的目的性,一方面大大缩短时序关联规则挖掘的时间,另一方面把时间序列转化成模式序列,为挖掘时序关联规则做准备。

最后就是通过时间序列关联规则算法获取时序关联规则,需要评价和解释挖掘出来的大量时序关联规则,对挖掘出来的知识进行全面评估。

多维关联规则是涉及多个属性或谓词的规则。多维关联规则的挖掘不像单维关联规则挖掘那样搜索的是频繁项集,在多维关联规则挖掘中,我们搜索频繁谓词集。k-谓词集是包含 k 个合取谓词的集合。同样用 Lk 表示频繁 k-谓词集的集合。多维关联规则挖掘方法可以根据它们对量化属性的处理分为以下 3 种。

1. 使用量化属性的静态离散化挖掘多维关联规则

即使用预定义的概念分层对量化属性离散化。这种离散化在挖掘之前进行,数值属性的值用区间替代,如"0～20""21～30""31～40"等,替换属性原来的数值。如果任务相关的结果数据存放在关系表中,则 Apriori 算法只需要稍加修改就可以找出所有的频繁谓词,而不是频繁项集(即通过搜索所有的相关属性,而不是仅搜索一个属性)。找出所有的频繁 k-谓词集将需要 k 或 $k+1$ 次表扫描。其他策略,如散列、划分和选样可以用来改进性能。

2. 挖掘量化关联规则

量化关联规则是多维关联规则,其中数值属性动态离散化,以满足某种挖掘标准。这种方法是根据数据的分布,将量化属性离散化到"箱"。这些箱可能在挖掘过程中进一步组合。如系统 ARCS(Association Rule Clustering System,关联规则聚类系统)使用的方法就是将量化属性映射到满足给定分类属性条件的 2-D 栅格上,然后搜索栅格点的聚类,由此产生关联规则。

3. 挖掘基于距离的关联规则

这种方法是量化属性离散化,以紧扣区间数据的语义,并不允许数据值的近似。这一过程考虑到了数据点之间的距离,因此称为基于距离的关联规则。两遍算法可以用于挖掘此类关联规则。第一遍使用聚类找出区间或簇,第二遍搜索频繁地一起出现的簇组得到基于距离的关联规则。

10.2.3.4 聚类分析

聚类算法的目标是把数据对象划分成不同的簇,使得簇内散度尽可能小,而簇间散度尽可能大。通过聚类算法，我们能够利用此类算法尝试划分不同大类的检测品种经常出现哪些有害物质。简单 Kmeans 算法在聚类过程中平等利用所有的特征进行聚类，然而，在现实应用中不同的特征可能具有不同的区分能力。因此，针对供港蔬菜实验室数据库中的高维数据中多噪声、特征稀疏性和高计算复杂性，我们提出了一种能够同时利用簇内散度和簇间散度的 Kmeans 子空间聚类框架。基于该框架，我们提出了三种类 Kmeans 算法：无特征加权的扩展简单 Kmeans(E-Kmeans)、向量特征加权的扩展 WKmeans(E-WKmeans) 和矩阵特征加权的扩展 AWA(E-AWA) 算法。同时通过理论分析，证明了 E-Kmeans、E-WKmeans 和 E-AWA 的收敛性。相比于传统的算法，扩展加权 Kmeans 算法能够利用簇间散度施加有效的特征选择，降低噪声维度在聚类中所起的作用，从而提高算法的聚类结果。最后在真实数据集上的实验结果证明扩展算法——E-Kmeans、E-WKmeans 和 E-AWA 分别优于传统算法——简单 Kmeans、WKmeans 和 AWA。下面主要介绍实验中使用的 E-WKmeans 和 E-AWA 算法。

1. 基于扩展的 E-Kmeans 聚类算法

传统 Kmeans 算法是一种在实际应用领域中得到了广泛使用的聚类分析算法，但是它在聚类过程中只考虑每个数据对象到簇中心的距离，也即是簇内散度。为了利用簇间散度，我们首先引入了数据集的全局质心。为了使得算法能同时使用簇内散度和簇间散度，我们扩展目标函数为

$$P(U,Z) = \sum_{p=1}^{k} \sum_{i=1}^{n} u_{ip} \sum_{j=1}^{m} \frac{(x_{ij} - z_{pj})^2}{(z_{pj} - z_{oj})^2}$$

满足约束条件

$$\begin{cases} u_{ip} \in \{0,1\} \\ \sum_{p=1}^{k} u_{ip} = 1 \end{cases}$$

其中，z_{oj} 为数据集的全局质心。我们可以按

$$z_{oj} = \frac{\sum_{i=1}^{n} x_{ij}}{n}$$

计算全局质心 z_{oj}。

目标函数的分子部分保证簇内散度最小，而目标函数的分母部分保证最大化簇间散度。接下来，迭代求解下面两个子问题来最小化目标函数：

问题 P1：固定 $Z=\hat{Z}$，求解简化子问题 $P(U,\hat{Z})$。

问题 P2：固定 $U=\hat{U}$，求解简化子问题 $P(\hat{U},Z)$。

问题 P1 可以采用式

$$u_{ip} = \begin{cases} 1, & \text{若} \sum_{j=1}^{m} \frac{(x_{ij}-z_{pj})^2}{(z_{pj}-z_{oj})^2} \leqslant \sum_{j=1}^{m} \frac{(x_{ij}-z_{pj})^2}{(z_{pj}-z_{oj})^2} \\ 0, & \text{其他} \end{cases}$$

求解。

对于问题 P2，固定 $U=\hat{U}$，最小化 P2 当且仅当

$$z_{pj} = \begin{cases} z_{oj}, & \text{若} \sum_{i=1}^{n} u_{ip}(x_{fj}-z_{oj})=0 \\ \dfrac{\sum_{i=1}^{n} u_{ip}(x_{ij}-x_{oj})x_{ij}}{\sum_{i=1}^{n} u_{ip}(x_{ij}-z_{oj})}, & \text{其他} \end{cases}$$

算法的整体过程如算法 1(E-Kmeans Algorithm)所示：

1：Input:X = {X₁,X₂,…,Xₙ},k;
2：Output:U,Z;
3：Initialize:随机选择初始质心 Z⁰ = Z₁,Z₂,…,Zₖ。
4：repeat
5：固定质心 Z,求解分配矩阵 U;
6：固定分配矩阵 U,求解质心 Z;
7：until 直到收敛

2. 基于扩展的 E-AWA 聚类算法

在现实运用中，同一特征在不同的簇中可能具有不同的区分性。为了能够利用簇内散度求解出同一特征在不同的簇中的权重，我们提出 E-AWA 算法。该算法能够同时利用簇内散度和簇间散度求解同一特征在不同簇中的权重。

在算法 AWA 的目标函数基础上，我们同时集成簇内散度和簇间散度，提出 E-AWA 算法的目标函数为

$$P(U,W,Z) = \sum_{p=1}^{k}\sum_{i=1}^{n} u_{ip}\left[\sum_{j=1}^{m} w_{pj}^{\beta}\frac{(x_{ij}-z_{pj})^2}{(z_{pj}-z_{oj})^2}\right]$$

满足约束条件

$$\begin{cases} u_{ip} \in \{0,1\} \\ \sum_{p=1}^{k} u_{ip} = 1 \\ \sum_{j=1}^{m} w_{pj} = 1, \quad 0 \leqslant w_{pj} \leqslant 1 \end{cases}$$

为了得到算法 E-AWA 的迭代规则,我们通过最小化三个子问题来优化求解目标函数:

问题 P1:固定质心 $Z=\hat{Z}$ 和权重 $W=\hat{W}$,求解简化目标函数 $P(U,\hat{Z},\hat{W})$。

问题 P2:固定分配矩阵 $U=\hat{U}$ 和权重 $W=\hat{W}$,求解简化目标函数 $P(\hat{U},Z,\hat{W})$。

问题 P3:固定分配矩阵 $U=\hat{U}$ 和 $Z=\hat{Z}$,求解简化目标函数 $P(\hat{U},\hat{Z},W)$。

问题 P1 通过式

$$u_{ip} = \begin{cases} 1, & \text{若} \sum_{j=1}^{m} w_{pj}^{\beta} \frac{(x_{ij}-z_{pj})^2}{(z_{pj}-z_{oj})^2} \leqslant \sum_{j=1}^{m} w_{p'j}^{\beta} \frac{(x_{ij}-z_{p'j})^2}{(z_{p'j}-z_{oj})^2} \\ 0, & \text{其他} \end{cases}$$

求解。其中,$1 \leqslant p' \leqslant k, p' \neq p$。问题 P2 通过相关公式求解,问题 P3 通过

$$w_{pj} = \begin{cases} 0, & \text{若}(z_{pj}-z_{oj})^2 = 0 \\ \dfrac{1}{m}, & \text{若} D_{pj}=0 \text{ 且 } z_{pj} \neq z_{oj} \\ m_i = |\{t:D_{pt}=0 \text{ 且 }(z_{pt}-z_{\alpha})^2 \neq 0\}| \\ 0, & \text{若} D_{pj} \neq 0,\text{对于某些} t, \text{当} D_{pt}=0 \text{时} \\ \dfrac{1}{\sum_{t=1}^{m}\left(\dfrac{D_{pj}}{D_{pt}}\right)^{\frac{1}{\beta-1}}}, & \text{否则 } \forall 1 \leqslant t \leqslant m \end{cases}$$

求解。

参数 β 用来控制权重 W 的分布,同时为了使目标函数能收敛和满足特征选择的要求,β 取值应该大于 1。由于在迭代求解分配矩阵 U、质心 Z 和权重 W 的每一步中,目标函数的值都是严格下降的,因此,算法能够确保收敛到局部最优。

算法的整体流程如算法 2(E-AWA Algorithm)所示。

```
1: Input: X = {X₁,X₂,…,Xₙ},k;
2: Output: U,Z,W;
3: Initialize: 随机选择初始质心 Z⁰ = Z₁,Z₂,…,Zₖ 和权重 W = {wpj}。
4: repeat
5: 固定质心 Z 和权重 W,利用求解分配矩阵 U;
6: 固定分配矩阵 U 和权重 W,利用求解质心 Z;
7: 固定分配矩阵 U 和权重 Z,利用求解权重 W with;
8: until 直到收敛
```

10.2.4 供港食品数据挖掘系统

供港食品数据挖掘系统架构如图 10.10 所示。

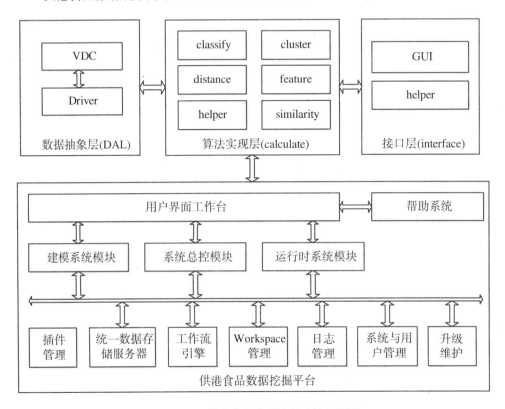

图 10.10 供港食品数据挖掘系统架构图

数据抽象层用于在数据库中抽取数据并构建数据字典以及进行数据预处理操作。

算法实现层针对抽取的数据实现特定的数据挖掘算法。

整个数据挖掘平台的主要功能可分为四类,即系统内核功能、功能插件、应用系统功能和用户界面功能。

(1) 系统内核

主要包括插件管理功能、Workspace 管理、日志管理功能、容错与崩溃恢复功能、数据挖掘工作流的调度和执行功能、系统运行环境管理和用户管理、系统升级维护等,这些功能大都是系统的必备功能,或者是各个功能项所需要的共性功能。

(2) 功能插件

功能插件主要包括数据挖掘节点功能插件,以及 R 系统集成插件、OLAP 功能集成插件。

(3) 应用系统功能

包括建模系统和运行时系统,这两个应用系统依赖于系统内核和功能插件,是在此基础上提供面向应用的功能和接口。

(4) 用户界面功能

提供系统内核调度和监控的用户界面,以及建模系统和运行时系统的用户界面。

根据以上的系统功能分类,我们在设计系统的体系结构时也将按照分层组织的思路,根据以上分类进行相应的模块设计和组织。

10.3 平台实现

10.3.1 系统总控模块

1. 简介

系统总控模块是整个基于云计算的数据挖掘平台的运行入口,它负责整个系统其他模块的起停控制,并提供对系统中各个模块的状态监控服务、系统维护服务等监控接口。同时,它也是用户界面与系统其他模块交互的主要接口。

2. 功能

图 10.11 是系统总控模块的体系结构图。其中,系统启停控制主线程负责整个基于云计算的数据挖掘平台的启动和停止操作控制。系统调度与状态监控服务提供了对系统的各个内核模块以及运行时系统的启停调度和监控功能,系统维护服务提供的功能包括系统的升级维护、系统参数的管理等,这两个功能模块通过统一系统监控调用接口为上层应用系统提供统一的调用接口。该接口提供两种调用方式,即本地调用(直接的类方法调用)与 RMI 远程方法调用,使系统可以支持网络环境下的应用和远程管理的需求。用户界面的操作是通过界面操作解析和动作映射模块间接调用系统监控调用接口的,从而实现显示层、动作层和操作层的分

离,使系统具有更好的可扩展性。同时,在未来版本中系统还将支持命令行方式的用户操作,这是通过命令行解析与动作映射模块完成的。

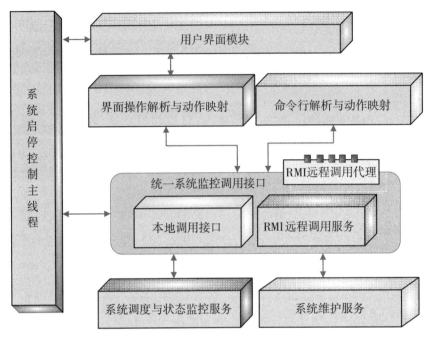

图 10.11　系统总控模块的体系结构

10.3.2　插件管理模块

1. 简介

基于云计算的数据挖掘平台是基于工作流处理方式的数据挖掘系统,该系统采用插件结构开发机制,各功能模块皆采用插件机制开发实现,因此无论在开发过程还是在运行时的项目,都有对插件构建、资源管理的需求。为了有效地组织系统结构和后续开发,在基于云计算的数据挖掘平台中提供一套统一的插件机制,统一管理任务运行中的插件资源,提供统一的访问接口、高效的插件管理,满足系统运行时的插件动态加载、调用和管理。

参考 Eclipse。运行时管理着一个插件注册表(所有插件的标识),当 Eclipse 启动时,运行时内核先是定位 JRE 的位置,然后启动 startup.jar 扫描 plugins 和 features 目录下的插件配置文件,对插件进行初始化注册到 OSGi 中,并保存配置文件中的信息,然后查找清单文件中声明的 extension point 和 extension,将二者匹配,保存插件的依赖关系,最后启动应用。

运行时对插件实行"lazy load",只有当需要使用插件时才将其调入内存,当不需要时选择适当的时机清除出内存。

在基于云计算的数据挖掘平台的插件架构设计中,主要研究和参考了 Eclipse 的插件开发管理机制,如图 10.12 所示。

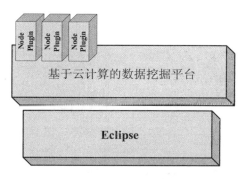

图 10.12　插件管理分级示意图

在基于云计算的数据挖掘平台中,插件的概念包括基于 Eclipse 的通用插件和基于云计算的数据挖掘平台专属插件,因此插件的管理机制采用分层结构。基于 Eclipse 的通用插件的管理采用 Eclipse 自身的插件管理机制,故基于云计算的数据挖掘平台中探讨的插件管理机制专注于基于云计算的数据挖掘平台专属插件的管理。系统插件管理体系结构如图 10.13 所示。

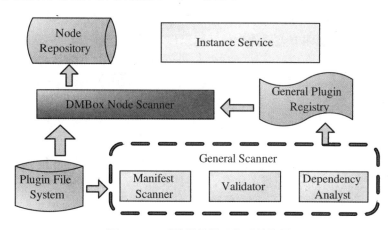

图 10.13　系统插件管理体系结构图

下面进一步对基于云计算的数据挖掘平台专用插件的管理进行了详细分析,如图 10.14 所示。

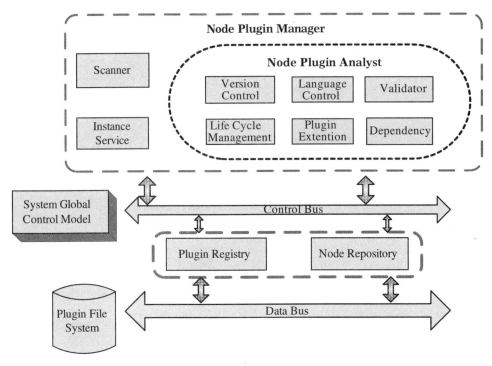

图 10.14　节点插件体系架构图

2. 功能

(1) 节点插件管理器

节点插件管理器即节点插件中的逻辑组件,它包含了插件扫描器、插件分析器和插件实例化服务三大功能模块。插件扫描器获得插件的全部信息,经插件分析器分析插件合法后,将插件注册到插件注册表中,插件中的节点实例化后放入节点库中,并将插件提供的服务注册到服务注册表中。当插件被某请求激活后,为外界提供实例化服务。

(2) 插件注册表设计

插件注册表中记录了插件的 ID、Name、Version、classpath、所依赖的 Plugin、扩展点等系统中所有插件的相关信息,各插件在注册表中具有唯一的 ID。

① 方案一:设置统一的插件注册表。

在基于云计算的数据挖掘平台中,插件分为 Eclipse 通用插件和基于云计算的数据挖掘平台专用插件。统一方案即将这两种不同的插件注册到同一张注册表中,解析插件类型后由不同的管理机制管理。

优点是统一的插件注册表使用同一套插件加载、注册机制,缺点是将基于云计算的数据挖掘平台中的专用插件套用 Eclipse 的注册机制,缺乏灵活性。

② 方案二:设置独立的插件注册表。

依照插件类型设置独立的插件注册表,解决灵活性问题,但可能会增加开发和系统管理的难度。

经权衡讨论,本系统采用方案一,即为系统中的插件设置统一的插件注册表。

10.3.3 工作流管理模块

1. 简介

工作流管理体系结构如图 10.15 所示。

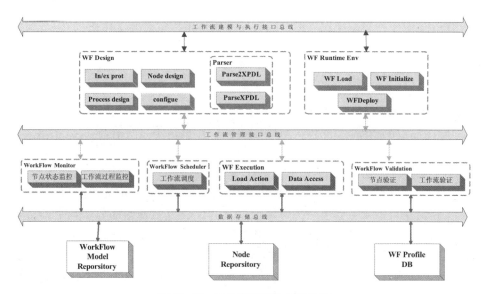

图 10.15 工作流管理体系结构图

2. 功能

工作流管理模块中的工作流定义子模块主要完成系统工作流的定义功能。从系统设计角度看,工作流定义模块可以分为两部分,即系统前台提供的可视化工作流建模工具和系统后台实现的工作流定义模块。这里我们主要进行系统后台工作流定义的设计工作,并给出详细的工作流定义模块的组成结构、功能描述、流程描述、接口定义、参数说明。

工作流定义模块主要包括以下 4 个部分:

(1) 工作流模型的数据结构(WF Profile)

一个工作流模型主要由 4 部分组成,即节点规范(Node Specification)、工作流运行控制(WF Transition Control)、起始/终止节点(Start & End Node)、动作(Action),在此模块中给出上述各个组成部分的定义。

① 节点规范。要明确给出工作流中的节点的数据结构和描述信息,包括节点名称、节点 ID、节点提供的接口、节点动作、参数等。

② 工作流运行控制。工作流运行控制负责工作流执行过程中的流转控制,根据节点执行情况、工作流当前状态、运行控制条件决定工作流的向下执行、暂停、终止等。

③ 起始/终止节点。起始节点是一个工作流执行的最初节点,终止节点是一个工作流执行结束时的节点,作为工作流中特殊的两个节点,起始/终止节点相对于其他功能节点来讲,主要承担系统初始化、校验、数据库访问等功能。

④ 动作。动作是与工作流节点要实现的功能相对应的操作。

(2) 工作流解析器(WF Parser)

工作流解析器根据工作流模型的数据结构将用户定义的工作流(如一个 XML 文件)解析为一个由工作流系统支持的某种工作流描述语言(如 XPDL)形式描述的流程定义;也能够将存储在工作流模型数据库中的工作流描述转换为用户界面上图形化显示。

(3) 工作流模型管理器(WF Profile Manager)

工作流模型管理器主要用于对已创建的工作流模型进行管理,如工作流参数设置等。

(4) 工作流优化器(WF Scheduling)

工作流优化器主要用于对已创建的工作流模型进行执行前的验证和优化。

工作流执行部分主要包括工作流调度器和工作流引擎两部分。其中,工作流调度器负责在多个工作流之间或多台机器上执行的工作流之间进行任务的调度;工作流引擎是该模块的核心部分,是驱动流程流动的主要部件,它根据工作流流程定义,从工作流模型库中加载工作流,创建并初始化工作流实例,控制工作流流转,记录工作流运行状态,挂起或唤醒工作流,终止正在运行的工作流等。

工作流引擎模块主要包括 4 个部分,即工作流实例维护(WF Instance Maintenance)、工作流流转控制(WF Transition Control)、工作流执行(WF Execution)、工作流运行监控(WF Runtime Monitor)。

(1) 工作流实例维护

作为工作流执行前的准备,工作流实例维护模块负责从工作流模型库中加载工作流,并根据工作流定义创建工作流实例,配置工作流参数并初始化工作流,向工作流数据库中申请工作流数据。

(2) 工作流流转控制

工作流流转控制模块根据工作流执行状态对工作流执行流向进行控制,协调工作流中各节点按预设的逻辑执行。

(3) 工作流执行

工作流执行模块调用工作流节点的动作(可以看作 Java 对象),访问数据库存取节点数据,在运行环境中执行。

(4) 工作流运行监控

工作流运行监控模块负责对工作流运行过程中的节点或工作流的状态、条件、结果进行监控,主要包括两个部分,工作流运行状态监控(WF State Monitor)和工作流运行过程监控(WF Process Monitor)。其中工作流运行状态监控负责对工作流节点的执行状态进行监控;工作流运行过程监控负责对整个工作流的执行过程进行监控。该模块通过接口向其他模块提供监控服务。

10.3.4 项目管理模块

1. 简介

基于云计算的数据挖掘平台为每个用户分配各自私有 Workspace 存储空间,主要包括权限控制、Workspace 的分配管理、项目管理和节点库管理等功能。

2. 功能

Workspace 内主要工作流程如图 10.16 所示。首先,启动 Workspace 总控模块,总控模块调用权限控制模块对用户进行身份验证;其次,调用 Workspace 分配管理模块,获取用户私有 Workspace;再次,启动项目管理模块,维护用户项目;最后,启动节点库管理模块以支持项目管理。

10.3.5 统一数据存储服务模块

1. 简介

在基于云计算的数据挖掘平台中提供一个集中式的数据管理器,统一管理任务运行中的数据资源,提供统一的访问接口,高效的数据存储管理,以及对大数据处理的支持,同时提供基于 transformation rule 的数据流高效存储和访问。主要包括对多种数据源的访问支持、提供系统级目录服务、提供系统信息的存储、提供数据存储服务、提供对大数据的缓存支持、数据转换规则的数据流高效存储和访问。

基于云计算的数据挖掘平台的统一数据存储服务器分为三层,即存储层、管理层和接口层。最重要的部分是管理层,它管理着底层的资源库,并对通过接口层提供数据存储服务;存储层维护着一个资源库,将内存、文件和数据库等可能的资源都纳入资源库进行统一管理,提供一个对外界透明的存储库;接口层用于对外提供服务接口,包括数据访问接口、数据存储接口、缓存接口以及监控接口。统一数据存储(UDS)体系结构如图 10.17 所示。

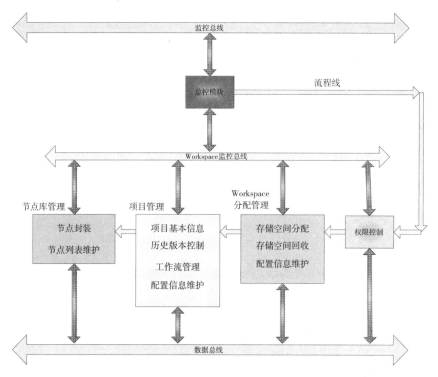

图 10.16　Workspace 体系结构图

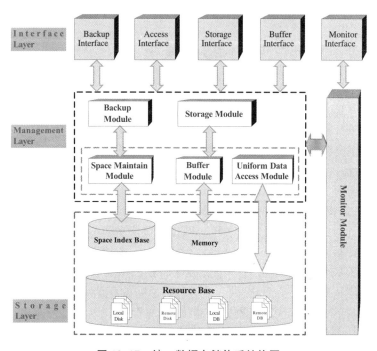

图 10.17　统一数据存储体系结构图

2. 功能

(1) 统一数据访问模块(Uniform Data Access Module)

该模块提供对异构数据源的统一访问方式,可以将不同格式的数据源转化为用户指定的格式。通过一个 Uniform Data Access Interface 对外提供数据访问服务。该模块的核心是一些针对不同数据源的适配器。由于采取适配器方式,该结构是可扩展的,用户甚至可以指定自己的适配器。UDS 数据访问接口层体系结构如图 10.18 所示。

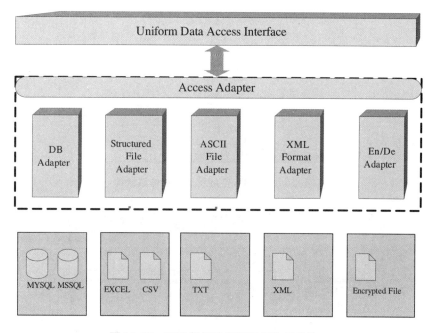

图 10.18　UDS 数据访问接口层体系结构

(2) 空间管理模块(Space Maintain Module)

空间管理模块负责对 Resource Base 进行空间管理,将处于不同位置的数据资源维护在一起。空间管理模块的基础是一个空间索引库,存放着对当前存储空间的索引,并由两个子模块共同维护着:空间分配模块和空间搜索模块。空间维护模块对外提供两种服务,即空间分配服务和空间搜索服务。UDS 空间管理模块体系结构如图 10.19 所示。

(3) 存储模块(Storage Module)

存储模块对外提供存储服务。一个对象可以通过其提供的服务对自身拥有的数据进行保存和提取,并可以通过索引号读取其他对象的数据。UDS 存储管理体系结构如图 10.20 所示。

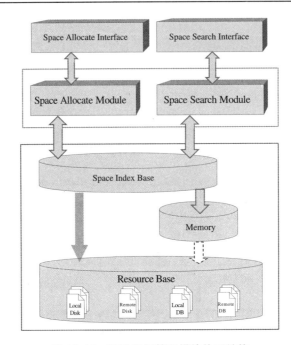

图 10.19 UDS 空间管理模块体系结构

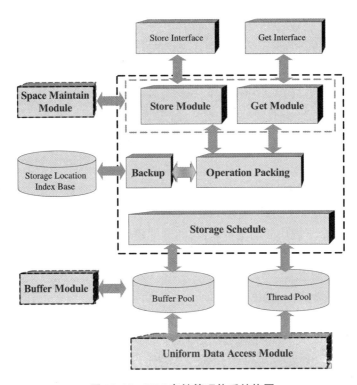

图 10.20 UDS 存储管理体系结构图

(4) 缓冲器模块(Buffer Module)

缓冲器模块是对外提供支持大数据处理的一种缓存策略,其提供的缓存可以用于数据存储过程、数据访问过程以及数据处理过程。UDS 缓冲区管理体系结构如图 10.21 所示。

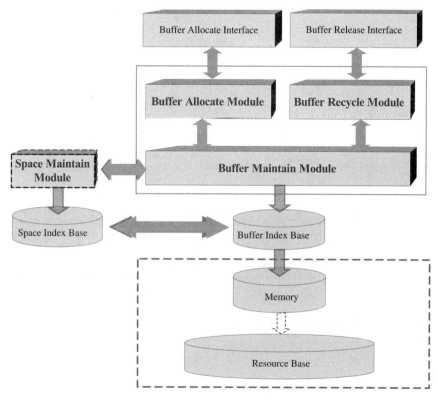

图 10.21　UDS 缓冲区管理体系结构

(5) 备份模块(Backup Module)

UDS 备份管理体系结构如图 10.22 所示。

(6) 监控模块(Monitor Module)

监控模块负责对整个数据存储服务器的运行情况进行监控。该模块基于系统监控模块分配的一个监控子模块进行工作,提供了两种监控,即空间监控、存储监控。

10.3.6　日志与容错模块

记录系统运行时各个部分的状态信息,为系统的跟踪调试、程序状态记录、崩溃数据恢复提供必要的支持。在系统出现异常时,能够根据系统保存的各种信息和日志恢复系统异常前状态,尽量减少由于系统崩溃等意外情况所造成的损失。

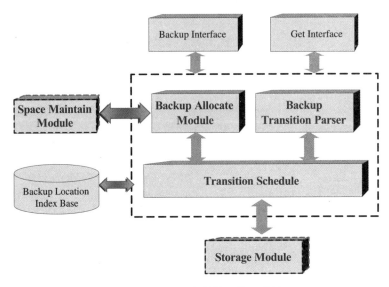

图 10.22　UDS 备份管理体系结构

10.3.7　建模系统模块

1. 简介

建模系统为用户提供数据挖掘工作流建模的功能,要求提供方便的交互式建模功能,提供的主要功能包括数据挖掘工作流定义、工作流校验、工作流存储服务、执行操作和监控服务等。

2. 功能

建模系统的体系结构与总控模块的体系结构相似,也采用服务与调用接口分离,用户界面展示层与动作、操作分离的设计思路,系统服务通过统一调用接口支持本地调用和远程调用,如图 10.23 所示。

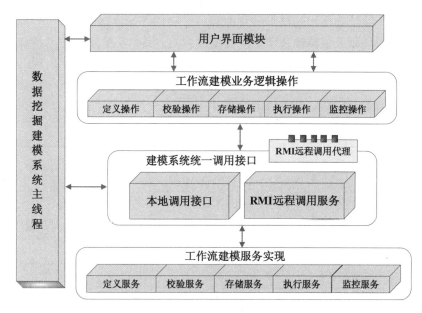

图 10.23 数据挖掘工作流建模系统体系结构

10.4 运行效果分析

1. 在深圳市出入境检验检疫局信息中心采集数据

在该中心采集近 3~5 年三个系统的部分数据,即 CIQ2000 系统的统计数据库部分、实验室系统(LIMS)数据库、供港澳蔬菜系统数据库。由于与供港蔬菜直接相关,所以数据挖掘工作主要针对后两个系统。

2. 实验室系统数据库

主要围绕"检测项目"以及"检测品种"构建的一个数据库(一共 137 张数据表,其中 80 张表有数据),除去主要项目,其余表存储的是一些与检测有关联的相关信息。

3. 供港澳蔬菜系统数据库

主要分为 4 个部分,分别是基地检验检疫监管子系统数据库(16 张表)、加工厂检验检疫监管子系统(56 张表)、口岸查验子系统(15 张表)、数据接口系统(没有相应数据)。其中主要用到了加工厂系统数据库,其他部分作为辅助属性添加上去。

以上3个系统均使用的是Oracle数据库。在以下的数据挖掘中主要以实验室系统数据库系统以及供港澳蔬菜系统数据库为主。其中实验室数据库系统一共有详细批次检测数据90余万条,其中不合格记录数占5000余条,实际出现的有害添加物质220种,表10.1为出现次数最多的有害物质前14种(在所有检测产品中,不仅仅包括乳制品、果蔬、红酒以及冷冻品)。

表 10.1　检测不合格次数前14项有害添加物

序号	不合格检测项目	不合格数量数量/总数量（不合格率）	产品种类
1	菌落总数	755/35360(2.135%)	鱼肉、水、各种
2	大肠菌群	544/28782(1.8901%)	各个品种
3	镉	300/10823(2.771%)	海鲜
4	金黄色葡萄球菌	214/25575(0.836%)	鸡肉、鱼、其他
5	沙门氏菌	206/26183(0.786%)	肉类、鱼、奶粉
6	铁	187/18995(0.984%)	水、酒类
7	水分	164/4696(3.492%)	肉类、饼、蔬菜
8	无机砷	146/5149(2.835%)	水蚌
9	二氧化硫	138/10134(1.361%)	芒果肉饮料、马铃薯粉、白芍、党参、椰汁饮料、龙筋菜、鲜龙眼
10	毒死蜱	137/6586(2.081%)	蔬菜、水果
11	蛋白质	128/5736(2.231%)	酱、椰子片、果汁、饼干、酥
12	莱克多巴胺	128/4504(2.841%)	猪肉、牛肉
13	脂肪	121/4355(2.778%)	饮料、发酵乳粉
14	铜	104/25786(0.403%)	水、酒类

表10.2是以叶菜类蔬菜为例的实验室系统检测结果("|"左侧为出现不合格的次数,"|"右侧为总的检测次数)。

表 10.2　叶菜类示例

蔬菜类制品	叶菜蔬菜(不包括芸薹类叶菜)	块根和块茎蔬菜(例如薯类、萝卜、姜等)	茎类蔬菜(包括豆芽类)	芸薹类(油菜或甘蓝)蔬菜
无机砷	9|256	0|22	0|5	
毒死蜱	63|2191	2|538	0|11	3|550

续表

蔬菜类制品	叶菜蔬菜（不包括芸薹类叶菜）	块根和块茎蔬菜（例如薯类、萝卜、姜等）	茎类蔬菜（包括豆芽菜）	芸薹类（油菜或甘蓝）蔬菜
吡虫啉	6|211	2|156		2|268
啶虫脒	5|350	6|213		1|285
三氟氯氰菊酯（氯氟氰菊酯）	4|297	0|49		0|5
甲胺磷	4|2185	1|412	0|8	1|435
水胺硫磷	4|1773	0|340	0|6	0|442
亚硝酸盐	30|63	1|6	0|5	0|2
氧化乐果	3|782	4|270	0|4	2|98
敌百虫	3|556	0|196	0|1	0|338
镉	3|443	2|59	1|13	0|12
铅	3|429	0|69	0|14	0|13
丙溴磷	2|710	0|410	0|2	0|513
三唑醇	2|46	0|1		0|240
乐果	2|1722	0|419	0|4	0|375
克百威	18|791	1|241	0|4	3|419
阿维菌素	12|333	4|174		1|250
三唑磷	1|726	0|441	0|5	0|513
溴氰菊酯	1|513	0|118		0|280
联苯菊酯	1|502	0|255	0|1	0|413
多菌灵	1|313	0|36	0|2	0|230
甲霜灵	1|303	0|133		0|252
沙门氏菌	1|12	0|8	0|1	0|1
铬	1|108	0|26	0|8	0|11
戊唑醇	0|59	2|49		0|245
涕灭威	0|417	1|239	0|1	0|410
氧乐果	0|368	0|24		2|250
总汞	0|353	0|49	1|10	0|11
涕灭威亚砜	0|238	1|10		0|3

续表

蔬菜类制品	叶菜蔬菜(不包括芸薹类叶菜)	块根和块茎蔬菜(例如薯类、萝卜、姜等)	茎类蔬菜(包括豆芽菜)	芸薹类(油菜或甘蓝)蔬菜
涕灭威砜	0|238	1|10		0|3
乙酰甲胺磷	0|1747	0|544	0|4	1|452
对硫磷	0|1498	0|274	0|7	0|328
氯氰菊酯	0|1114	0|314	0|1	0|422
总和	180	28	2	

可以推测出叶菜类蔬菜出现最多的还是无机砷、毒死蜱以及亚硝酸盐等,其他有害添加物出现的频率还是比较低的。

表10.3是抽取了葡萄酒作为分析对象,可以看出整体的不合格次数与不合格率是逐渐攀升的。

表10.3 酒类(葡萄酒)示例

时 间	不合格次数	总次数	不合格项目
2011年第一季度	4	5541	铜/铁
2011年第二季度	5	6319	铜/铁
2011年第三季度	15	9036	铜/铁
2011年第四季度	18	8627	铜/铁
2012年第一季度	11	6932	铜/铁
2012年第二季度	7	7114	铜/铁
2012年第三季度	19	12158	铜/铁
2012年第四季度	31	9511	铜/铁
2013年第一季度	25	13560	铁/邻苯二甲酸二丁酯(DBP)
2013年第二季度	6	8521	铜/铁
2013年第三季度	24	7055	铜/铁
2013年第四季度	11	9511	铜/铁
2014年第一季度	27	7773	铁/总糖
2014年第二季度	40	8618	铁/总糖
2014年第三季度	7	1469	铜/总糖

从表10.3中可以明显看出葡萄酒中经常出现的几种有害添加物为总糖、铁、铜。

图 10.24 为 2011~2014 年度各季度葡萄酒抽检中出现不合格的次数统计。

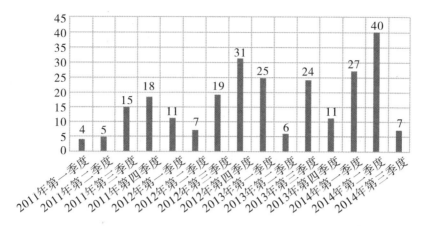

图 10.24　2011~2014 年各季度检测不合格次数

图 10.25 为 2011~2014 年度各季度葡萄酒抽检中出现不合格率的变化统计。

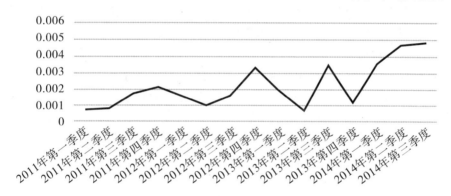

图 10.25　2011~2014 年各季度检测不合格率变化

图 10.26 为 2011~2014 年第一季度环比检测不合格次数变化。

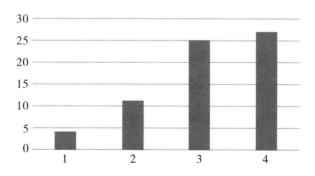

图 10.26　2011~2014 年第一季度环比检测不合格次数变化

10.5 小　　结

本章从平台介绍、平台选择的技术路线和关键技术、平台实现、运行效果分析四个方面,全面详细地描述了安全农产品数据挖掘平台的实现与应用。

平台介绍部分,主要介绍了平台的主要功能、实现的基本原理以及基础架构,从宏观的角度展示供港食品数据挖掘平台的整体设计路线的选择以及实现的关键技术。

平台选择的技术路线和关键技术,主要介绍了系统的架构设计和使用的核心算法四个方面,分别是数据预处理、基于随机森林的数据分类方法、关联规则挖掘以及聚类分析。

平台实现部分,详细介绍了平台实现的七大模块,包括系统总控模块、插件管理模块、工作流管理模块、项目管理模块、统一数据存储服务模块、日志与容错模块、建模系统模块。

运行效果分析部分,展示了系统的不同角度的运行效果,并对其结果进行分析。主要包括按季度划分的某类有害添加物的分布变化情况、某类产品的有害添加物的种类和不合格率分布及变化情况。

该平台的功能目标基本已经达成,完成了通用数据挖掘部分,针对不同类型的数据可以用不同的算法进行数据挖掘分析。

附录1 电子标签与条码应用转换规则

前　　言

本标准按照 GB/T 1.1—2009 给出的规则起草。

本标准参考国际物品编码协会(GS1)制定的《GS1 通用规范》(13.0 版)和《EPC™ 标签数据标准》(1.6 版),并结合我国实际情况制定。

本文件由中国国家认证认可监督管理委员会提出和归口。

本文件起草单位:深圳市检验检疫科学研究院。

本文件主要起草人:李军、包先雨、吴绍精、陈勇、仲健忠、陈新、陈枝楠、郭云、刘涛、喻泓浩、王洋、吴辉、徐伟、吴彦、毛晶晶。

1. 范围

本标准规定了电子标签与条码之间相互转换的转换模型、基本要求以及转换规则。

本标准适用于序列化全球贸易项目代码、系列货运包装箱代码、系列全球位置代码、全球可回收资产标识、全球服务关系代码以及全球文件类型标识编码方案的电子标签和其对应条码对同一个物理对象的标识。用于出入境检验检疫行业的物流监管和实验室样品管理。其他行业亦可参照使用。

2. 规范性引用文件

下列文件对于本文件的应用是必不可少的。凡是注日期的引用文件,仅所注日期的版本适用于本文件。凡是不注日期的引用文件,其最新版本(包括所有的修改单)适用于本文件。

GB 12904—2008:商品条码　零售商品编码与条码表示(ISO/IEC 15420:2000,NEQ)。

GB/T 12905—2000:条码术语。

GS1 GS 13.0:GS1 通用规范 13.0 版本(General Specifications Version 13.0)。

EPC HF 2.0.3:EPC™射频识别协议——EPC 第 1 类 HF RFID 13.56 MHz 通信协议 2.0.3 版本(EPC™ Radio-Frequency Identity Protocols EPC Class-1 HF RFID Air Interface Protocol for Communications at 13.56 MHz Version 2.0.3)。

EPC UHF 1.2.0:EPC™射频识别协议——第 1 类第 2 代 UHF RFID 860~960 MHz 通信协议 1.2.0 版本(EPC™ Radio-Frequency Identity Protocols Class-1 Generation-2 UHF RFID Protocol for Communications at 860~960 MHz Version 1.2.0)。

EPC TDS 1.6:EPC™标签数据标准 1.6 版本(GS1 EPC Tag Data Standards Version 1.6)。

3. 术语和定义

GB 12904—2008、GB/T 12905—2000 界定的以及下列术语和定义适用于本文件。

3.1 产品电子代码(EPC, Electronic Product Code)

一种用来识别物理对象的通用标识代码。

3.2 电子标签(Radio Frequency Identification Tags)

一种载有其预期应用和有关要求输入的数据电子识别信息的载体。

3.3 元素字符串(Element String)

应用标识符和应用标识符数据字段的组合。

3.4 全球贸易项目代码(GTIN, Global Trade Item Number)

用于识别贸易项目的标识代码。

3.5 序列化全球贸易项目代码(SGTIN, Serialized Global Trade Item Number)

为一个具体的贸易项目分配一个唯一标识而产生的一种代码。

3.6 系列货运包装箱代码(SSCC, Serial Shipping Container Code)

用于识别一个物流单元的标识代码。

3.7 全球位置代码(GLN, Global Location Number)

用于识别一个物理位置的标识代码。

3.8 系列全球位置代码(SGLN, Global Location Number With or Without Extension)

为一个物理位置分配一个唯一标识而产生的一种代码。

3.9 全球可回收资产标识(GRAI, Global Returnable Asset Identifier)

用于识别一个特定的可回收资产的标识代码。

3.10 全球单个资产标识(GIAI, Global Individual Asset Identifier)

用于识别一个特殊资产的标识代码。

3.11 全球服务关系代码(GSRN, Global Service Relation Number)

用于识别一个服务关系的标识代码。

3.12 全球文件类型标识(GDTI, Global Document Type Identifier)

用于识别一个文件类型的标识代码。

4. 转换模型

电子标签与条码的转换模型如附图 1.1 所示。

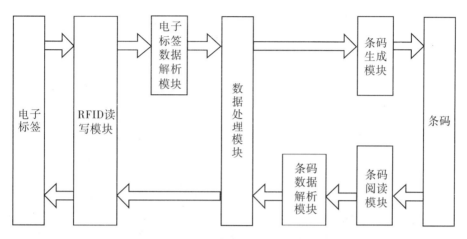

附图 1.1 电子标签与条码转换模型

5. 基本要求

5.1 功能要求

5.1.1 RFID 读写模块

识别电子标签、读取电子标签信息以及写入电子标签信息。

5.1.2 电子标签数据解析模块

对电子标签进行译码并分别提取标签各段的信息。

5.1.3 数据处理模块

实现电子标签编码信息和条码编码信息的相互转换。

5.1.4 条码数据解析模块

对条码进行译码并提取条码各段的信息。

5.1.5 条码阅读模块

读取条码并识别条码所包含的信息。

5.1.6 条码生成模块

生成条码。

5.2 技术要求

5.2.1 条码

5.2.1.1 条码类型

各标识方案所采用的条码类型应符合 GS1 GS 13.0 的规定。

5.2.1.2 编码
5.2.1.2.1 GTIN 编码
其编码应符合 GS1 GS 13.0 中 2.1、3.3.2 和 3.3.3 的规定。
5.2.1.2.2 SSCC 编码
其编码应符合 GS1 GS 13.0 中 2.2.1 和 3.3.1 的规定。
5.2.1.2.3 GLN 编码
其编码应符合 GS1 GS 13.0 中 2.4.4 和 3.7.9 的规定。
5.2.1.2.4 GRAI 编码
其编码应符合 GS1 GS 13.0 中 2.3.1 和 3.9.3 的规定。
5.2.1.2.5 GIAI 编码
其编码应符合 GS1 GS 13.0 中 2.3.2 和 3.9.4 的规定。
5.2.1.2.6 GSRN 编码
其编码应符合 GS1 GS 13.0 中 2.5.2 和 3.9.9 的规定。
5.2.1.2.7 GDTI 编码
其编码应符合 GS1 GS 13.0 中 2.6.13 和 3.5.10 的规定。
5.2.1.3 条码表示
各标识方案的条码表示应符合 GS1 GS 13.0 的规定。
5.2.2 电子标签
5.2.2.1 标签类型
应根据实际情况选用工作频率为 860~960 MHz 的超高频 EPC 电子标签或者工作频率为 13.56 MHz 的高频 EPC 电子标签。
5.2.2.2 编码
5.2.2.2.1 SGTIN EPC 编码
SGTIN EPC 编码方案用于为一个具体的贸易项目分配一个唯一标识。其编码见附录 A。
5.2.2.2.2 SSCC EPC 编码
SSCC EPC 编码方案用于为一个物流单元分配一个唯一标识。其编码见附录 B。
5.2.2.2.3 SGLN EPC 编码
SGLN EPC 编码方案用于为一个物理位置分配一个唯一标识。其编码见附录 C。
5.2.2.2.4 GRAI EPC 编码
GRAI EPC 编码方案用于为一个特定的可回收资产分配一个唯一标识。其编码见附录 D。

5.2.2.2.5 GIAI EPC 编码

GIAI EPC 编码方案用于为一个特殊资产分配一个唯一标识。其编码见附录 E。

5.2.2.2.6 GSRN EPC 编码

GSRN EPC 编码方案用于为一个服务关系分配一个唯一标识。其编码见附录 F。

5.2.2.2.7 GDTI EPC 编码

GDTI EPC 编码方案用于为一个特定文件分配一个唯一标识。其编码见附录 G。

5.2.2.2.8 EPC 电子标签存储特性

标签存储特性应符合 EPC HF 2.0.3 和 EPC UHF 1.2.0 的规定。一个电子标签在逻辑结构上划分为四个存储体，每个存储体可以由一个或一个以上的存储字组成，其存储逻辑如附图 1.2 所示。进行数据转换的 EPC 代码存储在电子标签 EPC 存储器中的 EPC 字段。

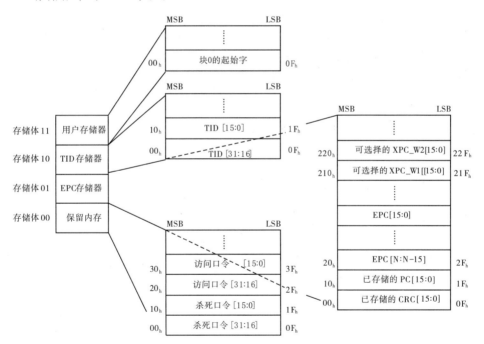

附图 1.2 电子标签存储器结构图

TID—标签标识号；PC—协议控制位；CRC—循环冗余校验码；MSB—最高有效位；LSB—最低有效位；XPC_W1—扩展协议控制位的第一个字；XPC_W2—扩展协议控制位的第二个字

6. 转换规则
6.1 SGTIN EPC 电子标签与条码
6.1.1 对应关系

SGTIN EPC 对应于加上一个序列号（AI 21）的 GTIN 标识（AI 01），SGTIN 中定义的序列号与 GS1 GS 13.0 定义的应用标识符 AI(21) 所表示的内容相对应。

SGTIN EPC 和对应标识的 GS1 元素字符串之间的对应关系如附图 1.3 所示。

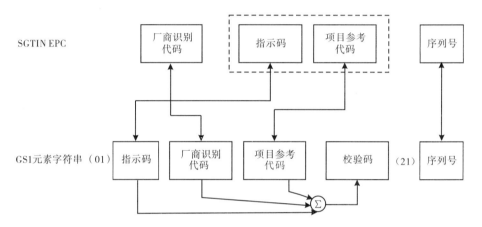

附图 1.3 SGTIN EPC 和 GS1 元素字符串之间的对应关系

SGTIN EPC 和 GS1 元素字符串表示形式如下：

SGTIN EPC

$$d_2 d_3 \cdots d_{(L+1)} d_1\ d_{(L+2)} d_{(L+3)} \cdots d_{13} s_1 s_2 \cdots s_K$$

GS1 元素字符串

$$(01) d_1\ d_2 \cdots d_{14} (21) s_1 s_2 \cdots s_K$$

注：在 GTIN-12 和 GTIN-13 中，指示码用一个填充字符 0 代替。

6.1.2 SGTIN EPC 电子标签转换为条码

SGTIN EPC 电子标签转换为 GTIN 标识（AI 01）的条码方法如下：

a. 读取电子标签分区值 P，根据 SGTIN 分区值，参见附表 A.4，获取厂商识别代码的二进制位数 M，分离出厂商识别代码和贸易项代码。

b. 将厂商识别代码当作无符号整数，转化为十进制数表示的 L 位数字 $d_2 d_3 \cdots d_{(L+1)}$，提取厂商识别代码。L 应符合 GS1GS13.0 的规定。

c. 将贸易项代码当作无符号整数，转化为十进制数表示的（13－L）位数字 $d_1 d_{(L+2)} d_{(L+3)} \cdots d_{13}$，提取指示码 d_1 和项目参考代码 $d_{(L+2)} d_{(L+3)} \cdots d_{13}$。

d. 计算校验码 d_{14}，方法见附录 H。

e. 生成条码序列号。每个 s_i 为一个单个字符或者%××（百分号后面接两位的十六进制数字字符)形式,根据字母数字序列号字符集,参见附表 I.1,将 s_i 转化为用于 GS1 元素字符串的图形符号。

f. 生成条码数据。

6.1.3 条码转换为 SGTIN EPC 电子标签

GTIN 标识(AI 01)的条码转换为 SGTIN EPC 电子标签方法如下:

a. 读取条码,对条码数据 $(01)d_1 d_2 \cdots d_{14}(21)s_1 s_2 \cdots s_K$ 进行解码,获取厂商识别代码长度 L,并提取厂商识别代码 $d_2 d_3 \cdots d_{(L+1)}$ 和项目参考代码 $d_{(L+2)} d_{(L+3)} \cdots d_{13}$。

b. 根据 SGTIN 分区值,参见附表 A.4,确定 EPC 电子标签的分区值 P、厂商识别代码字段的二进制位数 M 和指示码加项目参考代码字段的二进制位数 N。分区值应满足 M+N=44。

c. 将厂商识别代码 $d_2 d_3 \cdots d_{(L+1)}$ 当作十进制整数,构造厂商识别代码 $d_2 d_3 \cdots d_{(L+1)}$,并转化为二进制表示形式。

d. 在项目参考代码 $d_{(L+2)} d_{(L+3)} \cdots d_{13}$ 前增加指示码 d_1,转化为十进制数表示的 (13-L) 位数字,构造贸易项代码 $d_1 d_{(L+2)} d_{(L+3)} \cdots d_{13}$,并转化为二进制表示形式。

e. 生成序列号。根据字母数字序列号字符集,参见附表 I.1,将每个 s_i 转化为对应的字符形式,并转化为二进制表示形式。

f. 从最高有效位到最低有效位串联以下位字段构造二进制编码:标头(8 位)、滤值(3 位)、分区值(3 位)、厂商识别代码(M 位)、贸易项代码(N 位)、序列号(SGTIN-96 为 38 位,SGTIN-198 为 140 位)。生成 SGTIN EPC 二进制代码。

g. 生成 EPC 电子标签数据。

示例 1:
SGTIN EPC

    0614141 712345 32a%2Fb

GS1 元素字符串

    (01)7 0614141 12345 1(21)32a/b

注:空格是用来区分字符串的不同部分,不应被编码。

6.1.4 几种常用情况

6.1.4.1 GTIN-12 和 GTIN-13

GTIN-12 或者 GTIN-13 转换为 SGTIN EPC 时,应该在 GTIN-12 和 GTIN-13 前加两个或者一个前导零,转换为 14 位结构的 GS1 代码。

示例 2:
GTIN-12

    614141 12345 2

对应的 14 位数字

    0 0614141 12345 2

对应的 SGTIN EPC

$$0614141\ 01234\ s_1s_2\cdots s_K$$

示例 3：
GTIN-13

$$0614141\ 12345\ 2$$

对应的 14 位数字

$$0\ 0614141\ 12345\ 2$$

对应的 SGTIN EPC

$$0614141\ 01234\ s_1s_2\cdots s_K$$

注：空格是用来区分字符串的不同部分，不应被编码。

6.1.4.2 GTIN-8

GTIN-8 是 GTIN 里一种用来定义小贸易项目的特殊标识。其转换规则应符合 EPC TDS 1.6 中 7.1.2 的规定。

6.2 SSCC EPC 电子标签与条码

6.2.1 对应关系

SSCC EPC 对应于 GS1 GS 13.0 定义的 SSCC 标识（AI 00）。

SSCC EPC 和对应标识的 GS1 元素字符串之间的对应关系如附图 1.4 所示。

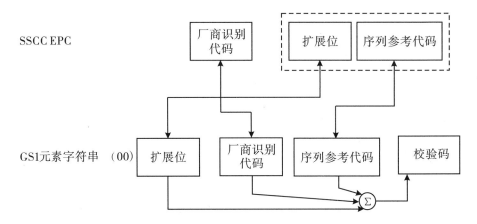

附图 1.4 SSCC EPC 和 GS1 元素字符串之间的对应关系

SSCC EPC 和 GS1 元素字符串表示形式如下：
SSCC EPC

$$d_2d_3\cdots d_{(L+1)}\ d_1\ d_{(L+2)}d_{(L+3)}\cdots d_{17}$$

GS1 元素字符串

$$(00)d_1\ d_2\cdots d_{18}$$

6.2.2 SSCC EPC 电子标签转换为条码

SSCC EPC 电子标签转换为 SSCC 标识（AI 00）的条码方法如下：

a. 读取电子标签分区值 P，根据 SSCC 分区值，参见附表 B.3，获取厂商识别代码的二进制位数 M，分离出厂商识别代码和序列代码。

b. 将厂商识别代码当作无符号整数，转化为十进制数表示的 L 位数字 $d_2d_3\cdots d_{(L+1)}$，提取厂商识别代码。L 应符合 GS1 GS 13.0 的规定。

c. 将序列代码当作无符号整数，转化为十进制数表示的 (17－L) 位数字 $d_1d_{(L+2)}d_{(L+3)}\cdots d_{17}$，提取扩展位 d_1 和序列参考代码 $d_{(L+2)}d_{(L+3)}\cdots d_{17}$。

d. 计算校验码 d_{18}，方法见附录 H。

e. 生成条码数据。

6.2.3 条码转换为 SSCC EPC 电子标签

SSCC 标识(AI 00)的条码转换为 SSCC EPC 电子标签方法如下：

a. 读取条码，对条码数据 $(00)d_1d_2\cdots d_{18}$ 进行解码，获取厂商识别代码长度 L，并提取扩展位 d_1、厂商识别代码 $d_2d_3\cdots d_{(L+1)}$ 和序列参考代码 $d_{(L+2)}d_{(L+3)}\cdots d_{17}$。

b. 根据 SSCC 分区值，参见附表 B.3，确定 EPC 电子标签的分区值 P、厂商识别代码字段的二进制位数 M 和序列代码字段的二进制位数 N。分区值应满足 M+N=58。

c. 将厂商识别代码 $d_2d_3\cdots d_{(L+1)}$ 当作十进制整数，构造厂商识别代码 $d_2d_3\cdots d_{(L+1)}$，并转化为二进制表示形式。

d. 在序列参考代码 $d_{(L+2)}d_{(L+3)}\cdots d_{17}$ 前增加扩展位 d_1，转化为十进制数表示的(17－L)位数字，构造序列代码 $d_1 d_{(L+2)}d_{(L+3)}\cdots d_{17}$，并转化为二进制表示形式。

e. 从最高有效位到最低有效位串联以下位字段构造二进制编码：标头(8 位)、滤值(3 位)、分区值(3 位)、厂商识别代码(M 位)、序列代码(N 位)。生成 SSCC EPC 二进制代码。

f. 生成 EPC 电子标签数据。

示例 4：

SSCC EPC

     0614141 1234567890

GS1 元素字符串

     (00)1 0614141 234567890 8

注：空格是用来区分字符串的不同部分，不应被编码。

6.3 SGLN EPC 电子标签与条码

6.3.1 对应关系

SGLN EPC 对应于 GS1 GS 13.0 中定义的无扩展代码的 GLN 标识(AI 414)或者带扩展代码(AI 254)的 GLN 标识(AI 414)。SGLN EPC 扩展代码为单个字符"0"时，表示该标识指示的是一个无扩展代码的 GLN。

无扩展代码的 SGLN EPC 和对应标识的 GS1 元素字符串之间的对应关系如

附图 1.5 所示。

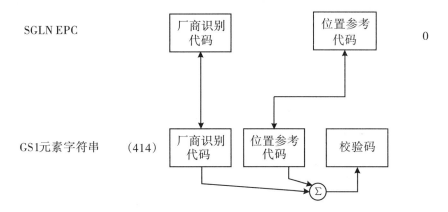

附图 1.5　无扩展代码的 GLN EPC 与 GS1 元素字符串之间的对应关系

带扩展代码的 SGLN EPC 和对应标识的 GS1 元素字符串之间的对应关系如附图 1.6 所示。

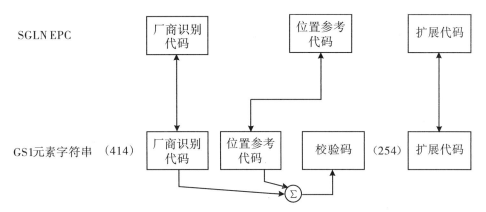

附图 1.6　带扩展代码的 GLN EPC 与 GS1 元素字符串之间的对应关系

SGLN EPC 和 GS1 元素字符串表示形式如下：
SGLN EPC

$$d_1 d_2 \cdots d_L\ d_{(L+1)} d_{(L+2)} \cdots d_{12}\ s_1 s_2 \cdots s_K$$

GS1 元素字符串

$$(414) d_1\ d_2 \cdots d_{13} (254) s_1 s_2 \cdots s_K$$

6.3.2　SGLN EPC 电子标签转换为条码

SGLN EPC 电子标签转换为 GLN 标识（AI 414）的条码方法如下：

a. 读取 EPC 电子标签分区值 P，根据 SGLN 分区值表，参见附表 C.4，获取厂商识别代码的二进制位数 M，分离出厂商识别代码、位置参考代码以及扩展代码。

b. 将厂商识别代码当作无符号整数,转化为十进制数表示的 L 位数字 $d_1d_2\cdots d_L$,提取厂商识别代码。L 应符合 GS1 GS 13.0 的规定。

c. 将位置参考代码当作无符号整数,转化为十进制数表示的 (12-L) 位数字 $d_{(L+1)}d_{(L+2)}\cdots d_{12}$,提取位置参考代码。

d. 计算校验码 d_{13},方法见附录 H。

e. 生成条码扩展代码。每个 s_i 为一个单个字符或者%××(百分号后面接两位的十六进制数字字符)形式,根据字母数字序列号字符集,参见附表 I.1,将 s_i 转化为用于 GS1 元素字符串的图形符号。当 EPC 电子标签中扩展代码位为一个单个字符"0"的情况下,GS1 元素字符串中不生成扩展代码。

f. 生成条码数据。

6.3.3 条码转换为 SGLN EPC 电子标签

GLN 标识(AI 414)的条码转换为 SGLN EPC 电子标签方法如下:

a. 读取条码,对条码数据 $(414)d_1d_2\cdots d_{13}$ 或者 $(414)d_1d_2\cdots d_{13}(254)s_1s_2\cdots s_K$ 进行解码,获取厂商识别代码长度 L,并提取厂商识别代码 $d_1d_2\cdots d_L$ 和位置参考代码 $d_{(L+1)}d_{(L+2)}\cdots d_{12}$。

b. 根据 SGLN 分区值,参见附表 C.4,确定 EPC 电子标签的分区值 P、厂商识别代码字段的二进制位数 M 和位置参考代码字段的二进制位数 N。分区值应满足 M+N=41。

c. 将厂商识别代码 $d_1d_2\cdots d_L$ 当作十进制整数,构造厂商识别代码 $d_1d_2\cdots d_L$,并转化为二进制表示形式。

d. 将位置参考代码 $d_{(L+1)}d_{(L+2)}\cdots d_{12}$ 当作十进制整数,构造位置参考代码 $d_{(L+1)}d_{(L+2)}\cdots d_{12}$,并转化为二进制表示形式。

e. 生成扩展代码,转化为二进制表示形式。对于无扩展代码的条码数据,用一个单个字符"0"作为 SGLN EPC 扩展代码;对于有扩展代码的条码数据,根据字母数字序列号字符集,参见附表 I.1,将每个 s_i 转化为对应的字符形式,并转化为二进制表示形式。

f. 从最高有效位到最低有效位串联以下位字段构造二进制编码:标头(8 位)、滤值(3 位)、分区值(3 位)、厂商识别代码(M 位)、位置参考代码(N 位)、扩展代码。生成 EPC SGLN 二进制代码。

g. 生成 EPC 电子标签数据。

示例 5(无扩展位):

SGLN EPC

    0614141 12345 0

GS1 元素字符串

    (414)0614141 12345 2

示例6(有扩展位):
SGLN EPC
　　　　　　　　　　0614141 12345 32a%2Fb
GS1元素字符串
　　　　　　　　　(414)0614141 12345 2 (254)32a/b
注:空格是用来区分字符串的不同部分,不应被编码。

6.4 GRAI EPC 电子标签与条码

6.4.1 对应关系

GRAI EPC 对应于 GS1 GS 13.0 中定义的序列化的 GRAI 标识(AI 8003)。GRAI EPC 和对应标识的 GS1 元素字符串之间的对应关系如附图1.7所示。

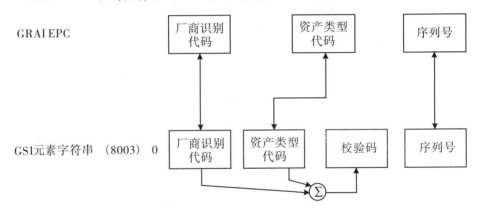

附图1.7　GRAI EPC 和 GS1 元素字符串之间的对应关系

GS1元素字符串中,应用标识符(8003)后面包含一个字符"0",此零位只作为一个额外的填充字符,不为 GRAI 标识成分

GRAI EPC 和 GS1 元素字符串表示形式如下:
GRAI EPC
$$d_1 d_2 \cdots d_L\ d_{(L+1)} d_{(L+2)} \cdots d_{12}\ s_1 s_2 \cdots s_K$$
GS1 元素字符串
$$(8003)0 d_1\ d_2 \cdots d_{13}\ s_1 s_2 \cdots s_K$$

6.4.2 GRAI EPC 电子标签转换为条码

GRAI EPC 电子标签转换为 GRAI 标识(AI 8003)的条码方法如下:

a. 读取 EPC 电子标签分区值 P,根据 GRAI 分区值,参见附表 D.4,获取厂商识别代码的二进制位数 M,分离出厂商识别代码和资产类型代码。

b. 将厂商识别代码当作无符号整数,转化为十进制数表示的 L 位数字 $d_1 d_2 \cdots d_L$,提取厂商识别代码。L 应符合 GS1 GS 13.0 的规定。

c. 将资产类型代码当作无符号整数,转化为十进制数表示的(12—L)位数字

$d_{(L+1)}d_{(L+2)}\cdots d_{12}$,提取资产类型代码 $d_{(L+1)}d_{(L+2)}\cdots d_{12}$。

  d. 计算校验码 d_{13},方法见附录 H。

  e. 生成条码序列号。每个 s_i 为一个单个字符或者％××(百分号后面接两位的十六进制数字字符)形式,根据字母数字序列号字符集,参见附表 I.1,将 s_i 转化为用于 GS1 元素字符串的图形符号。

  f. 在厂商识别代码前加上填充字符"0"。

  g. 生成条码数据。

6.4.3 条码转换为 GRAI EPC 电子标签

GRAI 标识(AI 8003)的条码转换为 GRAI EPC 电子标签方法如下:

  a. 读取条码,对条码数据(8003)$0d_1d_2\cdots d_{13}s_1s_2\cdots s_K$ 进行解码,获取厂商识别代码长度 L,并提取厂商识别代码 $d_1d_2\cdots d_L$ 和资产类型代码 $d_Ld_{(L+1)}d_{(L+2)}\cdots d_{12}$。

  b. 根据 GRAI 分区值,参见附表 D.4,确定 EPC 电子标签的分区值 P、厂商识别代码字段的二进制位数 M 和资产类型代码字段的二进制位数 N。分区值应满足 M+N=44。

  c. 将厂商识别代码 $d_1d_2\cdots d_L$ 当作十进制整数,构造厂商识别代码 $d_1d_2\cdots d_L$,并转化为二进制表示形式。

  d. 将资产类型代码 $d_Ld_{(L+1)}d_{(L+2)}\cdots d_{12}$ 当作十进制整数,构造资产类型代码 $d_Ld_{(L+1)}d_{(L+2)}\cdots d_{12}$,并转化为二进制表示形式。

  e. 生成序列号。根据字母数字序列号字符集,参见附表 I.1,将每个 s_i 转化为对应的字符形式,并转化为二进制表示形式。

  f. 根据从最高有效位到最低有效位串联以下位字段构造二进制编码:标头(8位)、滤值(3位)、分区值(3位)、厂商识别代码(M位)、资产类型代码(N位)、序列号(GRAI-96 为 38 位,GRAI-170 为 112 位)。生成 EPC GRAI 二进制代码。

  g. 生成 EPC 电子标签数据。

示例 7:
GRAI EPC

      0614141 12345 32a％2Fb

GS1 元素字符串

      (8003)0 0614141 12345 2 32a/b

注:空格是用来区分字符串的不同部分,不应被编码。

6.5 GIAI EPC 电子标签与条码

6.5.1 对应关系

GIAI EPC 对应于 GS1 GS 13.0 定义的 GIAI 标识(AI 8018)。

GIAI EPC 和对应标识的 GS1 元素字符串之间的对应关系附图 1.8 所示。

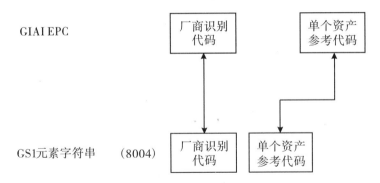

附图 1.8 GIAI EPC 和 GS1 元素字符串之间的对应关系

GIAI EPC 和 GS1 元素字符串表示形式如下：
GIAI EPC
$$d_1 d_2 \cdots d_L s_1 s_2 \cdots s_K$$

GS1 元素字符串
$$(8004) d_1 d_2 \cdots d_L s_1 s_2 \cdots s_K$$

6.5.2 GIAI EPC 电子标签转换为条码

GIAI EPC 电子标签转换为 GIAI 标识(AI 8004)的条码方法如下：

a. 读取 EPC 电子标签 EPC 字段数据，根据标头判断其编码方案。

b. 根据 GIAI 分区值 P，GIAI-96 分区值见附表 E.4，GIAI-202 分区值见附表 E.5，获取厂商识别代码的二进制位数 M，分离出厂商识别代码和单个资产参考代码。

c. 将厂商识别代码当作无符号整数，转化为十进制数表示的 L 位数字 $d_1 d_2 \cdots d_L$，提取厂商识别代码。L 应符合 GS1 GS 13.0 的规定。

d. 转换单个资产参考代码 $s_1 s_2 \cdots s_K$，每个 s_i 为一个单个字符或者％××（一个百分号后面接两位的十六进制数字字符）形式，根据字母数字序列号字符集，参见附表 I.1，将 s_i 转化为用于 GS1 元素字符串的图形符号，构造单个资产参考代码。

e. 生成条码数据。

6.5.3 条码转换为 GIAI EPC 电子标签

GIAI 标识(AI 8004)的条码转换为 GIAI EPC 电子标签方法如下：

a. 读取条码，对条码数据 $(8004) d_1 d_2 \cdots d_L s_1 s_2 \cdots s_K$ 进行解码，获取厂商识别代码长度 L，并提取厂商识别代码 $d_1 d_2 \cdots d_L$ 和单个资产参考代码 $s_1 s_2 \cdots s_K$。同时，将单个资产参考代码 $s_1 s_2 \cdots s_K$ 转化为十进制数表示的数字，获取单个资产参考代码长度，用 l 表示。

b. 根据 GIAI 分区值，GIAI-96 分区值表见附表 E.4，GIAI-202 分区值表见附表 E.5，确定 EPC 电子标签的分区值 P、厂商识别代码字段的二进制位数 M 和单个资产参考代码字段的二进制位数 N。对于 GIAI-96，应满足 $M+N=82$；对于

GIAI-202，应满足 M+N=188。

c. 将厂商识别代码 $d_1d_2\cdots d_L$ 当作十进制整数，构造厂商识别代码 $d_1d_2\cdots d_L$，并转化为二进制表示形式。

d. 根据字母数字序列号字符集，参见附表 I.1，将每个 s_i 转化为对应的字符形式，构造单个资产参考代码 $s_1s_2\cdots s_K$，并转化为二进制表示形式。

e. 从最高有效位到最低有效位串联以下位字段构造二进制编码：标头(8 位)、滤值(3 位)、分区值(3 位)、厂商识别代码(M 位)、单个资产参考代码(N 位)。生成 EPC GIAI 二进制代码。

f. 生成 EPC 电子标签数据。

示例 8：
GIAI EPC

　　　　　　　　　0614141 1234567890

GS1 元素字符串

　　　　　　　　（8018）0614141 1234567890 2

注：空格是用来区分字符串的不同部分，不应被编码。

6.6 GSRN EPC 电子标签与条码

6.6.1 对应关系

GSRN EPC 对应于 GS1 GS 13.0 定义的 GSRN 标识（AI 8018）。

GSRN EPC 和对应标识的 GS1 元素字符串之间的对应关系如附图 1.9 所示。

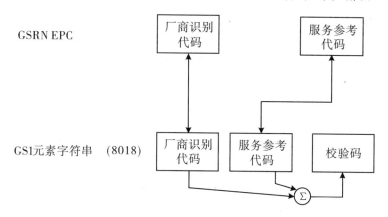

附图 1.9 GSRN EPC 和 GS1 元素字符串之间的对应关系

GSRN EPC 和 GS1 元素字符串表示形式如下：
GSRN EPC

　　　　　　　$d_1d_2\cdots d_L\ d_{(L+1)}d_{(L+2)}\cdots d_{17}$

GS1 元素字符串

　　　　　　　（8018）$d_1d_2\cdots\cdots d_{18}$

6.6.2 GSRN EPC 电子标签转换为条码

GSRN EPC 电子标签转换为 GSRN 标识(AI 8018)的条码方法如下：

a. 读取 EPC 电子标签分区值 P，根据 GSRN 分区值，参见附表 F.3，获取厂商识别代码的二进制位数 M，分离出厂商识别代码和服务参考代码。

b. 将厂商识别代码当作无符号整数，转化为十进制数表示的 L 位数字 $d_1 d_2 \cdots d_L$，提取厂商识别代码。L 应符合 GS1GS13.0 的规定。

c. 将服务参考代码当作无符号整数，转化为十进制数表示的 (17−L) 位数字 $d_{(L+1)} d_{(L+2)} \cdots d_{17}$，提取服务参考代码。

d. 计算校验码 d_{16}，方法见附录 H。

e. 生成条码数据。

6.6.3 条码转换为 GSRN EPC 电子标签

GSRN 标识(AI 8018)的条码转换为 GSRN EPC 电子标签方法如下：

a. 读取条码，对条码数据 (8018) $d_1 d_2 \cdots d_{18}$ 进行解码，获取厂商识别代码长度 L，并提取厂商识别代码 $d_1 d_2 \cdots d_L$ 和服务参考代码 $d_{(L+1)} d_{(L+2)} \cdots d_{17}$。

b. 根据 GSRN 分区值，参见附表 F.3，确定 EPC 电子标签的分区值 P、厂商识别代码字段的二进制位数 M 和服务参考代码字段的二进制位数 N。分区值应满足 M+N=58。

c. 将厂商识别代码 $d_1 d_2 \cdots d_L$ 当作十进制整数，构造厂商识别代码 $d_1 d_2 \cdots d_L$，并转化为二进制表示形式。

d. 将服务参考代码 $d_{(L+1)} d_{(L+2)} \cdots d_{17}$ 当作十进制整数，构造服务参考代码 $d_{(L+1)} d_{(L+2)} \cdots d_{17}$，并转化为二进制表示形式。

e. 从最高有效位到最低有效位串联以下位字段构造二进制编码：标头(8 位)、滤值(3 位)、分区值(3 位)、厂商识别代码(M 位)、服务参考代码(N 位)。生成 EPC GSRN 二进制代码。

f. 生成 EPC 电子标签数据。

示例 9：

GSRN EPC

      0614141 1234567890

GS1 元素字符串

      (8018)0614141 1234567890 2

注：空格是用来区分字符串的不同部分，不应被编码。

6.7 GDTI EPC 电子标签与条码

6.7.1 对应关系

GDTI EPC 对应于 GS1 GS 13.0 定义的一个序列化的 GDTI 标识。

GDTI EPC 和对应标识的 GS1 元素字符串之间的对应关系如附图 1.10 所示。

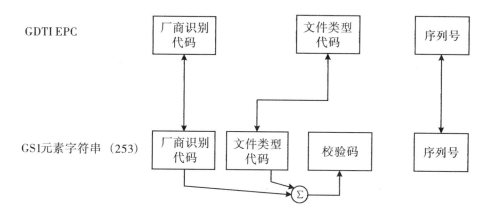

附图 1.10　GDTI EPC 与 GS1 元素字符串之间的对应关系

GDTI EPC 和 GS1 元素字符串表示形式如下：

GDTI EPC

$$d_1 d_2 \cdots d_L \; d_{(L+1)} d_{(L+2)} \cdots d_{12} s_1 s_2 \cdots s_K$$

GS1 元素字符串

$$(253) d_1 \; d_2 \cdots d_{13} s_1 s_2 \cdots s_K$$

6.7.2　GDTI EPC 电子标签转换为条码

GDTI EPC 电子标签转换为 GDTI 标识（AI 253）的条码方法如下：

a. 读取 EPC 电子标签分区值 P，根据 GDTI 分区值，参见附表 G.4，获取厂商识别代码的二进制位数 M，分离出厂商识别代码和文件参考代码。

b. 将厂商识别代码当作无符号整数，转化为十进制数表示的 L 位数字 $d_1 d_2 \cdots d_L$，提取厂商识别代码。L 应符合 GS1 GS 13.0 的规定。

c. 将文件类型代码当作无符号整数，转化为十进制数表示的 (12−L) 位数字 $d_{(L+1)} d_{(L+2)} \cdots d_{12}$，提取文件类型代码。

e. 计算校验码 d_{13}，方法见附录 H。

f. 生成条码序列号。每个 s_i 为一个单个字符或者 %×× (百分号后面接两位的十六进制数字字符) 形式，根据字母数字序列号字符集，参见附表 I.1，将 s_i 转化为用于 GS1 元素字符串的图形符号。

g. 生成条码数据。

6.7.3　条码转换为 GDTI EPC 电子标签

GDTI 标识（AI 253）的条码转换为为 GDTI EPC 电子标签方法如下：

a. 读取条码，对条码数据 $(253) d_1 d_2 \cdots d_{13} s_1 s_2 \cdots s_K$ 进行解码，获取厂商识别代码长度 L，并提取厂商识别代码 $d_1 d_2 \cdots d_L$ 和文件类型参考代码 $d_{(L+1)} d_{(L+2)} \cdots d_{12}$。

b. 根据 GDTI 分区值表，参见附表 G.3，确定 EPC 电子标签的分区值 P、厂商识别代码字段的二进制位数 M 和文件类型代码字段的二进制位数 N。分区值应满足 M+N=41。

c. 将厂商识别代码 $d_1d_2\cdots d_L$ 当作十进制整数，构造厂商识别代码 $d_1d_2\cdots d_L$，并转化为二进制表示形式。

d. 将文件类型代码 $d_{(L+1)}d_{(L+2)}\cdots d_{12}$ 当作十进制整数，构造文件类型代码 $d_{(L+1)}d_{(L+2)}\cdots d_{12}$，并转化为二进制表示形式。

e. 生成序列号。根据字母数字序列号字符集，参见附表 I.1，将每个 s_i 转化为对应的字符形式，并转化为二进制表示形式。

f. 从最高有效位到最低有效位串联以下位字段构造二进制编码：标头（8 位）、滤值（3 位）、分区值（3 位）、厂商识别代码（M 位）、文件类型代码（N 位）、序列号（GDTI-96 为 41 位，GDTI-113 为 58 位）。生成 EPC GDTI 二进制代码。

g. 生成 EPC 电子标签数据。

示例 10：
GDTI EPC
      0614141 12345 006847

GS1 元素字符串
    （253）0614141 12345 2 006847

注：空格是用来区分字符串的不同部分，不应被编码。

附录 A　SGTIN EPC 编码
（规范性附录）

A.1　SGTIN 代码结构

A.1.1　编码方案

SGTIN 定义了 96 位编码（SGTIN-96）和 198 位编码（SGTIN-198）两种编码方案。

SGTIN-96 由 6 个字段组成，即标头、滤值、分区、厂商识别代码、贸易项代码和序列号，其代码结构如附表 A.1 所示。

附表 A.1　SGTIN-96 的代码结构和各字段的十进制容量

	标头	滤值	分区	厂商识别代码	贸易项代码	序列号
	8 位	3 位	3 位	20-40 位	24-4 位	38 位
SGTIN-96	00110000	值参照附表 A.3	值参照附表 A.4	999999～999999999999（十进制容量）	9999999～9（十进制容量）	274877906943（十进制容量）

SGTIN-198 由 6 个字段组成,即标头、滤值、分区、厂商识别代码、贸易项代码和序列号,其代码结构如附表 A.2 所示。

附表 A.2　SGTIN-198 的代码结构和各字段的十进制容量

	标头	滤值	分区	厂商识别代码	贸易项代码	序列号
SGTIN-198	8 位	3 位	3 位	20-40 位	24-4 位	140 位
	00110110	值参照附表 A.3	值参照附表 A.4	999999~999999999999（十进制容量）	9999999~9（十进制容量）	达到 20 位字母数字字符

A.1.2　标头

标头是定义 EPC 存储器内总长、识别类型和 EPC 标签编码结构的一组数字。标头为 8 位,SGTIN-96 标头二进制值为 00110000,SGTIN-198 标头二进制值为 00110110。

A.1.3　滤值

滤值是用来快速过滤和基本物流类型预选的附加数据。SGTIN-96 滤值和 SGTIN-198 滤值相同,其标准规范如附表 A.3 所示。

附表 A.3　SGTIN 滤值表

类　型	十进制值	二进制值
所有其他	0	000
销售点的贸易项目	1	001
运输中的所有情况	2	010
保留	3	011
分组处理的内包装贸易项目	4	100
保留	5	101
单元货载	6	110
贸易项目的内部单元或者非零售的产品成分	7	111

A.1.4　分区

分区用来指示 EPC 电子标签代码中厂商识别代码和贸易项代码的分开位置。SGTIN-96 分区和 SGTIN-198 分区相同,其可用值以及厂商识别代码和贸易项代码字段的相关大小如附表 A.4 所示。

附表 A.4　SGTIN 分区值

分区值	厂商识别代码		贸易项代码（包括指示码和项目参考代码）	
	二进制位(M)	十进制位(L)	二进制位(N)	十进制位
0	40	12	4	1
1	37	11	7	2
2	34	10	10	3
3	30	9	14	4
4	27	8	17	5
5	24	7	20	6
6	20	6	24	7

A.1.5　厂商识别代码

厂商识别代码由 GS1 分配给管理者实体或其代表。厂商识别代码和 GS1 GTIN 标识的厂商识别代码相同。

A.1.6　贸易项代码

贸易项代码由管理实体分配给一个特定对象分类。指示码和项目参考代码字段以以下方式结合：把指示码放在域中最左位置，结果看作一个单一的数字字符串，作为贸易项代码字段。

A.1.7　序列号

唯一标识物理实体的一系列连续编码，由管理实体分配给一个单个对象。

SGTIN-96 编码只能表示其值小于 2^{38}（即 0～274877906943），不含前导零的整数值序列号。

SGTIN-198 编码允许最高达到 20 个 GS1 GS 13.0 规定的字母数字字符序列号。

A.2　SGTIN 编码表

编码表应用在转换过程中的 EPC 电子标签编码过程和解码过程。

编码表中"二进制位位置"一行说明了每个用二进制编码表示的段的相对位置。在"二进制位位置"行，最高的下标表示最高有效位，下标 0 表示最低有效位。

A.2.1　SGTIN-96 编码表

SGTIN-96 编码表如附表 A.5 所示。

附表 A.5　SGTIN-96 编码表

编码方案	SGTIN-96					
二进制总位数	96					
逻辑段	EPC 标头(H)	滤值(F)	分区(P)	厂商识别代码(C)	贸易项代码（指示码/项目参考代码）(I)	序列号(S)
逻辑段二进制位数	8	3	3	20-40	24-4	38
编码段	EPC 标头	滤值	全球贸易项目代码			序列号
编码段二进制位数	8	3	47			38
二进制位位置	$b_{95}b_{94}\cdots b_{88}$	$b_{87}b_{86}b_{85}$	$b_{84}b_{83}b_{82}$	$b_{81}b_{80}\cdots b_{(82-M)}$	$b_{(81-M)}b_{(80-M)}\cdots b_{38}$	$b_{37}b_{36}\cdots b_{0}$
编码方法	00110000	整数	附表 A.4			整数

A.2.2　SGTIN-198 编码表

SGTIN-198 编码表如附表 A.6 所示。

附表 A.6　SGTIN-198 编码表

编码方案	SGTIN-198					
二进制总位数	198					
逻辑段	EPC 标头(H)	滤值(F)	分区(P)	厂商识别代码(C)	贸易项代码（指示码/项目参考代码）(I)	序列号(S)
逻辑段二进制位数	8	3	3	20-40	24-4	140
编码段	EPC 标头	滤值	全球贸易项目代码			序列号
编码段二进制位数	8	3	47			140
二进制位位置	$b_{197}b_{196}\cdots b_{190}$	$b_{189}b_{188}b_{187}$	$b_{186}b_{185}b_{184}$	$b_{183}b_{182}\cdots b_{(184-M)}$	$b_{(183-M)}b_{(182-M)}\cdots b_{140}$	$b_{139}b_{138}\cdots b_{0}$
编码方法	00110110	整数	附表 A.4			字符串

附录 B　SSCC EPC 编码
（规范性附录）

B.1　SSCC 代码结构

B.1.1　编码方案

SSCC 定义了一种 96 位的编码方案（SSCC-96）。

SSCC-96 由 5 个字段组成，即标头、滤值、分区、厂商识别代码和序列代码，其代码结构如附表 B.1 所示。

附表 B.1　SSCC-96 的代码结构和各字段的十进制容量

	标头	滤值	分区	厂商识别代码	序列代码	保留
	8 位	3 位	3 位	20～40 位	38～18 位	24 位
SSCC-96	00110001	值参照附表 B.2	值参照附表 B.3	999999～999999999999（十进制容量）	99999999999～99999（十进制容量）	保留

B.1.2　标头

标头为 8 位，二进制值为 00110001。

B.1.3　滤值

滤值是用来快速过滤和基本物流类型预选的附加数据。其标准规范如附表 B.2 所示。

附表 B.2　SSCC 滤值表

类　型	十进制值	二进制值
所有其他	0	000
保留	1	001
运输中的所有情况	2	010
保留	3	011
保留	4	100
保留	5	101
单元货载	6	110
保留	7	111

B.1.4 分区

分区用来指示 EPC 电子标签代码中厂商识别代码和序列代码的分开位置。分区可用值以及厂商识别代码和序列代码字段的相关大小如附表 B.3 所示。

附表 B.3　SSCC 分区值

分区值	厂商识别代码		序列代码 (包括扩展位和序列参考代码)	
	二进制位(M)	十进制位(L)	二进制位(N)	十进制位
0	40	12	18	5
1	37	11	21	6
2	34	10	24	7
3	30	9	28	8
4	27	8	31	9
5	24	7	34	10
6	20	6	38	11

B.1.5 厂商识别代码

厂商识别代码由 GS1 分配给一个管理实体。厂商识别代码与 GS1 SSCC 标识的厂商识别代码相同。

B.1.6 序列代码

序列代码由管理实体分配给一个特定的物流运输单元。扩展位和序列参考代码以以下方式结合：把扩展位放在域中最左位置，结果看作一个单一的数字字符串，作为序列代码字段。

B.1.7 保留字段

保留字段尚未被使用。

B.2 SSCC 编码表

SSCC-96 编码表如附表 B.4 所示。

附表 B.4　SSCC-96 编码表

编码方案	SSCC-96					
二进制总位数	96					
逻辑段	EPC 标头(H)	滤值(F)	分区(P)	厂商识别代码(C)	序列代码 (扩展位/序列参考代码)(S)	保留
逻辑段 二进制位数	8	3	3	20-40	38-18	24
编码段	EPC 标头	滤值	系列货运包装箱代码		序列号	

续表

编码段二进制位数	8	3	61	24
二进制位位置	$b_{95}b_{94}\cdots b_{88}$	$b_{87}b_{86}b_{85}$	$b_{84}b_{83}b_{82}$ $b_{81}b_{80}\cdots b_{(82-M)}$ $b_{(81-M)}b_{(80-M)}\cdots b_{24}$	$b_{23}b_{22}\cdots b_0$
编码方法	00110001	整数	附表 B.3	00$\cdots$0 (24 个 0)

附录 C SGLN EPC 编码
（规范性附录）

C.1 SGLN 代码结构

C.1.1 编码方案

SGLN 定义了 96 位编码（SGLN-96）和 195 位编码（SGLN-195）两种编码方案。

SGLN-96 由 6 个字段组成，即标头、滤值、分区、厂商识别代码、位置参考代码和扩展代码，其代码结构如附表 C.1 所示。

附表 C.1 SGLN-96 的代码结构和各字段的十进制容量

	标头	滤值	分区	厂商识别代码	位置参考代码	扩展代码
	8 位	3 位	3 位	20-40 位	21-1 位	41 位
SGLN-96	00110010	值参照附表 C.3	值参照附表 C.4	999999～999999999999（十进制容量）	999999～0（十进制容量）	999999999999（允许最大的十进制值）最小十进制值＝1 保留＝0 仅当扩展代码不能编成有意义的 GLN 时，所有位置 0

SGLN-198 由 6 个字段组成，即标头、滤值、分区、厂商识别代码、位置参考代码和扩展代码，其代码结构如附表 C.2 所示。

附表C.2　SGLN-195的代码结构和各字段的十进制容量

	标头	滤值	分区	厂商识别代码	位置参考代码	扩展代码
	8位	3位	3位	20-40位	21-1位	140位
SGLN-195	00111001	值参照附表C.3	值参照附表C.4	999999~999999999999（十进制容量）	999999~0（十进制容量）	达到20位字母数字符不使用扩展代码时，扩展代码设置成133位0加0110000

C.1.2　标头

标头为8位，SGLN-96标头二进制值为00110000，SGLN-195标头二进制值为00111001。

C.1.3　滤值

滤值是用来快速过滤和基本位置类型预选的附加数据。SGLN-96滤值和SGLN-195滤值相同，其标准规范如附表C.3所示。

附表C.3　SGLN滤值表

类　型	十进制值	二进制值
所有其他	0	000
保留	1	001
保留	2	010
保留	3	011
保留	4	100
保留	5	101
保留	6	110
保留	7	111

C.1.4　分区

分区用来指示EPC电子标签代码中厂商识别代码和位置参考代码的分开位置。SGLN-96分区和SGLN-195分区相同，其可用值以及厂商识别代码和位置参考代码字段的相关大小如附表C.4所示。

附表C.4　SGLN分区值

分区值	厂商识别代码		位置参考代码	
	二进制位(M)	十进制位(L)	二进制位(N)	十进制位
0	40	12	1	0
1	37	11	4	1

续表

分区值	厂商识别代码		位置参考代码	
	二进制位(M)	十进制位(L)	二进制位(N)	十进制位
2	34	10	7	2
3	30	9	11	3
4	27	8	14	4
5	24	7	17	5
6	20	6	21	6

C.1.5 厂商识别代码

厂商识别代码由 GS1 分配给一个管理实体。厂商识别代码与 GS1 GLN 标识的厂商识别代码相同。

C.1.6 位置参考代码

位置参考代码由管理实体唯一地分配给一个具体的物理位置。

C.1.7 扩展代码

扩展代码由管理实体分配给一个个体唯一位置。当扩展代码为单个字符"0"时,表示 SGLN 无扩展代码。

SGLN-96 编码只能表示其值小于 2^{41}(即 0～2199023255551)、不含前导零的整数值扩展代码。

SGLN-195 编码允许最高达到 20 个 GS1 GS 13.0 规定的字母数字字符扩展代码。

C.2 SGLN 编码表

C.2.1 SGLN-96 编码表

SGLN-96 编码表如附表 C.5 所示。

附表 C.5 SGLN-96 编码表

编码方案	SGLN-96					
二进制总位数	96					
逻辑段	EPC 标头(H)	滤值(F)	分区(P)	厂商识别代码(C)	位置参考代码(L)	扩展代码(E)
逻辑段二进制位数	8	3	3	20-40	21-1	41
编码段	EPC 标头	滤值		系列全球位置代码		扩展位
编码段二进制位数	8	3		44		41
二进制位位置	$b_{95}b_{94}\cdots b_{88}$	$b_{87}b_{86}b_{85}$	$b_{84}b_{83}b_{82}$	$b_{81}b_{80}\cdots b_{(82-M)}$	$b_{(81-M)}\ b_{(80-M)}\cdots b_{41}$	$b_{40}b_{36}\cdots b_0$
编码方法	00110010	整数		附表 C.4		整数

C.2.2 SGLN-195 编码表

SGLN-195 编码表如附表 C.6 所示。

附表 C.6 SGLN-195 编码表

编码方案	SGLN-195					
二进制总位数	195					
逻辑段	EPC标头(H)	滤值(F)	分区(P)	厂商识别代码(C)	位置参考代码(L)	扩展代码(E)
逻辑段二进制位数	8	3	3	20-40	21-1	140
编码段	EPC标头	滤值	系列全球位置代码			扩展位
编码段二进制位数	8	3	44			140
二进制位位置	$b_{194}b_{193}\cdots b_{187}$	$b_{186}b_{185}b_{184}$	$b_{183}b_{182}b_{181}$	$b_{180}b_{179}\cdots b_{(181-M)}$	$b_{(180-M)}b_{(179-M)}\cdots b_{140}$	$b_{139}b_{36}\cdots b_0$
编码方法	00111001	整数	附表 C.4			字符串

附录 D GRAI EPC 编码
（规范性附录）

D.1 GRAI 代码结构

D.1.1 编码方案

GRAI 定义了 96 位编码（GRAI-96）和 170 位编码（GRAI-170）两种编码方案。

GRAI-96 由 6 个字段组成，即标头、滤值、分区、厂商识别代码、资产类型代码和序列代码，其代码结构如附表 D.1 所示。

附表 D.1 GRAI-96 的代码结构和各字段的十进制容量

	标头	滤值	分区	厂商识别代码	资产类型代码	序列号
	8位	3位	3位	20-40位	24-4位	38位
GRAI-96	00110011	值参照附表 D.3	值参照附表 D.4	999999~999999999999（十进制容量）	9999999~9（十进制容量）	274877906943（十进制容量）

GRAI-170 由 6 个字段组成，即标头、滤值、分区、厂商识别代码、资产类型代码和序列代码，其代码结构如附表 D.2 所示。

附表 D.2　GRAI-170 的代码结构和各字段的十进制容量

	标头	滤值	分区	厂商识别代码	资产类型代码	序列号
GRAI-170	8 位	3 位	3 位	20-40 位	24-4 位	112 位
	00110111	值参照附表 D.3	值参照附表 D.4	999999～999999999999（十进制容量）	9999999～9（十进制容量）	达到 16 位字母数字字符

D.1.2　标头

标头是定义 EPC 存储器内总长、识别类型和 EPC 标签编码结构的一组数字。标头为 8 位，GRAI-96 标头二进制值为 00110000，GRAI-170 标头二进制值为 00110110。

D.1.3　滤值

滤值是用来快速过滤和基本资产类型预选的附加数据。GRAI-96 滤值和 GRAI-170 滤值相同，其标准规范如附表 D.3 所示。

附表 D.3　GRAI 滤值表

类　型	十进制值	二进制值
所有其他	0	000
保留	1	001
保留	2	010
保留	3	011
保留	4	100
保留	5	101
保留	6	110
保留	7	111

D.1.4　分区

分区用来指示 EPC 电子标签代码中厂商识别代码和资产类型的分开位置。GRAI-96 分区和 GRAI-170 分区相同，其可用值以及厂商识别代码和资产类型字段的相关大小如附表 D.4 所示。

附表 D.4　GRAI 分区值

分区值	厂商识别代码		资产类型代码	
	二进制位(M)	十进制位(L)	二进制位(N)	十进制位
0	40	12	4	0
1	37	11	7	1
2	34	10	10	2
3	30	9	14	3
4	27	8	17	4
5	24	7	20	5
6	20	6	24	6

D.1.5 厂商识别代码

厂商识别代码由 GS1 分配给一个管理实体。厂商识别代码与 GS1 GRAI 标识的厂商识别代码相同。

D.1.6 资产类型代码

资产类型代码由管理实体分配给资产的一个特定类型。

D.1.7 序列号

唯一标识物理实体的一系列连续编码,由管理实体分配给一个单个对象。
GRAI-96 编码只能表示其值小于 2^{38}(即 0 到 274877906943)、不含前导零的整数值序列号。
GRAI-170 编码允许最高达到 16 个 GS1 GS 13.0 规定的字母数字字符序列号。

D.2 GRAI 编码表

编码表应用在转换过程中的 EPC 电子标签编码过程和解码过程。

编码表中"二进制位位置"一行说明了每个用二进制编码表示的段的相对位置。在"二进制位位置"行,最高的下标表示最高有效位,下标 0 表示最低有效位。

D.2.1 GRAI-96 编码表

GRAI-96 编码表如附表 D.5 所示。

附表 D.5 GRAI-96 编码表

编码方案	GRAI-96					
二进制总位数	96					
逻辑段	EPC 标头(H)	滤值(F)	分区(P)	厂商识别代码(C)	资产类型代码(A)	序列号(S)
逻辑段二进制位数	8	3	3	20-40	24-4	38
编码段	EPC 标头	滤值	分区+厂商识别代码+资产类型代码			序列号
编码段二进制位数	8	3	47			38
二进制位位置	$b_{95}b_{94}\cdots b_{88}$	$b_{87}b_{86}b_{85}$	$b_{84}b_{83}b_{82}$	$b_{81}b_{80}\cdots b_{(82-M)}$	$b_{(81-M)}b_{(80-M)}\cdots b_{38}$	$b_{37}b_{36}\cdots b_0$
编码方法	00110011	整数	附表 D.4			整数

D.2.2 GRAI-170 编码表

GRAI-170 编码表如附表 D.6 所示。

附表 D.6 GRAI-170 编码表

编码方案	GRAI-170					
二进制总位数	170					
逻辑段	EPC 标头(H)	滤值(F)	分区(P)	厂商识别代码(C)	资产类型代码(A)	序列号(S)
逻辑段二进制位数	8	3	3	20-40	24-4	112

续表

编码段	EPC 标头	滤值	分区＋厂商识别代码＋资产类型代码	序列号
编码段二进制位数	8	3	47	112
二进制位位置	$b_{169}b_{168}\cdots b_{162}$	$b_{161}b_{160}b_{159}$	$b_{158}b_{157}b_{156}$ $b_{154}b_{153}\cdots b_{(156-M)}$ $b_{(155-M)}b_{(154-M)}\cdots b_{112}$	$b_{111}b_{110}\cdots b_0$
编码方法	00110111	整数	附表 D.4	字符串

附录 E GIAI EPC 编码
（规范性附录）

E.1 GIAI 代码结构
E.1.1 编码方案

GIAI 定义了 96 位编码（GIAI-96）和 202 位编码（GIAI-202）两种编码方案。

GIAI-96 由 6 个字段组成，即标头、滤值、分区、厂商识别代码、单个资产参考代码，其代码结构如附表 E.1 所示。

附表 E.1 GIAI-96 的代码结构和各字段的十进制容量

	标头	滤值	分区	厂商识别代码	单个资产参考代码
	8 位	3 位	3 位	20-40 位	62-42 位
GIAI-96	00110100	值参照附表 E.3	值参照附表 E.4	999999～999999999999（十进制容量）	4611686018427387903～4398046511103（十进制容量）

GIAI-202 由 6 个字段组成，即标头、滤值、分区、厂商识别代码、单个资产参考代码，其代码结构如附表 E.2 所示。

附表 E.2 GIAI-202 的代码结构和各字段的十进制容量

	标头	滤值	分区	厂商识别代码	单个资产参考代码
	8 位	3 位	3 位	20-40 位	168-126 位
GIAI-202	00111000	值参照附表 E.3	值参照附表 E.5	999999～999999999999（十进制容量）	达到 24 位字母数字字符

E.1.2 标头

标头是定义 EPC 存储器内总长、识别类型和 EPC 标签编码结构的一组数字。标头为 8 位，GIAI-96 标头二进制值为 00110100，GIAI-202 标头二进制值为 00111000。

E.1.3 滤值

滤值是用来快速过滤和基本资产类型预选的附加数据。GIAI-96 滤值和 GIAI-202 滤值相同，其标准规范如附表 E.3 所示。

附表 E.3 EIAI 滤值表

类　　型	十进制值	二进制值
所有其他	0	000
保留	1	001
保留	2	010
保留	3	011
保留	4	100
保留	5	101
保留	6	110
保留	7	111

E.1.4 分区

分区用来指示 EPC 电子标签代码中厂商识别代码和单个资产参考代码的分开位置。GIAI-96 分区和 GIAI-202 分区不相同，GIAI-96 分区可用值以及厂商识别代码和单个资产参考代码字段的相关大小如附表 E.4 所示，GIAI-202 分区可用值以及厂商识别代码和单个资产参考代码字段的相关大小如附表 E.5 所示。

附表 E.4 GIAI-96 分区值

分区值	厂商识别代码		单个资产参考代码	
	二进制位(M)	十进制位(L)	二进制位(N)	十进制位
0	40	12	42	13
1	37	11	45	14
2	34	10	48	15
3	30	9	52	16
4	27	8	55	17
5	24	7	58	18
6	20	6	62	19

附表 E.5 GIAI-202 分区值

分区值	厂商识别代码		单个资产参考代码	
	二进制位(M)	十进制位(L)	二进制位(N)	十进制位
0	40	12	148	18
1	37	11	151	19
2	34	10	154	20
3	30	9	158	21
4	27	8	161	22
5	24	7	164	23
6	20	6	168	24

E.1.5 厂商识别代码

厂商识别代码由 GS1 分配给一个管理实体。厂商识别代码与 GS1 GIAI 标识的厂商识别代码相同。

E.1.6 单个资产参考代码

单个资产参考代码由管理实体分配给资产的一个特定资产。

GIAI-96 编码只能表示其值由厂商识别代码的长度限定的、不含前导零的整数值序列号。

GIAI-198 编码允许最高达到 24 个 GS1 GS 13.0 规定的字母数字字符序列号。

E.2 GIAI 编码表

编码表应用在转换过程中的 EPC 电子标签编码过程和解码过程。

编码表中"二进制位位置"一行说明了每个用二进制编码表示的段的相对位置。在"二进制位位置"行,最高的下标表示最高有效位,下标 0 表示最低有效位。

E.2.1 GIAI-96 编码表

GIAI-96 编码表如附表 E.6 所示。

附表 E.6 GIAI-96 编码表

编码方案	GIAI-96				
二进制总位数	96				
逻辑段	EPC 标头(H)	滤值(F)	分区(P)	厂商识别代码(C)	单个资产参考代码(A)
逻辑段二进制位数	8	3	3	20-40	62-42
编码段	EPC 标头	滤值	全球单个资产标识		
编码段二进制位数	8	3	85		
二进制位位置	$b_{95} b_{94} \cdots b_{88}$	$b_{87} b_{86} b_{85}$	$b_{84} b_{83} b_{82}$	$b_{81} b_{80} \cdots b_{(82-M)}$	$b_{(81-M)} b_{(80-M)} \cdots b_0$
编码方法	00110011	整数	附表 E.4		

E.2.2 GIAI-202 编码表

GIAI-202 编码表如附表 E.7 所示。

附表 E.7 GIAI-202 编码表

编码方案	GIAI-202				
二进制总位数	202				
逻辑段	EPC 标头(H)	滤值(F)	分区(P)	厂商识别代码(C)	单个资产参考代码(A)
逻辑段二进制位数	8	3	3	20-40	24-4
编码段	EPC 标头	滤值	全球单个资产标识		
编码段二进制位数	8	3	191		
二进制位位置	$b_{201}b_{200}\cdots b_{194}$	$b_{193}b_{192}b_{191}$	$b_{190}b_{189}b_{188}$	$b_{187}b_{186}\cdots b_{(188-M)}$	$b_{(187-M)}b_{(186-M)}\cdots b_0$
编码方法	00110111	整数	附表 E.5		

附录 F GSRN EPC 编码
(规范性附录)

F.1 GSRN 代码结构

F.1.1 编码方案

GSRN 定义了一种 96 位的编码方案(GSRN-96)。

GSRN-96 由 5 个字段组成,即标头、滤值、分区、厂商识别代码、服务参考代码和保留字段,其代码结构如附表 F.1 所示。

附表 F.1 GSRN-96 的代码结构和各字段的十进制容量

	标头	滤值	分区	厂商识别代码	服务参考代码	保留字段
	8 位	3 位	3 位	20-40 位	38-18 位	24 位
GSRN-96	00101101	值参照附表 F.2	值参照附表 F.3	999999~999999999999（十进制容量）	99999999999~99999（十进制容量）	保留

F.1.2 标头

标头为 8 位,二进制值为 0011101。

F.1.3 滤值

滤值是用来快速过滤和基本服务类型预选的附加数据。其标准规范如附表 F.2 所示。

附表 F.2　GSRN 滤值表

类　型	十进制值	二进制值
所有其他	0	000
保留	1	001
保留	2	010
保留	3	011
保留	4	100
保留	5	101
保留	6	110
保留	7	111

F.1.4　分区

分区用来指示 EPC 电子标签代码中厂商识别代码和服务参考代码的分开位置。分区可用值以及厂商识别代码和服务参考代码字段的相关大小如附表 F.3 所示。

附表 F.3　GSRN 分区值

分区值	厂商识别代码		服务参考代码 (包括扩展位和服务参考位)	
	二进制位(M)	十进制位(L)	二进制位(N)	十进制位
0	40	12	18	5
1	37	11	21	6
2	34	10	24	7
3	30	9	28	8
4	27	8	31	9
5	24	7	34	10
6	20	6	38	11

F.1.5　厂商识别代码

厂商识别代码由 GS1 分配给一个管理实体。厂商识别代码与 GS1 GSRN 标识的厂商识别代码相同。

F.1.6　服务参考代码

服务参考代码由管理实体分配给一个特定的服务关系。

F.1.7　保留字段

保留字段尚未被使用。

F.2　GSRN 编码表

GSRN-96 编码表如附表 F.4 所示。

附表 F.4　GSRN-96 编码表

编码方案	GSRN-96					
二进制总位数	96					
逻辑段	EPC 标头(H)	滤值(F)	分区(P)	厂商识别代码(C)	服务参考代码(扩展位/服务参考位)(S)	保留
逻辑段二进制位数	8	3	3	20-40	38-18	24
编码段	EPC 标头	滤值	全球贸易项目代码			序列号
编码段二进制位数	8	3	61			24
二进制位位置	$b_{95}b_{94}\cdots b_{88}$	$b_{87}b_{86}b_{85}$	$b_{84}b_{83}b_{82}$	$b_{81}b_{80}\cdots b_{(82-M)}$	$b_{(81-M)}b_{(80-M)}\cdots b_{24}$	$b_{23}b_{22}\cdots b_{0}$
编码方法	00101101	整数	附表 F.3			24 个 0

附录 G　GDTI EPC 编码
（规范性附录）

G.1　GDTI 代码结构

G.1.1　编码方案

GDTI 定义了 96 位编码(GDTI-96)和 113 位编码(GDTI-113)两种编码方案。

GDTI-96 由 6 个字段组成：标头、滤值、分区、厂商识别代码、文件类型代码和序列号，其代码结构如附表 G.1 所示。

附表 G.1　GDTI-96 的代码结构和各字段的十进制容量

	标头	滤值	分区	厂商识别代码	文件类型代码	序列号
	8 位	3 位	3 位	20-40 位	21-1 位	41 位
GDTI-96	00110010	值参照附表 G.3	值参照附表 G.4	999999~999999999999（十进制容量）	999999~0（十进制容量）	2199023255551（十进制容量）

GDTI-113 由 6 个字段组成：标头、滤值、分区、厂商识别代码、文件类型代码和序列号，其代

码结构如附表 G.2 所示。

附表 G.2 GDTI-113 的代码结构和各字段的十进制容量

	标头	滤值	分区	厂商识别代码	文件类型代码	序列号
	8 位	3 位	3 位	20-40 位	21-1 位	140 位
GDTI-113	00111001	值参照附表 G.3	值参照附表 G.4	999999~999999999999（十进制容量）	999999~0（十进制容量）	达到 17 位字母数字字符

G.1.2 标头

标头为 8 位，GDTI-96 标头二进制值为 00101100，GDTI-113 标头二进制值为 00111010。

G.1.3 滤值

滤值是用来快速过滤和基本文件类型预选的附加数据。GDTI-96 滤值和 GDTI-113 滤值相同，其标准规范如附表 G.3 所示。

附表 G.3 GDTI 滤值表

类型	十进制值	二进制值
所有其他	0	000
保留	1	001
保留	2	010
保留	3	011
保留	4	100
保留	5	101
保留	6	110
保留	7	111

G.1.4 分区

分区用来指示 EPC 电子标签代码中厂商识别代码和文件类型代码的分开位置。GDTI-96 分区和 GDTI-113 分区相同，其可用值以及厂商识别代码和文件类型代码字段的相关大小如附表 G.4 所示。

附表 G.4 GDTI 分区值

分区值	厂商识别代码		文件类型代码	
	二进制位(M)	十进制位(L)	二进制位(N)	十进制位
0	40	12	1	0
1	37	11	4	1
2	34	10	7	2

续表

分区值	厂商识别代码		文件类型代码	
	二进制位(M)	十进制位(L)	二进制位(N)	十进制位
3	30	9	11	3
4	27	8	14	4
5	24	7	17	5
6	20	6	21	6

G.1.5 厂商识别代码

厂商识别代码由 GS1 分配给一个管理实体。厂商识别代码与 GS1 GDTI 标识的厂商识别代码相同。

G.1.6 文件类型代码

文件类型代码由管理实体唯一地分配给一个特定的文件分类。

G.1.7 序列号

唯一标识文件类型的一系列连续编码,由管理实体分配给一个单个文件。
GDTI-96 编码只能表示其值小于 2^{41}(即 0~2199023255551)、不含前导零的整数值序列号。
GDTI-113 编码允许最高达到 17 个 GS1 GS 13.0 规定的字母数字字符(包括前导零)序列号。

G.2 GDTI 编码表

G.2.1 GDTI-96 编码表

GDTI-96 编码表如附表 G.5 所示。

附表 G.5 GDTI-96 编码表

编码方案	GDTI-96					
二进制总位数	96					
逻辑段	EPC 标头(H)	滤值(F)	分区(P)	厂商识别代码(C)	文件类型代码(D)	序列号(S)
逻辑段二进制位数	8	3	3	20-40	21-1	41
编码段	EPC 标头	滤值	全球文件类型代码			序列号
编码段二进制位数	8	3	44			41
二进制位位置	$b_{95}b_{94}\cdots b_{88}$	$b_{87}b_{86}b_{85}$	$b_{84}b_{83}b_{82}$	$b_{81}b_{80}\cdots b_{(82-M)}$	$b_{(81-M)}b_{(80-M)}\cdots b_{41}$	$b_{40}b_{36}\cdots b_0$
编码方法	00101100	整数	附表 G.4			整数

G.2.2 GDTI-113 编码表

GDTI-113 编码表如附表 G.6 所示。

附表 G.6 GDTI-113 编码表

编码方案	GDTI-96					
二进制总位数	96					
逻辑段	EPC 标头(H)	滤值(F)	分区(P)	厂商识别代码(C)	文件类型代码(D)	序列号(S)
逻辑段二进制位数	8	3	3	20-40	21-1	58
编码段	EPC 标头	滤值	全球文件类型代码			序列号
编码段二进制位数	8	3	44			58
二进制位位置	$b_{112}b_{111}\cdots b_{105}$	$b_{104}b_{103}b_{102}$	$b_{101}b_{99}b_{98}$	$b_{97}b_{96}\cdots b_{(102-M)}$	$b_{(97-M)}b_{(96-M)}\cdots b_{58}$	$b_{57}b_{56}\cdots b_{0}$
编码方法	00111010	整数	附表 G.4			数字字符串

附录 H 校验码的计算方法
（规范性附录）

GS1 数据结构标准校验码计算方法如附图 H.1、附图 H.2 所示。

																		数字位置			
EAN/UCC-8											N_1	N_2	N_3	N_4	N_5	N_6	N_7	N_8			
UCC-12							N_1	N_2	N_3	N_4	N_5	N_6	N_7	N_8	N_9	N_{10}	N_{11}	N_{12}			
EAN/UCC-13						N_1	N_2	N_3	N_4	N_5	N_6	N_7	N_8	N_9	N_{10}	N_{11}	N_{12}	N_{13}			
EAN/UCC-14					N_1	N_2	N_3	N_4	N_5	N_6	N_7	N_8	N_9	N_{10}	N_{11}	N_{12}	N_{13}	N_{14}			
18 位	N_1	N_2	N_3	N_4	N_5	N_6	N_7	N_8	N_9	N_{10}	N_{11}	N_{12}	N_{13}	N_{14}	N_{15}	N_{16}	N_{17}	N_{18}			
每个位置乘以相应的数值																						
	×3	×1	×3	×1	×3	×1	×3	×1	×3	×1	×3	×1	×3	×1	×3	×1	×3	×1			
乘积结果求和																						
以最小大于或等于求和结果数值 10 的整数倍数字减去求和结果，所得的值为校验码数值																						

附图 H.1 GS1 数据结构标准校验码计算方法

附录1 电子标签与条码应用转换规则

18位编码数据校验码的计算实例

位置	N_1	N_2	N_3	N_4	N_5	N_6	N_7	N_8	N_9	N_{10}	N_{11}	N_{12}	N_{13}	N_{14}	N_{15}	N_{16}	N_{17}	N_{18}
无校验码的数据	3	7	6	1	0	4	2	5	0	0	2	1	2	3	4	5	6	
步骤1:乘以权数	×	×	×	×	×	×	×	×	×	×	×	×	×	×	×	×	×	
	3	1	3	1	3	1	3	1	3	1	3	1	3	1	3	1	3	
步骤2:乘积结果求和	=	=	=	=	=	=	=	=	=	=	=	=	=	=	=	=	=	
	9	7	18	1	0	4	6	5	0	0	6	1	6	3	12	5	18	=101
步骤2:以最小大于步骤2结果10的整数倍数字110减去步骤2的结果为校验码数值9																			0
带有校验码的数据	3	7	6	1	0	4	2	5	0	0	2	1	2	3	4	5	6	9

附图 H.2 18位编码数据校验码的计算实例

附录 I 字母数字序列号字符集
（规范性附录）

GS1通用规范允许使用的字母数字序列号的字符集如附表 I.1 所示。

附表 I.1 字母数字序列号中的有效字符

图形符号	名称	十六进制值	URI形式	图形符号	名称	十六进制值	URI形式
!	感叹号	21	!	M	大写字母M	4D	M
"	引号	22	%22	N	大写字母N	4E	N
%	百分号	25	%25	O	大写字母O	4F	O
&	和	26	%26	P	大写字母P	50	P
'	撇号	27	'	Q	大写字母Q	51	Q
(	左圆括号	28	(	R	大写字母R	52	R
)	右圆括号	29	)	S	大写字母S	53	S
*	星号	2A	*	T	大写字母T	54	T
+	正号	2B	+	U	大写字母U	55	U
,	逗号	2C	,	V	大写字母V	56	V
-	连字号/负号	2D	-	W	大写字母W	57	W
.	句号	2E	.	X	大写字母X	58	X

续表

图形符号	名称	十六进制值	URI 形式	图形符号	名称	十六进制值	URI 形式
/	斜线	2F	%2F	Y	大写字母 Y	59	Y
0	数字 0	30	0	Z	大写字母 Z	5A	Z
1	数字 1	31	1	_	下划线	5F	_
2	数字 2	32	2	a	小写字母 a	61	a
3	数字 3	33	3	b	小写字母 b	62	b
4	数字 4	34	4	c	小写字母 c	63	c
5	数字 5	35	5	d	小写字母 d	64	d
6	数字 6	36	6	e	小写字母 e	65	e
7	数字 7	37	7	f	小写字母 f	66	f
8	数字 8	38	8	g	小写字母 g	67	g
9	数字 9	39	9	h	小写字母 h	68	h
:	冒号	3A	:	i	小写字母 i	69	i
;	分号	3B	;	j	小写字母 j	6A	j
<	小于号	3C	%3C	k	小写字母 k	6B	k
=	等于号	3D	=	l	小写字母 l	6C	l
>	大于号	3E	%3E	m	小写字母 m	6D	m
?	问号	3F	%3F	n	小写字母 n	6E	n
A	大写字母 A	41	A	o	小写字母 o	6F	o
B	大写字母 B	42	B	p	小写字母 p	70	p
C	大写字母 C	43	C	q	小写字母 q	71	q
D	大写字母 D	44	D	r	小写字母 r	72	r
E	大写字母 E	45	E	s	小写字母 s	73	s
F	大写字母 F	46	F	t	小写字母 t	74	t
G	大写字母 G	47	G	u	小写字母 u	75	u
H	大写字母 H	48	H	v	小写字母 v	76	v
I	大写字母 I	49	I	w	小写字母 w	77	w
J	大写字母 J	4A	J	x	小写字母 x	78	x
K	大写字母 K	4B	K	y	小写字母 y	79	y
L	大写字母 L	4C	L	z	小写字母 z	7A	z

附录2 供港食品全程RFID溯源信息规范 总则

前 言

本部分按照GB/T 1.1—2009给出的规则起草。

本部分由中国国家认证认可监督管理委员会提出和归口。

本部分起草单位:深圳市检验检疫科学研究院。

本部分主要起草人:李军、包先雨、郭云、陈枝楠、陈新、王洋、吴辉、徐伟、吴彦、毛晶晶。

1. 范围

本标准规定了供港食品全程RFID溯源信息的基本要求、参与方分析、业务流程、信息分析以及信息管理。

本标准适用于供港食品全程RFID溯源供应链中溯源信息的采集、共享、流转和管理。

2. 规范性引用文件

下列文件对于本文件的应用是必不可少的。凡是注日期的引用文件,仅所注日期的版本适用于本文件。凡是不注日期的引用文件,其最新版本(包括所有的修改单)适用于本文件。

GB/T 22000—2006:食品安全管理体系——适用于食品链中各类组织的要求。

GB/Z 22005—2009:饲料和食品链的可追溯性体系设计与实施的通用原则和基本要求。

NY/T 1431—2007:农产品追溯编码导则。

NY/T 1761—2009:农产品质量安全追溯操作规程 通则。

GS1 GS 13.0:GS1通用规范13.0版本(General Specifications Version 13.0)。

EPC TDS 1.6:EPC™标签数据标准1.6版本(GS1 EPC Tag Data Standards

Version 1.6)。

3. 术语与定义

GB/T 22005—2009、NY/T 1761—2009 界定的以及下列术语与定义适用于本文件。

3.1 溯源(Traceability)
通过记录标识的方法对某个物理对象的历史、应用或位置进行回溯。

3.2 溯源项目(Traceable Item)
溯源供应链中溯源食品从生产到形成贸易项目过程中所需的原材料、包装或溯源食品本身。

3.3 追溯码(Tracing Code)
承载追溯信息并具有追溯功能的统一代码。

3.4 参与方(Party)
溯源供应链中任何一个环节涉及的法人或实体单位。

3.5 角色(Role)
溯源参与方在一个特定的时间内发生溯源过程时的特定功能。

3.6 内部溯源(Internal Traceability)
从溯源参与方接收一个或多个溯源项目到输出一个或多个溯源项目过程中，溯源参与方内部产生的溯源过程。

3.7 外部溯源(External Traceability)
当溯源项目从一个溯源参与方转移到另一个溯源参与方时产生的溯源过程。

3.8 实体流(Physical Flow)
溯源供应链中溯源项目的运动过程。

4. 缩略语

下列缩略语适用于本文件。

GLN——全球位置代码(Global Location Number)。
GSIN——全球货物装运标识代码(Global Shipment Identification Number)。
GTIN——全球贸易项目代码(Global Trade Item Number)。
RFID——无线射频识别(Radio Frequency Identification Devices)。
SGLN——序列全球位置代码(Global Location Number With or Without Extension)。
SGTIN——序列化全球贸易项目代码(Serialized Global Trade Item Number)。
SSCC——序列货运包装箱代码(Serial Shipping Container Code)。

5. 基本要求

5.1 溯源参与方所构建的内部溯源体系和外部溯源体系应符合 GB/T

22000—2006 和 GB/Z 22005—2009 的规定。

5.2 溯源参与方应制定部门或人员负责溯源的组织、实施、监控和信息的采集、上报、核实及发布等工作。

5.3 溯源信息应覆盖供港食品的生产、加工、包装、仓储、运输、检验、报检通关以及零售和餐饮等全过程。

5.4 应结合 RFID 电子标签对供港食品溯源过程中各相关环节进行代码化管理,确保供港食品溯源信息与产品的唯一对应。

5.5 应根据实际情况采用合适工作频段的 RFID 电子标签。

5.6 追溯码应符合 NY/T 1431—2007 的规定。

5.7 溯源的食品应能根据追溯码追溯到生产、加工、包装、仓储、运输、检验、报检通关以及零售和餐饮等环节的产品、投入品信息及相关责任主体。

6. 参与方分析

在溯源供应链中,一个法人或者物理实体可成为不同的溯源参与方,一个溯源参与方可有多个角色。溯源参与方列表如附表 2.1 所示,角色列表如附表 2.2 所示。

附表 2.1 参与方列表

溯源参与方	描 述
承运方/第三方物流提供商(第三方物流)	负责运输或交付溯源项目
加工厂/生产商/初级生产者	接收输入的溯源项目并转换输入的溯源项目的参与方,包括农民、屠宰场包装者、食品制造商等
零售商销售点	最后与最终用户发生贸易关系的参与方
仓库/配送中心	负责溯源项目的处理(可能转换溯源项目)和存储
政府	保护公众利益的法定组织

附表 2.2 角色列表

角 色	描 述
品牌所有者	负责为一个给定的贸易项目分配 GS1 系统编号和 RFID 电子标签 GS1 前缀码的管理员 和(或)对贸易产品拥有最终决定权 和(或)产品规格的所有者 和(或)负责将贸易产品推入市场

续表

角色	描述
溯源数据创造者	产生溯源数据的参与方
溯源数据接收方	有权查看、使用和下载溯源数据的参与方
溯源数据源	提供溯源数据的参与方
溯源项目创造者	生成一个溯源项目或通过将一个或多个溯源项目转换为一个不同的溯源项目的参与方
溯源项目接收方	接收溯源项目的参与方
溯源项目来源	发送或提供一个溯源项目的参与方
溯源请求发起者	开始进行溯源请求的人
运输单元	从一个环节到另一个环节的过程中,在没有改变溯源项目特性的情况下接收、承载和交付一个或多个溯源项目。通常只具有溯源项目的持有、保管或控制权,可能拥有所有权

7. 业务流程

7.1 流程概述

在整个溯源供应链中,所有溯源参与方都应实现内部溯源和外部溯源,溯源食品供应链流程如附图2.1所示。

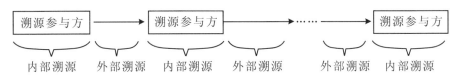

附图2.1 溯源食品供应链流程

7.2 内部溯源

7.2.1 内部溯源应包括溯源项目的接收、处理、发送三个流程,如附图2.2所示。

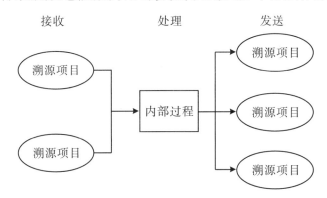

附图2.2 内部溯源

7.2.2 下列事件发生时产生的溯源数据应被收集：

a. 接收，该事件是从一个溯源参与方发送到另一个溯源参与方时，溯源项目从外部溯源转入内部溯源的过程。接收到的溯源项目可能是原材料、包装或成品等。

b. 处理，该事件是在同一个溯源参与方内部进行且无其他溯源参与方对溯源项目有重要影响的内部过程，其应由一个或多个子过程组成。每个子过程应包含溯源项目的投入和溯源项目的输出。内部过程的子过程包括以下几个方面：

● 移动，该子过程是一个溯源项目的物理重定位。

● 转型，该子过程是改变一个溯源项目的定义和(或)其特点的行为。转型可以是对溯源项目的生产、制造、分组、分割、混合、包装或重新包装。

● 储存，该子过程是将溯源项目保存在溯源参与方的某个物理位置的行为。

● 用法，该子过程是使用溯源项目和记录溯源项目的使用数据的行为。

● 销毁，该子过程是毁灭一个溯源项目的行为。

c. 发送，该事件是溯源项目从供应链中的一个参与方到下一个参与方的转移。

7.3 外部溯源

7.3.1 外部溯源应在溯源项目从一个溯源参与方(溯源项目来源)转移到另一个溯源参与方(溯源接收方)时发生，如附图2.3所示。

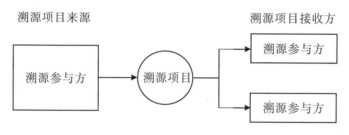

附图2.3 外部溯源

7.3.2 每个溯源参与方应能向后追溯到溯源项目的直接来源，并能向前追溯到溯源项目的直接接收者。

7.3.3 接收的内容可包含多个层次的溯源项目。

7.3.4 溯源参与方不必持有和发布所有溯源信息，但溯源项目来源和溯源项目接收方应在他们各自的信息系统内和公共信息系统内通信和记录至少一个商定的标识，以确保向前或向后追溯时信息流的有效性。

7.3.5 所有的溯源项目应携带分配给它的识别标签。

7.3.6 品牌所有者应确保溯源项目标识的真实性和唯一性。

7.3.7 RFID电子标签应保持附在溯源食品上，直到溯源项目生命周期的结束。

8. 信息分析
8.1 信息流

8.1.1 信息流应在实体流发生的同时产生,如附图 2.4 所示。

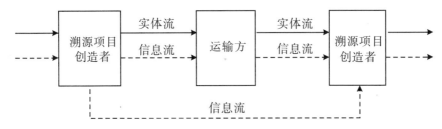

附图 2.4 溯源信息流

8.1.2 溯源项目来源应与溯源项目接收方共享相关溯源信息,溯源项目接受方应接收并收集该信息。

8.1.3 溯源参与方记录的溯源信息应有一个最小限度,溯源参与方应保证记录的数据有效,并对其中一部分信息进行交换。

8.1.4 最小数据信息应是物流过程中交换的最小限度的溯源信息。最小数据信息应包括参与方、溯源食品、运输始发地和目的地、收货/发货时间的相关信息。

8.1.5 其他信息应根据溯源参与方的内部目标或具体应用进行捕获、记录和共享。

8.2 数据分析
8.2.1 数据分类

8.2.1.1 根据食品类型的不同,溯源信息可分为主数据和交易数据;根据合约关系,溯源信息可分为公共数据和私有数据,如附图 2.5 所示。溯源数据的有关信息主要包括下列五类:

a. 谁?溯源参与方信息。

b. 在哪里?位置信息。

c. 什么时候?日期/时间信息。

d. 是什么?溯源项目信息。

e. 发生了什么事?过程或事件信息。

8.2.1.2 事件信息是货物的实际流动过程中创建的,只应在事件发生时被收集。

8.2.1.3 溯源参与方不必持有和共享所有溯源信息,但应有能力在其内部搜索和获取相关的信息。在不侵犯每个溯源参与方的知识产权的情况下应共享相关的溯源信息。

8.2.1.4 不同溯源数据的类型可对应不同的信息记录解决方案和追溯请求

类型,主要分为下列几种情况:

a. 如果溯源数据是私有的,它应在相关溯源参与方的溯源记录中。

b. 如果溯源数据是公开的,它应在溯源项目持有方的溯源记录或共享的数据库中。

c. 如果溯源数据是溯源项目鉴定的关键,它应被标识在 RFID 电子标签上。

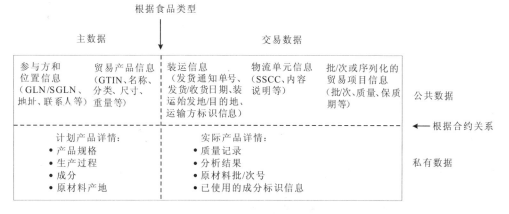

附图 2.5 溯源数据分类

8.2.2 主数据

8.2.2.1 主数据应随着时间的发展而保持基本一致,并独立于日常的物理事件。

8.2.2.2 主数据应具有以下特性:

a. 永久或持久性。

b. 在一定时期内相对恒定,不会发生频繁变更。

c. 可被多个商业流程和系统访问和使用。

8.2.2.3 主数据应包括下列内容:

a. 贸易项目信息(GTIN、名称、分类、尺寸、重量等)。

b. 参与方和位置信息(GLN/SGLN、地址、联系人等)。

c. 产品详情(产品规格、生产过程、成分、原材料产地等)。

8.2.3 交易数据

交易数据在物流过程中产生,交易数据应包括下列内容:

a. 装运信息(发货通知单号、发货/收货日期、装运始发地/目的地、运输方标识信息等)。

b. 物流单元信息(SSCC、内容说明等)。

c. 批/次或序列化的贸易项目信息(批/次、质量、保质期等)。

d. 产品详情(质量记录、分析结果、原材料批/次号等)。

8.2.4 公共数据

公共数据是溯源项目所有者的溯源记录,公共数据应包括下列内容:

a. 参与方和参与方位置信息。

b. 贸易项目信息。

c. 装运信息。

d. 物流单元信息。

e. 批/次或序列化的贸易项目信息。

8.2.5 私有数据

私有数据是溯源参与方的溯源记录,私有数据应包括下列内容:

a. 产品的详细计划。

b. 产品详情。

8.3 最小数据信息

8.3.1 参与方

溯源参与方信息包括溯源项目的发送方、运输方和接收方信息,其涉及溯源项目的提供商、生产商、加工商、运输方、检验检疫机构和销售商等信息。

8.3.2 溯源食品及其信息编码

溯源食品信息根据包装或物流装运级别不同,分为下列情况:

a. 当供港食品为装运单元时,需要装运标识(装运标识号、GSIN)信息。其编码应符合 GS1 GS 13.0 和 EPC TDS 1.6 的规定。

b. 当供港食品为物流单元时,需要物流单元标识(SSCC)、物流单元数量信息。其编码应符合 GS1 GS 13.0 和 EPC TDS 1.6 的规定。

c. 当供港食品为序列化的贸易项目时,需要贸易项目标识(SGTIN)、贸易项目说明、贸易项目数量信息。其编码应符合 GS1 GS 13.0 和 EPC TDS 1.6 的规定。

d. 当供港食品为一批贸易项目时,需要贸易项目标识(GTIN + 批/次号)、贸易项目说明、贸易项目数量信息。其编码应符合 GS1 GS 13.0 和 EPC TDS 1.6 的规定。

e. 当供港食品为一个贸易项目时,需要贸易项目标识(GTIN)、贸易项目说明、贸易项目数量信息。其编码应符合 GS1 GS 13.0 和 EPC TDS 1.6 的规定。

8.3.3 溯源食品运输始发地和目的地

运输始发地和目的地标识信息应采用 SGLN 编码进行标识。

8.3.4 收货/发货时间

收货日期与发货日期信息应由相应的溯源参与方确定和记录。

9. 信息管理

9.1 信息存储

应建立信息管理制度。所有文件记录、档案应完整,并至少保留 2 年。

9.2 信息传输

溯源项目流通到某一环节时,上一环节溯源参与方应及时通过网络、纸质记录、RFID 电子标签等形式将相关溯源信息传递给此环节。

9.3 信息查询

凡符合相关法律法规要求,应予向社会发布消息,应建立相应的查询平台。

附录 3　供港食品全程 RFID 溯源规程 第 1 部分:水果

前　　言

SN/T ××××《供港食品全程 RFID 溯源规程》共分为 3 个部分:
——第 1 部分:水果。
——第 2 部分:蔬菜。
——第 3 部分:冷冻食品。
本部分为 SN/T ×××× 的第 1 部分。
本部分按照 GB/T 1.1—2009 给出的规则起草。
本部分由中国国家认证认可监督管理委员会提出和归口。
本部分起草单位:深圳市检验检疫科学研究院。
本部分主要起草人:李军、吴绍精、包先雨、詹爱军、陈枝楠、陈新、王洋、吴辉、徐伟。

1. 范围

SN/T ×××× 的本部分规定了供港水果全程 RFID 溯源体系的实施原则、实施要求、溯源系统模型、信息记录和处理、体系运行自查、溯源管理和产品召回。

本部分适用于供港水果全程 RFID 溯源体系的构建和实施。

2. 规范性引用文件

下列文件对于本文件的应用是必不可少的。凡是注日期的引用文件,仅所注日期的版本适用于本文件。凡是不注日期的引用文件,其最新版本(包括所有的修改单)适用于本文件。

GB/Z 22005—2009:饲料和食品链的可追溯性体系设计与实施的通用原则和基本要求。

NY/T 1431—2007:农产品追溯编码导则。

NY/T 1761—2009:农产品质量安全追溯操作规程 通则。

3. 术语与定义

GB/T 22005—2009、NY/T 1761—2009 界定的以及下列术语与定义适用于本文件。

3.1 溯源(Traceability)

通过记录标识的方法对某个物理对象的历史、应用或位置进行回溯。

3.2 追溯码(Tracing Code)

承载追溯信息并具有追溯功能的统一代码。

3.3 参与方(Party)

溯源供应链中任何一个环节涉及的法人或实体单位。

4. 实施原则

4.1 合法性原则

应遵循《中华人民共和国食品安全法》、国家质量监督检验检疫总局《出口食品生产企业备案管理规定》(总局令第142号)等国家法律、法规和相关标准的要求。

4.2 完整性原则

溯源信息应覆盖供港水果的种植、加工、包装、仓储、运输、检验、报检通关以及零售和餐饮全过程。

4.3 对应性原则

应对供港水果溯源过程中各相关单元进行RFID电子标签代码化管理,确保供港水果溯源信息与产品的唯一对应。

4.4 高效性原则

应充分运用网络技术、通信技术、RFID技术等,建立高效、精准、快捷的供港水果全程RFID溯源体系。

5. 实施要求

5.1 溯源目标

溯源的水果产品应能根据追溯码追溯到种植、加工、包装、仓储、运输、检验、报检通关以及零售和餐饮环节的产品、投入品信息及相关责任主体。

5.2 机构和人员

溯源参与方应指定部门或人员负责溯源的组织、实施、监控和信息的采集、上报、核实及发布等工作。

5.3 电子标签

应采用工作频率为860~960 MHz的超高频无源RFID电子标签。

5.4 追溯码

其编码应按 NY/T 1431 2007 的规定执行。

5.5 信息管理

5.5.1 信息存储

应建立信息管理制度。所有文件记录、档案应完整,并至少保留2年。

5.5.2 信息传输

产品流通到某一环节时,上一环节溯源参与方应及时通过网络、纸质记录、RFID电子标签等形式将相关溯源信息传递给此环节。

5.5.3 信息查询

凡符合相关法律法规要求,应予向社会发布的消息,应建立相应的查询平台。

6. 供港水果全程RFID溯源系统

6.1 供港水果全程RFID溯源系统应包括种植环节信息管理模块、加工环节信息管理模块、包装环节信息管理模块、仓储环节信息管理模块、运输环节信息管理模块、检验环节信息管理模块、报检通关环节信息管理模块、零售和餐饮环节信息管理模块、电子标签管理模块、产品召回管理模块和系统管理模块等11个模块,如附图3.1所示。

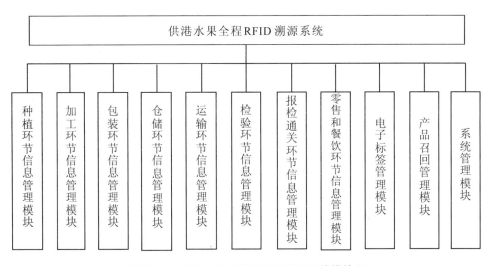

附图3.1 供港水果全程RFID溯源系统模块图

6.2 溯源参与方应负责建立供港水果全程RFID溯源信息数据库,相关环节的溯源参与方应负责供港水果信息的收集、验证、相关录入、实时更新和管理,并进入系统进行对应环节的合法操作。

7. 溯源环节信息记录处理
7.1 种植环节
7.1.1 信息记录
种植环节信息记录内容要求如附表3.1所示。

附表3.1 种植环节处理信息记录要求

溯源信息	信息要求描述
产品标识	名称、批号、数量和规格
种植基地	名称、生态环境信息、面积、土壤信息、温度信息、水质信息、检验信息、备案证明、历史信誉记录
种植信息	种植者姓名、种植者年龄、种植品种、种植时间、种植区域、种植面积
施肥灌溉信息	施肥品种、时间、数量、次数、施肥人员灌溉时间、次数、方式
病虫草害防治信息	病虫草害名称、发病时间、用药名称、剂量、次数、类型、时间、作业人员
其他农业投入品信息	名称、使用日期、剂量、次数
采收信息	采收日期、采收基地编号、采收数量和规格、采收方式、采收标准、作业人员、容器
附加信息	涉及的其他信息

7.1.2 信息处理
种植环节的溯源参与方应对种植环节信息进行编码和建档,产生追溯码,并安排相关人员将相关信息录入溯源系统,写入RFID电子标签中。

7.2 加工环节
7.2.1 信息记录
加工环节信息记录内容要求如附表3.2所示。

附表3.2 加工环节信息记录要求

溯源信息	信息要求描述
并批、分批信息	名称、原批号、数量与规格、新产生的批号
加工产品标识	名称、批号、数量与规格
加工企业	名称、卫生条件、备案证明、历史信誉记录
农残检测信息	检测时间、数量/重量、原批次检测结果、新批次检测结果、检测员
清洗信息	水质信息、消毒剂浓度
加工设备信息	清洁消毒记录
添加物信息	添加物名称、添加方式

续表

溯源信息	信息要求描述
加工信息	车间、生产线编号、生产日期和时间、卫生控制与检查记录、加工温度记录、加工过程控制记录加工人员、班组
检验信息	应符合7.6的规定
附加信息	涉及的其他信息

7.2.2 信息处理

加工环节的溯源参与方应对加工环节信息进行编码和建档,应安排相关人员将相关信息录入溯源系统,并写入RFID电子标签中。

7.3 包装环节

7.3.1 信息记录

包装环节信息记录内容要求如附表3.3所示。

附表3.3 包装环节信息记录要求

溯源信息	信息要求描述
并批、分批信息	名称、原批号、数量与规格、新产生的批号
包装产品标识	名称、批号、数量与规格、保质期
包装地点信息	名称、卫生条件
包装容器信息	材料、安全卫生质量信息
包装信息	包装时间、包装人的健康信息、责任人
检验信息	应符合7.6的规定
附加信息	涉及的其他信息

7.3.2 信息处理

包装环节的溯源参与方应对包装环节信息进行编码和建档,应安排相关人员将相关信息录入溯源系统,并写入RFID电子标签中。

7.4 仓储环节

7.4.1 信息记录

仓储环节信息记录内容要求如附表3.4所示。

附表3.4 仓储环节信息记录要求

溯源信息	信息要求描述
并批、分批信息	名称、原批号、数量与规格、新产生的批号
仓储产品标识	名称、批号、数量与规格

续表

溯源信息	信息要求描述
仓库信息	仓库编号、仓库卫生信息、消毒记录、温湿度记录
入库信息	入库时间、检验信息、责任人
出库信息	出库时间、检验信息、责任人
附加信息	涉及的其他信息

7.4.2 信息处理

仓储环节的溯源参与方应对仓储环节信息进行编码和建档,应安排相关人员将相关信息录入溯源系统,并写入RFID电子标签中。

7.5 运输环节

7.5.1 信息记录

运输环节信息记录内容要求如附表3.5所示。

附表3.5 运输环节信息记录要求

溯源信息	信息要求描述
运输产品标识	名称、批号、数量与规格
运输工具信息	运输责任单位、车辆卫生条件、车辆类型、车牌号、司机信息
运输信息	运输的起止点、装车时间、卸货时间、温湿度记录、责任人
附加信息	涉及的其他信息

7.5.2 信息处理

运输环节的溯源参与方应对运输环节信息进行编码和建档,应安排相关人员将相关信息录入溯源系统,并写入RFID电子标签中。

7.6 检验环节

7.6.1 信息记录

检验环节信息记录内容要求如附表3.6所示。

附表3.6 检验环节信息记录要求

溯源信息	信息要求描述
检验产品标识	名称、批号、数量与规格
检验信息	产品来源、检验日期、检验机构、产品标准、检验结果
附加信息	涉及的其他信息

7.6.2 信息处理

检验环节的溯源参与方应对检验环节信息进行编码和建档,应安排相关人员将相关信息录入溯源系统,并写入 RFID 电子标签中。

7.7 报检通关环节

7.7.1 信息记录

报检通关环节信息记录内容要求如附表 3.7 所示。

附表 3.7　报检通关环节信息记录要求

溯源信息	信息要求描述
报检通关产品标识	名称、批号、数量与规格
报检信息	加工原料证明文件、出货清单、出厂合格证明、报检单号
铅封信息	封识号、铅封单位
监装记录	报检单号、加工厂名称、农药单号、封识号、车牌号、报检数/重量、检验检疫情况、检疫人
现场查验信息	查验人、工号、查验结果
附加信息	涉及的其他信息

7.7.2 信息处理

报检通关环节的溯源参与方应对报检通关环节信息进行编码和建档,应安排相关人员将相关信息录入溯源系统,并写入 RFID 电子标签中。

7.8 零售和餐饮环节

7.8.1 信息记录

零售和餐饮环节信息记录内容要求如附表 3.8 所示。

附表 3.8　零售和餐饮环节信息记录要求

溯源信息	信息要求描述
零售和餐饮产品标识	名称、批号、数量与规格
零售和餐饮信息	零售和餐饮点名称、卫生条件、备案证明
仓储信息	应符合 7.4 的规定
附加信息	涉及的其他信息

7.8.2 信息处理

零售和餐饮环节的溯源参与方应对零售和餐饮环节信息进行编码和建档,应安排相关人员将相关信息录入溯源系统,并写入 RFID 电子标签中。

8. 体系运行自查

供港水果 RFID 溯源体系的运行自查制度应符合 NY/T 1761—2009 中第 7 章的规定。

9. 溯源管理和产品召回

9.1 供港水果溯源参与方应建立溯源制度和产品召回制度,对上一环节提供的产品进行检验验收,对追溯信息进行核实。

9.2 对于出现的产品质量问题,溯源参与方应及时召回相关产品,依据溯源体系,提供相关记录,检验检疫机构根据追溯码跟踪调查,查明原因,监督相关溯源参与方采取有效改进措施。

附录4 供港食品全程 RFID 溯源规程 第2部分:蔬菜

前　　言

SN/T ××××《供港食品全程 RFID 溯源规程》共分为3个部分:
——第1部分:水果。
——第2部分:蔬菜。
——第3部分:冷冻食品。
本部分为 SN/T ××××的第2部分。
本部分按照 GB/T 1.1—2009 给出的规则起草。
本部分由中国国家认证认可监督管理委员会提出和归口。
本部分起草单位:深圳市检验检疫科学研究院。
本部分主要起草人:包先雨、李军、吴绍精、陈新、陈枝楠、王洋、吴辉、吴彦、毛晶晶。

1. 范围

SN/T ××××的本部分规定了供港蔬菜 RFID 全程溯源体系的实施原则、实施要求、溯源系统模型、信息记录和处理、体系运行自查、溯源管理和产品召回。

本部分适用于供港蔬菜全程 RFID 溯源体系的构建和实施。

2. 规范性引用文件

下列文件对于本文件的应用是必不可少的。凡是注日期的引用文件,仅所注日期的版本适用于本文件。凡是不注日期的引用文件,其最新版本(包括所有的修改单)适用于本文件。

GB/Z 22005—2009:饲料和食品链的可追溯性体系设计与实施的通用原则和基本要求。

NY/T 1431—2007:农产品追溯编码导则。

NY/T 1761—2009:农产品质量安全追溯操作规程　通则。

3. 术语与定义

GB/T 22005—2009、NY/T 1761—2009 界定的以及下列术语与定义适用于本文件。

3.1 溯源(Traceability)

通过记录标识的方法对某个物理对象的历史、应用或位置进行回溯。

3.2 追溯码(Tracing code)

承载追溯信息并具有追溯功能的统一代码。

3.3 参与方(Party)

溯源供应链中任何一个环节涉及的法人或实体单位。

4. 实施原则

4.1 合法性原则

应遵循《中华人民共和国食品安全法》、国家质量监督检验检疫总局《出口食品生产企业备案管理规定》(总局令第142号)和《供港澳蔬菜检验检疫监督管理办法》(总局令第120号)等国家法律、法规和相关标准的要求。

4.2 完整性原则

溯源信息应覆盖供港蔬菜的种植、加工、包装、仓储、运输、检验、报检通关以及零售和餐饮全过程。

4.3 对应性原则

应对供港蔬菜溯源过程中各相关单元进行RFID电子标签代码化管理,确保供港蔬菜溯源信息与产品的唯一对应。

4.4 高效性原则

应充分运用网络技术、通信技术、RFID技术等,建立高效、精准、快捷的供港蔬菜全程RFID溯源体系。

5. 实施要求

5.1 溯源目标

溯源的蔬菜产品应能根据追溯码追溯到种植、加工、包装、仓储、运输、检验、报检通关以及零售和餐饮环节的产品、投入品信息及相关责任主体。

5.2 机构和人员

溯源参与方应指定部门或人员负责溯源的组织、实施、监控和信息的采集、上报、核实及发布等工作。

5.3 电子标签

应采用工作频率为860~960 MHz的超高频无源RFID电子标签。

5.4 追溯码

其编码应按 NY/T 1431—2007 的规定执行。

5.5 信息管理

5.5.1 信息存储

应建立信息管理制度。所有文件记录、档案应完整,并至少保留2年。

5.5.2 信息传输

产品流通到某一环节时,上一环节溯源参与方应及时通过网络、纸质记录、RFID电子标签等形式将相关溯源信息传递给此环节。

5.5.3 信息查询

凡符合相关法律法规要求,应予向社会发布的消息,应建立相应的查询平台。

6. 供港蔬菜全程 RFID 溯源系统

6.1 供港蔬菜全程 RFID 溯源系统应包括种植环节信息管理模块、加工环节信息管理模块、包装环节信息管理模块、仓储环节信息管理模块、运输环节信息管理模块、检验环节信息管理模块、报检通关环节信息管理模块、零售和餐饮环节信息管理模块、电子标签管理模块、产品召回管理模块和系统管理模块等11个模块,如附图4.1所示。

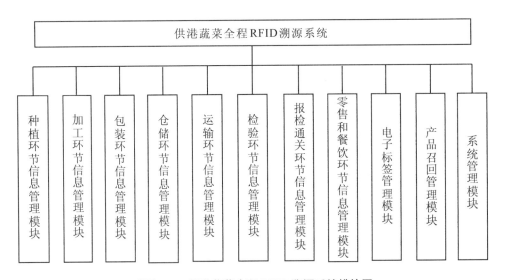

附图 4.1 供港蔬菜全程 RFID 溯源系统模块图

6.2 溯源参与方应负责建立供港蔬菜全程 RFID 溯源信息数据库,相关环节的溯源参与方应负责供港蔬菜信息的收集、验证、相关录入、实时更新和管理,并进入系统进行对应环节的合法操作。

7. 溯源环节信息记录处理

7.1 种植环节

7.1.1 信息记录

种植环节信息记录内容要求如附表4.1所示。

附表4.1 种植环节处理信息记录要求

溯源信息	信息要求描述
产品标识	名称、批号、数量和规格
种植基地	名称、生态环境信息、面积、土壤信息、温度信息、水质信息、检验信息、备案证明、历史信誉记录
育苗信息	品种、批号、数量和规格、种子质量保证文件、种子处理方法、土壤处理方法、播种时间、播种地点和面积、播种方式、播种员
定植信息	整地时间、定植或直播时间、地点和面积、方式、定植员
施肥灌溉信息	施肥品种、时间、数量、次数、施肥人员、灌溉时间、次数、方式
病虫草害防治信息	病虫草害名称、发病时间、用药名称、剂量、次数、类型、时间、作业人员
其他农业投入品信息	名称、使用日期、剂量、次数
采收信息	采收日期、采收基地编号、采收数量和规格、采收方式、采收标准、作业人员、容器
附加信息	涉及的其他信息

7.1.2 信息处理

种植环节的溯源参与方应对种植环节信息进行编码和建档,产生追溯码,并安排相关人员将相关信息录入溯源系统,写入RFID电子标签中。

7.2 加工环节

7.2.1 信息记录

加工环节信息记录内容要求如附表4.2所示。

附表4.2 加工环节信息记录要求

溯源信息	信息要求描述
并批、分批信息	名称、原批号、数量与规格、新产生的批号
加工产品标识	名称、批号、数量与规格
加工企业	名称、卫生条件、备案证明、历史信誉记录
农残检测信息	检测时间、数量/重量、原批次检测结果、新批次检测结果、检测员

续表

溯源信息	信息要求描述
清洗信息	水质信息、消毒剂浓度
加工设备信息	清洁消毒记录
添加物信息	添加物名称、添加方式
加工信息	车间、生产线编号、生产日期和时间、卫生控制与检查记录、加工温度记录、加工过程控制记录、加工人员、班组
检验信息	应符合7.6的规定
附加信息	涉及的其他信息

7.2.2 信息处理

加工环节的溯源参与方应对加工环节信息进行编码和建档,应安排相关人员将相关信息录入溯源系统,并写入RFID电子标签中。

7.3 包装环节

7.3.1 信息记录

包装环节信息记录内容要求如附表4.3所示。

附表4.3 包装环节信息记录要求

溯源信息	信息要求描述
并批、分批信息	名称、原批号、数量与规格、新产生的批号
包装产品标识	名称、批号、数量与规格、保质期
包装地点信息	名称、卫生条件
包装容器信息	材料、安全卫生质量信息
包装信息	包装时间、包装人的健康信息、责任人
检验信息	应符合7.6的规定
附加信息	涉及的其他信息

7.3.2 信息处理

包装环节的溯源参与方应对包装环节信息进行编码和建档,应安排相关人员将相关信息录入溯源系统,并写入RFID电子标签中。

7.4 仓储环节

7.4.1 信息记录

仓储环节信息记录内容要求如附表4.4所示。

附表 4.4　仓储环节信息记录要求

溯源信息	信息要求描述
并批、分批信息	名称、原批号、数量与规格、新产生的批号
仓储产品标识	名称、批号、数量与规格
仓库信息	仓库编号、仓库卫生信息、消毒记录、温湿度记录
入库信息	入库时间、检验信息、责任人
出库信息	出库时间、检验信息、责任人
附加信息	涉及的其他信息

7.4.2　信息处理

仓储环节的溯源参与方应对仓储环节信息进行编码和建档,应安排相关人员将相关信息录入溯源系统,并写入 RFID 电子标签中。

7.5　运输环节

7.5.1　信息记录

运输环节信息记录内容要求如附表 4.5 所示。

附表 4.5　运输环节信息记录要求

溯源信息	信息要求描述
运输产品标识	名称、批号、数量与规格
运输工具信息	运输责任单位、车辆卫生条件、车辆类型、车牌号、司机信息
运输信息	运输的起止点、装车时间、卸货时间、温湿度记录、责任人
附加信息	涉及的其他信息

7.5.2　信息处理

运输环节的溯源参与方应对运输环节信息进行编码和建档,应安排相关人员将相关信息录入溯源系统,并写入 RFID 电子标签中。

7.6　检验环节

7.6.1　信息记录

检验环节信息记录内容要求如附表 4.6 所示。

附表 4.6　检验环节信息记录要求

溯源信息	信息要求描述
检验产品标识	名称、批号、数量与规格
检验信息	产品来源、检验日期、检验机构、产品标准、检验结果
附加信息	涉及的其他信息

7.6.2 信息处理

检验环节的溯源参与方应对检验环节信息进行编码和建档,应安排相关人员将相关信息录入溯源系统,并写入 RFID 电子标签中。

7.7 报检通关环节

7.7.1 信息记录

报检通关环节信息记录内容要求如附表 4.7 所示。

附表 4.7　报检通关环节信息记录要求

溯源信息	信息要求描述
报检通关产品标识	名称、批号、数量与规格
报检信息	加工原料证明文件、出货清单、出厂合格证明、报检单号
铅封信息	封识号、铅封单位
监装记录	报检单号、加工厂名称、农药单号、封识号、车牌号、报检数/重量、检验检疫情况、检疫人
现场查验信息	查验人、工号、查验结果
附加信息	涉及的其他信息

7.7.2 信息处理

报检通关环节的溯源参与方应对报检通关环节信息进行编码和建档,应安排相关人员将相关信息录入溯源系统,并写入 RFID 电子标签中。

7.8 零售和餐饮环节

7.8.1 信息记录

零售和餐饮环节信息记录内容要求如附表 4.8 所示。

附表 4.8　零售和餐饮环节信息记录要求

溯源信息	信息要求描述
零售和餐饮产品标识	名称、批号、数量与规格
零售和餐饮信息	零售和餐饮点名称、卫生条件、备案证明
仓储信息	应符合 7.4 的规定
附加信息	涉及的其他信息

7.8.2 信息处理

零售和餐饮环节的溯源参与方应对零售和餐饮环节信息进行编码和建档,应安排相关人员将相关信息录入溯源系统,并写入 RFID 电子标签中。

8. 体系运行自查

供港蔬菜 RFID 溯源体系的运行自查制度应符合 NY/T 1761—2009 中第 7

章的规定。

9. 溯源管理和产品召回

9.1 供港蔬菜溯源参与方应建立溯源制度和产品召回制度,对上一环节提供的产品进行检验验收,对追溯信息进行核实。

9.2 对于出现的产品质量问题,溯源参与方应及时召回相关产品,依据溯源体系,提供相关记录,检验检疫机构根据追溯码跟踪调查,查明原因,监督相关溯源参与方采取有效改进措施。

附录5 供港食品全程 RFID 溯源规程 第3部分:冷冻食品

前　　言

SN/T ××××《供港食品全程 RFID 溯源规程》共分为3个部分：
——第1部分:水果。
——第2部分:蔬菜。
——第3部分:冷冻食品。
本部分为 SN/T ××××的第3部分。
本部分按照 GB/T 1.1—2009 给出的规则起草。
本部分由中国国家认证认可监督管理委员会提出和归口。
本部分起草单位:深圳市检验检疫科学研究院。
本部分主要起草人:包先雨、郭云、李军、陈新、詹爱军、陈枝楠、王洋、吴彦、吴辉、徐伟。

1. 范围

SN/T ××××的本部分规定了供港冷冻食品 RFID 全程溯源体系的实施原则、实施要求、溯源系统模型、信息记录和处理、体系运行自查、溯源管理和产品召回。

本部分适用于供港冷冻食品全程 RFID 溯源体系的构建和实施。

2. 规范性引用文件

下列文件对于本文件的应用是必不可少的。凡是注日期的引用文件,仅所注日期的版本适用于本文件。凡是不注日期的引用文件,其最新版本(包括所有的修改单)适用于本文件。

GB/Z 22005—2009:饲料和食品链的可追溯性体系设计与实施的通用原则和基本要求。

NY/T 1431—2007:农产品追溯编码导则。

NY/T 1761—2009:农产品质量安全追溯操作规程 通则。

3. 术语与定义

GB/T 22005—2009、NY/T 1761—2009界定的以及下列术语与定义适用于本文件。

3.1 冷冻食品(Frozen Foods)

以可食用农、畜、禽、水产品等为主原料,经加工处理、速冻、包装等工序,在－18 ℃以下储运与销售的食品。

3.2 溯源(Traceability)

通过记录标识的方法对某个物理对象的历史、应用或位置进行回溯。

3.3 追溯码(Tracing Code)

承载追溯信息并具有追溯功能的统一代码。

3.4 参与方(Party)

溯源供应链中任何一个环节涉及的法人或实体单位。

4. 实施原则

4.1 合法性原则

应遵循《中华人民共和国食品安全法》、国家质量监督检验检疫总局《出口食品生产企业备案管理规定》(总局令第142号)等国家法律、法规和相关标准的要求。

4.2 完整性原则

溯源信息应覆盖供港冷冻食品的原辅料控制、加工、包装、仓储、运输、检验、报检通关以及零售和餐饮全过程。

4.3 对应性原则

应对供港冷冻食品溯源过程中各相关单元进行RFID电子标签代码化管理,确保供港冷冻食品溯源信息与产品的唯一对应。

4.4 高效性原则

应充分运用网络技术、通信技术、RFID技术等,建立高效、精准、快捷的供港冷冻食品全程RFID溯源体系。

5. 实施要求

5.1 溯源目标

溯源的冷冻食品产品应能根据追溯码追溯到原辅料控制、加工、包装、仓储、运输、检验、报检通关以及零售和餐饮环节的产品、投入品信息及相关责任主体。

5.2 机构和人员

溯源参与方应指定部门或人员负责溯源的组织、实施、监控和信息的采集、上报、核实及发布等工作。

5.3 电子标签
应采用工作频率为 860～960 MHz 的超高频无源 RFID 电子标签。

5.4 追溯码
其编码应按 NY/T 1431—2007 的规定执行。

5.5 信息管理

5.5.1 信息存储
应建立信息管理制度。所有文件记录、档案应完整,并至少保留 2 年。

5.5.2 信息传输
产品流通到某一环节时,上一环节溯源参与方应及时通过网络、纸质记录、RFID 电子标签等形式将相关溯源信息传递给此环节。

5.5.3 信息查询
凡符合相关法律法规要求,应予向社会发布的消息,应建立相应的查询平台。

6. 供港冷冻食品全程 RFID 溯源系统

6.1 供港冷冻食品全程 RFID 溯源系统应包括原辅料控制环节信息管理模块、加工环节信息管理模块、包装环节信息管理模块、仓储环节信息管理模块、运输环节信息管理模块、检验环节信息管理模块、报检通关环节信息管理模块、零售和餐饮环节信息管理模块、电子标签管理模块、产品召回管理模块和系统管理模块等 11 个模块,如附图 5.1 所示。

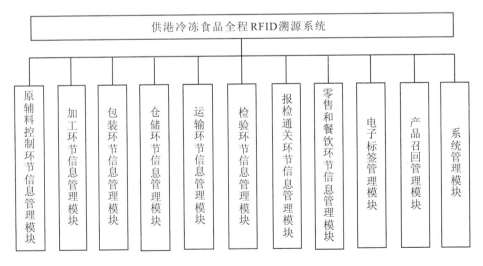

附图 5.1 供港冷冻食品全程 RFID 溯源系统模块图

6.2 溯源参与方应负责建立供港冷冻食品全程RFID溯源信息数据库,相关环节的溯源参与方应负责供港冷冻食品信息的收集、验证、相关录入、实时更新和管理,并进入系统进行对应环节的合法操作。

7. 溯源环节信息记录处理

7.1 原辅料控制环节

7.1.1 信息记录

原辅料控制环节信息记录内容要求如附表5.1所示。

附表5.1 原辅料控制环节处理信息记录要求

溯源信息	信息要求描述
原辅料标识	名称、批号、数量和规格
原辅料生产商信息	生产商名称、地址、相关有效合法证明、历史信誉记录
原辅料信息	生产日期、保质期、安全卫生检测报告
食品添加剂信息	名称、批号、数量和规格、保质期、生产商、产品标准、安全卫生检测报告、添加方式、添加分量
检验信息	应符合7.6的规定
附加信息	涉及的其他信息

7.1.2 信息处理

原辅料控制环节的溯源参与方应对原辅料控制环节信息进行编码和建档,并安排相关人员将相关信息录入溯源系统,并写入RFID电子标签中。

7.2 加工环节

7.2.1 信息记录

加工环节信息记录内容要求如附表5.2所示。

附表5.2 加工环节信息记录要求

溯源信息	信息要求描述
并批、分批信息	名称、原批号、数量与规格、新产生的批号
加工产品标识	名称、批号、数量与规格
加工企业信息	名称、卫生条件、备案证明、历史信誉记录
清洗信息	水质信息、消毒剂浓度
加工设备信息	清洁消毒记录
加工信息	车间、生产线编号、生产日期和时间、卫生控制与检查记录、温湿度控制记录、加工工艺、加工各环节温度控制记录、加工过程控制记录、作业人员、班组

续表

溯源信息	信息要求描述
产品成分	成分名称、数量与规格
检验信息	应符合7.6的规定
附加信息	涉及的其他信息

7.2.2 信息处理

加工环节的溯源参与方应对加工环节信息进行编码和建档,产生追溯码,并安排相关人员将相关信息录入溯源系统,写入RFID电子标签中。

7.3 包装环节

7.3.1 信息记录

包装环节信息记录内容要求如附表5.3所示。

附表5.3 包装环节信息记录要求

溯源信息	信息要求描述
并批、分批信息	名称、原批号、数量与规格、新产生的批号
包装产品标识	名称、批号、数量与规格、保质期
包装地点信息	名称、卫生条件、湿度记录、包装过程温控记录
包装容器信息	名称、材料、安全卫生质量信息
包装信息	包装时间、包装人的健康信息、责任人
检验信息	应符合7.6的规定
附加信息	涉及的其他信息

7.3.2 信息处理

包装环节的溯源参与方应对包装环节信息进行编码和建档,应安排相关人员将相关信息录入溯源系统,并写入RFID电子标签中。

7.4 仓储环节

7.4.1 信息记录

仓储环节信息记录内容要求如附表5.4所示。

附表5.4 仓储环节信息记录要求

溯源信息	信息要求描述
并批、分批信息	名称、原批号、数量与规格、新产生的批号
仓储产品标识	名称、批号、数量与规格
冷库信息	冷库编号、冷库卫生信息、清洁消毒记录、温湿度记录

续表

溯源信息	信息要求描述
入库信息	入库时间、作业人员技术及健康证明信息、食品中心温度、温度测量时间、测温设备和方法
出库信息	出库时间、作业人员技术及健康证明信息、食品中心温度、温度测量时间、测温设备和方法
检验信息	应符合7.6的规定
附加信息	涉及的其他信息

7.4.2 信息处理

仓储环节的溯源参与方应对仓储环节信息进行编码和建档,应安排相关人员将相关信息录入溯源系统,并写入RFID电子标签中。

7.5 运输环节

7.5.1 信息记录

运输环节信息记录内容要求如附表5.5所示。

附表5.5 运输环节信息记录要求

溯源信息	信息要求描述
运输产品标识	名称、批号、数量与规格
运输工具信息	运输责任单位、车辆卫生信息、车辆类型、车牌号、司机信息
装车信息	装车时间、装车地点、作业人员技术及健康证明信息、产品温度记录
卸货信息	卸货时间、卸货地点、作业人员技术及健康证明信息、产品温度记录
运输温湿度信息	预冷温度记录、产品温度记录、全程厢体温湿度记录、测温设备和方法、测温设备校验记录、责任人
附加信息	涉及的其他信息

7.5.2 信息处理

运输环节的溯源参与方应对运输环节信息进行编码和建档,应安排相关人员将相关信息录入溯源系统,并写入RFID电子标签中。

7.6 检验环节

7.6.1 信息记录

检验环节信息记录内容要求如附表5.6所示。

附表 5.6 检验环节信息记录要求

溯源信息	信息要求描述
检验产品标识	名称、批号、数量与规格
检验信息	产品来源、检验日期、检验机构、产品标准、检验结果
附加信息	涉及的其他信息

7.6.2 信息处理

检验环节的溯源参与方应对检验环节信息进行编码和建档,应安排相关人员将相关信息录入溯源系统,并写入 RFID 电子标签中。

7.7 报检通关环节

7.7.1 信息记录

报检通关环节信息记录内容要求如附表 5.7 所示。

附表 5.7 报检通关环节信息记录要求

溯源信息	信息要求描述
报检通关产品标识	名称、批号、数量与规格
报检信息	加工原料证明文件、出货清单、出厂合格证明、报检单号
铅封信息	封识号、铅封单位
监装记录	报检单号、加工厂名称、封识号、车牌号、报检数/重量、检验检疫情况、检疫人
现场查验信息	查验人、工号、查验结果
附加信息	涉及的其他信息

7.7.2 信息处理

报检通关环节的溯源参与方应对报检通关环节信息进行编码和建档,应安排相关人员将相关信息录入溯源系统,并写入 RFID 电子标签中。

7.8 零售和餐饮环节

7.8.1 信息记录

零售和餐饮环节信息记录内容要求如附表 5.8 所示。

附表 5.8 零售和餐饮环节信息记录要求

溯源信息	信息要求描述
零售和餐饮产品标识	名称、批号、数量与规格
零售和餐饮信息	零售和餐饮点名称、卫生条件、备案证明
仓储信息	应符合 7.4 的规定
附加信息	涉及的其他信息

7.8.2 信息处理

零售和餐饮环节的溯源参与方应对零售和餐饮环节信息进行编码和建档,应安排相关人员将相关信息录入溯源系统,并写入 RFID 电子标签中。

8. 体系运行自查

供港冷冻食品全程 RFID 溯源体系的运行自查制度应符合 NY/T 1761—2009 中第 7 章的规定。

9. 溯源管理和产品召回

9.1 供港冷冻食品溯源参与方应建立溯源制度和产品召回制度,对上一环节提供的产品进行检验验收,对追溯信息进行核实。

9.2 对于出现的产品质量问题,溯源参与方应及时召回相关产品,依据溯源体系,提供相关记录,检验检疫机构根据追溯码跟踪调查,查明原因,监督相关溯源参与方采取有效改进措施。

附录6 H5亚型禽流感病毒压电免疫传感器检测方法

前　　言

本标准按照GB/T 1.1—2009《标准化工作导则　第1部分:标准的结构和编写》给出的规则起草。

请注意本标准的某些内容有可能涉及专利。本标准的发布机构不应承担识别这些专利的责任。

本标准由国家认证认可监督管理委员会提出并归口。

本标准起草单位:中华人民共和国深圳出入境检验检疫局、深圳市检验检疫科学研究院、清华大学深圳研究生院。

本标准主要起草人:詹爱军、陈枝楠、秦智锋、仲建忠、卢体康、马岚、陈勇、孙洁、吴绍精、吴雯娟、吴峰、张婷。

本标准系首次发布的出入境检验检疫行业标准。

1. 范围

本标准规定了H5亚型禽流感病毒压电免疫传感器和荧光微球免疫层析检测方法。

本标准适用于H5亚型禽流感病毒的诊断、检疫和监测。

2. 规范性引用文件

下列文件对于本文件的应用是必不可少的。凡是注日期的引用文件,仅注日期的版本适用于本文件。凡是不注日期的引用文件,其最新版本(包括所有的修改单)适用于本文件。

GB/T 6682:分析实验室用水规格和试验方法。

GB/T 18088:出入境动物检疫采样。

3. 原理

禽流感是由A型流感病毒引起的一种禽类感染的疾病综合症。国际兽医局

附录6 H5亚型禽流感病毒压电免疫传感器检测方法

(OIE)规定该病为 A 类烈性传染病,中国家畜家禽防疫条例也将其列为一类动物疫病。压电石英晶体免疫传感器是以石英晶体为换能器件,各种生物分子为敏感元件,将抗原与抗体、受体与配体等相互作用的生物信号以及所处体系性状的变化转变成易于检测的频率信号的一种生物传感器。压电石英晶体免疫传感器检测是利用抗原与抗体特异性结合后产生的微小质量变化,通过传感器进行快速、灵敏的检测。

4. 试剂与材料

4.1 水:符合 GB/T 6682 中一级水的规格。

4.2 H5亚型禽流感病毒阳性对照:由国家禽流感参考实验室提供的标准 HI(血凝抑制试验)检测抗原。

4.3 阴性对照物为未感染禽流感病毒的禽组织悬液或阴性尿囊液,空白对照为样品处理液。

4.4 H5亚型禽流感病毒压电免疫传感器:用于禽流感病毒 H5 亚型病毒实验室筛选检测。

4.5 H5亚型禽流感病毒荧光微球免疫层析试纸条:用于禽流感病毒 H5 亚型病毒现场或实验室筛选检测。

4.6 棉拭子样品处理液:见附录 A 中 A.1。

4.7 组织样品处理液:见附录 A 中 A.2。

5. 器材和设备

5.1 压电芯片蛋白测定仪。

5.2 荧光微球免疫层析现场检测仪。

5.3 电热恒温水浴锅。

5.4 组织研磨器。

5.5 低温高速离心机。

5.6 计时器。

6. 样品采集与处理

6.1 样品的采集

6.1.1 禽流感样品采样应按照 GB/T 18088:出入境动物检疫采样中的规定采样,并按照相关规定做好生物安全防护。

6.1.2 将棉拭子插入禽类的咽喉、肛门或者粪便中左右搅动,取出后放入含棉拭子样品处理液的离心管中混匀,可直接用于检测。也可直接采取待检组织,样品不少于 2 g,放置于无菌平皿中。

6.2 样品贮运

样品采集后,放入密闭的塑料袋内(一个采样点的样品,放一个塑料袋),于保温箱中加冰、密封,送实验室。

6.3 样品处理

将含棉拭子样品处理液充分混匀,编号备用。或直接用 1 mL 组织样品处理液悬浮 0.5 g 待检组织样品,研磨均匀后,10000 r/min 离心 5 min,取上清用于检测。

6.4 样本存放

制备的样本在 2~8 ℃条件下保存应不超过 24 h,若需长期保存应置-70 ℃以下,但应避免反复冻融(冻融不超过 3 次)。

7. 设立检测对照

在样品处理过程中必须设立阳性对照、阴性对照和空白对照,并与待检样品一起处理。

7.1 取 H5 亚型禽流感病毒 HA(血凝试验)抗原作为阳性对照,阳性对照物 HA 效价不小于 1:64,应由国家禽流感参考实验室提供。

7.2 取正常的禽组织或阴性尿囊液作为阴性对照。

7.3 取等体积的样品处理液作为空白对照。

8. H5 亚型禽流感病毒压电免疫传感器检测

8.1 从密封袋中取出 H5 亚型禽流感病毒压电免疫传感器,将其恢复至室温(20~25 ℃),在 30 min 内使用。

8.2 用磷酸盐缓冲溶液(PBS pH 7.2)洗涤 H5 亚型禽流感病毒压电免疫传感器 3 次,每次 2 min,再用双蒸水洗涤 3 次,吹干,于压电芯片蛋白测定仪上测定谐振频率 $F1$。

8.3 将经过抗体包被的 H5 亚型禽流感病毒压电免疫传感器浸泡于 200~500 μL 待检样品溶液,于 37 ℃条件下温育 1 h。

8.4 用磷酸盐缓冲溶液(PBS pH 7.2)洗涤 H5 亚型禽流感病毒压电免疫传感器 3 次,每次 2 min,再用双蒸水洗涤 3 次,吹干,于压电芯片蛋白测定仪上测定测谐振频率 $F2$。

8.5 计算 $F2$ 与 $F1$ 的差值 ΔF,$\Delta F = F2 - F1$。

9. H5 亚型禽流感病毒荧光微球免疫层析检测

9.1 从密封袋中取出 H5 亚型禽流感病毒荧光微球免疫层析试纸条,将其恢复至室温(20~25 ℃),在 30 min 内使用。

9.2 取 60 μL 处理后的样品,逐滴加到试纸条上的样品孔中,水平放置并计时。

9.3 在 10~15 min 内通过紫外灯观察或者荧光微球免疫层析现场检测仪观察并记录结果,超过 20 min 判读结果无效。

10. 结果判定

10.1 H5 亚型禽流感病毒压电免疫传感器检测结果判定

10.1.1 质控

阴性对照应无 ΔF 值,阳性对照的 ΔF 值应≥50。二者均成立才可判定试验成立,否则试验无效。

10.1.2 阳性检测结果判定

在试验成立的条件下,待检样品检测结果 $\Delta F \geq 40$,判为 H5 亚型禽流感病毒压电免疫传感器检测结果阳性,表明存在有 H5 亚型禽流感病毒蛋白。

10.1.3 阴性检测结果判定

检测结果无 ΔF 值,或 $\Delta F < 35$,判为 H5 亚型禽流感病毒压电免疫传感器检测结果阴性,表明不存在有 H5 亚型禽流感病毒蛋白。

10.1.4 可疑检测结果判定

检测结果 $35 \leq \Delta F < 40$,判为可疑样。对于可疑阳性样品,应重新进行一次 H5 亚型禽流感病毒压电免疫传感器检测或其他方法检测,或者送至实验室进行确证检测。

10.2 H5 亚型禽流感病毒荧光微球免疫层析检测结果判定

10.2.1 质控

阳性对照:在试纸条上出现两条荧光条带,一条位于测试区(T),一条位于质控区(C)。

阴性对照和空白对照:在试纸条上仅出现一条荧光条带,且位于质控区(C)。

二者均成立才可判定试验成立,否则试验无效。

10.2.2 阳性检测结果判定

待检样品在试纸条上出现两条荧光条带,一条位于测试区(T),一条位于质控区(C),判为 H5 亚型禽流感病毒荧光微球免疫层析检测阳性,表明存在有 H5 亚型禽流感病毒蛋白。

10.2.3 阴性检测结果判定

待检样品在试纸条上出现一条荧光条带,且位于质控区(C),判为 H5 亚型禽流感病毒荧光微球免疫层析检测阴性,表明不存在有 H5 亚型禽流感病毒蛋白。

10.2.4 可疑检测结果判定

待检样品在试纸条上出现两条荧光条带,且位于测试区(T)的条带非常微弱,判为 H5 亚型禽流感病毒荧光微球免疫层析检测可疑。对于可疑阳性样品,应重新进行一次 H5 亚型禽流感病毒荧光微球免疫层析检测或其他方法检测,或者送至实验室进行确证检测。

附录 A 样品处理液的配制
（规范性附录）

A.1 棉拭子样品处理液

称取磷酸氢二钠（Na_2HPO_4）2.3 g，磷酸二氢钠（$NaH_2PO_4 \cdot H_2O$）0.52 g，氯化钠（NaCl）8.77 g，溶解于 950 mL 去离子水中，调 pH 为 7.4 后定容至 1000 mL。高压灭菌后加入 5 g N-乙酰-L-半胱氨酸、5 mL NP-40，混匀后分装，置 4 ℃贮存，用于处理喉头拭子、肛门拭子等样品。

A.2 组织样品处理液（PBS pH 7.2）

称取磷酸氢二钠（Na_2HPO_4）2.3 g，磷酸二氢钠（$NaH_2PO_4 \cdot H_2O$）0.52 g，氯化钠（NaCl）8.77 g，溶解于 950 mL 去离子水中，调 pH 为 7.2 后定容至 1000 mL。高压灭菌后分装，置 4 ℃贮存，用于处理禽内脏组织等样品。

附录7 H9亚型禽流感病毒压电免疫传感器检测方法

前　　言

本标准按照GB/T 1.1—2009《标准化工作导则　第1部分:标准的结构和编写》给出的规则起草。

请注意本标准的某些内容有可能涉及专利。本标准的发布机构不应承担识别这些专利的责任。

本标准由国家认证认可监督管理委员会提出并归口。

本标准起草单位:中华人民共和国深圳出入境检验检疫局、深圳市检验检疫科学研究院、清华大学深圳研究生院。

本标准主要起草人:詹爱军、陈枝楠、秦智锋、仲建忠、卢体康、马岚、陈勇、孙洁、吴绍精、吴雯娟、吴峰、张婷。

本标准系首次发布的出入境检验检疫行业标准。

1. 范围

本标准规定了H9亚型禽流感病毒压电免疫传感器和荧光微球免疫层析检测方法。

本标准适用于H9亚型禽流感病毒的诊断、检疫和监测。

2. 规范性引用文件

下列文件对于本文件的应用是必不可少的。凡是注日期的引用文件,仅注日期的版本适用于本文件。凡是不注日期的引用文件,其最新版本(包括所有的修改单)适用于本文件。

GB/T 6682:分析实验室用水规格和试验方法。

GB/T 18088:出入境动物检疫采样。

3. 原理

禽流感是由A型流感病毒引起的一种禽类感染的疾病综合症。国际兽医局

(OIE)规定该病为 A 类烈性传染病,中国家畜家禽防疫条例也将其列为一类动物疫病。压电石英晶体免疫传感器是以石英晶体为换能器件,各种生物分子为敏感元件,将抗原与抗体、受体与配体等相互作用的生物信号以及所处体系性状的变化转变成易于检测的频率信号的一种生物传感器。压电石英晶体免疫传感器检测是利用抗原与抗体特异性结合后产生的微小质量变化,通过传感器进行快速、灵敏的检测。

4. 试剂与材料

4.1 水:符合 GB/T 6682 中一级水的规格。

4.2 H9 亚型禽流感病毒阳性对照:由国家禽流感参考实验室提供的标准 HI(血凝抑制试验)检测抗原。

4.3 阴性对照物为未感染禽流感病毒的禽组织悬液或阴性尿囊液,空白对照为样品处理液。

4.4 H9 亚型禽流感病毒压电免疫传感器:用于禽流感病毒 H9 亚型病毒实验室筛选检测。

4.5 H9 亚型禽流感病毒荧光微球免疫层析试纸条:用于禽流感病毒 H9 亚型病毒现场或实验室筛选检测。

4.6 棉拭子样品处理液:见附录 A 中 A.1。

4.7 组织样品处理液:见附录 A 中 A.2。

5. 器材和设备

5.1 压电芯片蛋白测定仪。

5.2 荧光微球免疫层析现场检测仪。

5.3 电热恒温水浴锅。

5.4 组织研磨器。

5.5 低温高速离心机。

5.6 计时器。

6. 样品采集与处理

6.1 样品的采集

6.1.1 禽流感样品采样应按照 GB/T 18088:出入境动物检疫采样中的规定采样,并按照相关规定做好生物安全防护。

6.1.2 将棉拭子插入禽类的咽喉、肛门或者粪便中左右搅动,取出后放入含棉拭子样品处理液的离心管中混匀,可直接用于检测。也可直接采取待检组织,样品不少于 2 g,放置于无菌平皿中。

6.2 样品贮运

样品采集后,放入密闭的塑料袋内(一个采样点的样品放一个塑料袋),于保温箱中加冰、密封,送实验室。

6.3 样品处理

将含棉拭子样品处理液充分混匀,编号备用。或直接用 1 mL 组织样品处理液悬浮 0.5 g 待检组织样品,研磨均匀后,10000 r/min 离心 5 min,取上清用于检测。

6.4 样本存放

制备的样本在 2～8 ℃条件下保存应不超过 24 h,若需长期保存应置－70 ℃以下,但应避免反复冻融(冻融不超过 3 次)。

7. 设立检测对照

在样品处理过程中必须设立阳性对照、阴性对照和空白对照,并与待检样品一起处理。

7.1 取 H9 亚型禽流感病毒 HI 抗原作为阳性对照,阳性对照物 HA(血凝试验)效价不小于 1∶64,应由国家禽流感参考实验室提供。

7.2 取正常的禽组织或或阴性尿囊液作为阴性对照。

7.3 取等体积的样品处理液作为空白对照。

8. H9 亚型禽流感病毒压电免疫传感器检测

8.1 从密封袋中取出 H9 亚型禽流感病毒压电免疫传感器,将其恢复至室温(20～25 ℃),在 30 min 内使用。

8.2 用磷酸盐缓冲溶液(PBS pH 7.2)洗涤 H9 亚型禽流感病毒压电免疫传感器 3 次,每次 2 min,再用双蒸水洗涤 3 次,吹干,于压电芯片蛋白测定仪上测定谐振频率 $F1$。

8.3 将经过抗体包被的 H9 亚型禽流感病毒压电免疫传感器浸泡于 200～500 μL 待检样品溶液,于 37 ℃条件下温育 1 h。

8.4 用磷酸盐缓冲溶液(PBS pH 7.2)洗涤 H9 亚型禽流感病毒压电免疫传感器 3 次,每次 2 min,再用双蒸水洗涤 3 次,吹干,于压电芯片蛋白测定仪上测定测谐振频率 $F2$。

8.5 计算 $F2$ 与 $F1$ 的差值 ΔF,$\Delta F = F2 - F1$。

9. H9 亚型禽流感病毒荧光微球免疫层析检测

9.1 从密封袋中取出 H9 亚型禽流感病毒荧光微球免疫层析试纸条,将其恢复至室温(20～25 ℃),在 30 min 内使用。

9.2 取 60 μL 处理后的样品,逐滴加到试纸条上的样品孔中,水平放置并计时。

9.3 在 10～15 min 内通过紫外灯观察或者荧光微球免疫层析现场检测仪观察并记录结果。超过 20 min 判读结果无效。

10. 结果判定

10.1 H9 亚型禽流感病毒压电免疫传感器检测结果判定

10.1.1 质控

阴性对照应无 ΔF 值,阳性对照的 ΔF 值应$\geqslant$50。二者均成立才可判定试验成立,否则试验无效。

10.1.2 阳性检测结果判定

在试验成立的条件下,待检样品检测结果 $\Delta F \geqslant 40$,判为 H9 亚型禽流感病毒压电免疫传感器检测结果阳性,表明存在有 H9 亚型禽流感病毒蛋白。

10.1.3 阴性检测结果判定

检测结果无 ΔF 值,或 $\Delta F < 35$,判为 H9 亚型禽流感病毒压电免疫传感器检测结果阴性,表明不存在有 H9 亚型禽流感病毒蛋白。

10.1.4 可疑检测结果判定

检测结果 $35 \leqslant \Delta F < 40$,判为可疑样。对于可疑阳性样品,应重新进行一次 H9 亚型禽流感病毒压电免疫传感器检测或其他方法检测,或者送至实验室进行确证检测。

10.2 H9 亚型禽流感病毒荧光微球免疫层析检测结果判定

10.2.1 质控

阳性对照:在试纸条上出现两条荧光条带,一条位于测试区(T),一条位于质控区(C)。

阴性对照和空白对照:在试纸条上仅出现一条荧光条带,且位于质控区(C)。

二者均成立才可判定试验成立,否则试验无效。

10.2.2 阳性检测结果判定

待检样品在试纸条上出现两条荧光条带,一条位于测试区(T),一条位于质控区(C),判为 H9 亚型禽流感病毒荧光微球免疫层析检测阳性,表明存在有 H9 亚型禽流感病毒蛋白。

10.2.3 阴性检测结果判定

待检样品在试纸条上出现一条荧光条带,且位于质控区(C),判为 H9 亚型禽流感病毒荧光微球免疫层析检测阴性,表明不存在有 H9 亚型禽流感病毒蛋白。

10.2.4 可疑检测结果判定

待检样品在试纸条上出现两条荧光条带,且位于测试区(T)的条带非常微弱,判为 H9 亚型禽流感病毒荧光微球免疫层析检测可疑。对于可疑阳性样品,应重新进行一次 H9 亚型禽流感病毒荧光微球免疫层析检测或其他方法检测,或者送至实验室进行确证检测。

附录 A 样品处理液的配制
（规范性附录）

A.1 棉拭子样品处理液

称取磷酸氢二钠（Na_2HPO_4）2.3 g，磷酸二氢钠（$NaH_2PO_4 \cdot H_2O$）0.52 g，氯化钠（NaCl）8.77 g，溶解于950 mL去离子水中，调pH为7.4后定容至1000 mL。高压灭菌后加入5 g N-乙酰-L-半胱氨酸、5 mL NP-40，混匀后分装，置4 ℃贮存，用于处理喉头拭子、肛门拭子等样品。

A.2 组织样品处理液（PBS pH 7.2）

称取磷酸氢二钠（Na_2HPO_4）2.3 g，磷酸二氢钠（$NaH_2PO_4 \cdot H_2O$）0.52 g，氯化钠（NaCl）8.77 g，溶解于950 mL去离子水中，调pH为7.2后定容至1000 mL。高压灭菌后分装，置4 ℃贮存，用于处理禽内脏组织等样品。

附录8 西尼罗河热病毒核酸液相芯片检测方法

前　　言

本标准按照 GB/T 1.1—2009《标准化工作导则　第1部分:标准的结构和编写》给出的规则起草。

请注意本标准的某些内容有可能涉及专利。本标准的发布机构不应承担识别这些专利的责任。

本标准由国家认证认可监督管理委员会提出并归口。

本标准起草单位:中华人民共和国深圳出入境检验检疫局、深圳市检验检疫科学研究院。

本标准主要起草人:陈枝楠、詹爱军、仲建忠、陈勇、孙洁、吴绍精、吴雯娟、张婷、秦智锋、陈兵。

本标准系首次发布的出入境检验检疫行业标准。

1. 范围

本标准规定了西尼罗河热病毒核酸液相芯片检测方法。

本标准适用于西尼罗河热病毒核酸的检测。

2. 规范性引用文件

下列文件中的条款通过本标准的引用而成为本标准的条款。凡是注日期的引用文件,其随后所有的修改单(不包括勘误的内容)或修订版均不适用于本标准,然而,鼓励根据本标准达成协议的各方研究是否可使用这些文件的最新版本。凡是不注日期的引用文件,其最新版本适用于本标准。

GB/T 6682—1992:分析实验室用水规格和试验方法。

GB 16548—1996:畜禽病害肉尸及其产品无害化处理规程。

GB 19489—2008:实验室生物安全通用要求。

3. 原理

液相芯片检测技术是一个全新的快速高通量检测技术。该技术集流式细胞技术、荧光编码微球、激光、数字信号处理和传统的生化技术于一体,具有独特的优点。该技术的核心是把微小的聚苯乙烯小球($5.6~\mu m$)用荧光染色的方法进行编码,然后将每种颜色的微球(或称为荧光编码微球)共价交联上针对特定检测物的探针、抗原或抗体。应用时,先把针对不同检测物的编码微球混合,再加入微量待检样本,在悬液中靶分子与微球表面交联的分子进行特异性地结合,在一个反应孔内可以同时完成多达 100 种不同的生物学反应。最后用液相芯片检测工作站进行检测,仪器通过两束激光分别识别编码微球和检测微球上报告分子的荧光强度。因为分子杂交或免疫反应是在悬浮溶液中进行,检测速度极快,而且可以在一个微量液态反应体系中同时检测多达 100 个指标。

4. 试剂耗材与仪器

4.1 试剂耗材

4.1.1 试剂

4.1.1.1 本标准试剂除特殊规定外,均指分析纯试剂。

4.1.1.2 表面含有羧基的荧光编码微球(1.25×10^7 beads/mL);氨基替代的寡核苷酸(见技术要点 1);EDC:1-乙基-(3-二甲基-丙烷)氢氯化二酰亚胺;MES:0.1 M 2-(N-吗啡基)乙磺酸,pH 4.5;吐温-20 (0.02% w/v);SDS:十二烷基硫酸钠(0.1% w/v)。

4.1.1.3 引物、探针。

P1:5′- GGGTGGATTTGTTCTCGAA -3′
P2:5′- TGGGTCAGCACGTTTGTCA -3′
Probe:5′- TGGAGGCCGCCAACCTGGC -3′
RC-Probe:5′- GCCAGGTTGGCGGCCTCCA -3′

用水溶解成 200 μM 贮存母液备用。探针 T_m 值为 60~62 ℃,在其 5′端标记—NH_2。

4.1.1.4 探针的序列设计其反向互补序列 5′端标记生物素作为建立反应体系的阳性对照,鲑鱼精子蛋白基因 DNA 片段作为阴性对照。

4.1.2 耗材

微量离心管:1.5 mL,聚丙烯;吸嘴:1~1000 mL。

4.2 仪器

小型全自动核酸抽提工作站;高速台式冷冻离心机;梯度核酸扩增仪;液相芯片检测工作站、振荡器、超声波仪、移液器(1~1000 μL)、台式离心机、计时器、分析天平。

5. 采样和样品前处理

5.1 样品的采集

5.1.1 全血

用无菌注射器(含抗凝剂肝素钠)直接吸取静脉全血至无菌 Eppendorf 管中,盖上管盖并编号。

5.1.2 组织脏器

取待检肝脏、肾脏和脾脏样品装入一次性塑料袋或其他灭菌容器,编号,送实验室。

5.2 样品贮运

样品采集后,放入密闭的塑料袋内(一个采样点的样品,放一个塑料袋),于保温箱中加冰、密封,送实验室。

5.3 样品处理

5.3.1 全血

2000 r/min 离心 30 min,取上清转入无菌的 1.5 mL Eppendorf 管中,加入 500 μL PBS 洗涤,2000 r/min 离心 15 min,弃上清,编号备用。

5.3.2 组织脏器

取待检样品 2.0 g 于洁净、灭菌并烘干的研钵中充分研磨,分装编号备用。

5.4 样本存放

制备的样本在 2~8 ℃条件下保存应不超过 24 h,若需长期保存应置-70 ℃以下,但应避免反复冻融(冻融不超过 3 次),淋巴细胞样品在 2~8 ℃条件下保存。

6. 寡核苷酸探针与羧基化的荧光编码微球偶联

6.1 准备工作

6.1.1 所有试剂加热至室温(至少 30 min)。

6.1.2 用 0.1 M MES(pH 4.5)或无菌去离子水中悬浮氨基替代的寡核苷酸(探针)至 0.2 mM(0.2 mmol/μL)。

6.1.3 所有的操作均应避光,最好用铝薄膜包严实离心管操作。1 nmol 氨基替代的寡核苷酸(即 1 μL 1 mmol/μL 溶液)使用 5×10^6 的微球。可按比例适当增减。

6.2 偶联

6.2.1 用超声波仪打散所有的沉淀 3 min,并将容器全速振荡至少 5 min(必要时,用涡匀仪避光涡匀 30 min,防止微球凝集,可保持 2 h 不重新沉淀)。

6.2.2 用手上下颠倒振荡微球,立即从贮存管中取 20 μL 微球贮存液(5×

10^4) Liquichip 微球分到 1.5 mL 的聚丙烯微量离心管中。用 $10000 \times g$ 离心 5 min。

6.2.3 去上清,注意不要触动沉淀(必要时留下约 5 μL 残液,以避免微球丢失)。

6.2.4 加入 50 μL 的 0.1 M MES(pH 4.5)。全速振荡并用超声波分散约 5 min。

6.2.5 加入 0.6 nmol(3 μL)的氨基替代的寡核苷酸(即 3 μL 的 0.2 mM 溶液),瞬时振荡。

6.2.6 仅在使用前,加 1.0 mL 的去离子水到 10 mg 的 EDC 中(加水量为 $100 \times $ mg μL)。

6.2.7 加 2.5 μL 的新鲜 EDC 溶液到微球中,瞬时振荡。弃掉所配制的 EDC 溶液。

6.2.8 室温避光孵育 30 min。

6.2.9 用新鲜的 EDC 重复步骤 6.2.7~6.2.9。

6.2.10 加 1.0 mL 的吐温-20 (0.02% w/v)。全速振荡约 1 min。用 $12000 \times g$ 离心微球 10 min。

6.2.11 去上清(必要时留下约 5 μL 残液,以避免微球丢失),向微球中加入 1.0 mL 的 SDS(0.1% w/v),全速振荡 5 min。

6.2.12 用 $12000 \times g$ 离心微球 10 min。

6.2.13 弃上清(必要时留下约 5 μL 残液,以避免微球丢失),注意不要触动沉淀。(可选,重复 6.2.12、6.2.13。)

6.2.14 加入 100 μL 的 0.1 M MES(pH 4.5),全速振荡和超声波悬浮微球约 10 min。

6.2.15 制备的微球计数。

6.2.15.1 用 dH_2O 1∶100 稀释重悬偶联的微球溶液。

6.2.15.2 充分振荡混匀。

6.2.15.3 取 10 μL 加至血球计数器。

6.2.15.4 对血球计数器格子的 4 个大角进行微球计数。

6.2.15.5 微球数/μL =4 个大角微球总和 $\times 2.5 \times 100$(稀释倍数)。

6.2.15.6 注意:微球最大数为 50000 微球/μL。

6.2.15.7 用 $1.5 \times $ TMAC 杂交液将微球稀释成 1.25×10^5,在 2~8 ℃ 避光保存,保存期半年。

6.2.16 偶联后与其 RC-Probe 进行杂交反应,并设空白对照,以确定偶联是否有效。当每种荧光编码微球个数不少于 100 个且背景空白荧光强度不高于 300，表明试验成立，偶联成功，可以用于进行结果判定。

6.3 技术要点

6.3.1 寡核苷酸一定要合成在氨基的 5 位或 3 位。在偶联过程中不能有 Tris 或叠氮化钠等含氨的缓冲液出现。更适宜的是在合成后，用 0.1 mM MES (pH 4.5) 或无菌去离子水重新悬浮氨基替代的寡核苷酸,然后沉淀,如果需要再用 0.1 mM MES(pH 4.5) 或无菌去离子水重新悬浮。

6.3.2 这个过程可以按比例增加或减少。

6.3.3 对于给定的寡核苷酸,最适的偶联浓度可用推荐的 1~20 mM 范围内的浓度变化来决定。

6.3.4 尽量减少 EDC 的空气暴露,安全的办法是将其分装在容器中。在每次添加前制备新鲜的 10 mg/mL 的 EDC 溶液。

6.3.5 正常情况下,微球的得率应为 70%~90%。但最少微球得率应为 70%。

7. 核酸液相芯片检测

7.1 PCR 扩增

PCR 的反应体系如下(50 μL): RNase-free water 31 μL, 10×PCR buffer (2.5 mmol/L $MgCl_2$)10 μL, dNTP mix(10 mmol×L^{-1})4 μL, Taq 酶(5U·$μL^{-1}$)2 μL, primer * P1(20~80 μmol·L^{-1})1 μL, template (Plasmid DNA) 2 μL, primer * P2(20~80 μmol·L^{-1})2 μL。加完各成分混匀后进行 PCR 反应。反应程序：95 ℃热启动 3 min；94 ℃变性 30 s, 52 ℃退火 1.5 min, 72 ℃延伸 1 min, 15 个循环；72 ℃后延伸 10 min。

7.2 将探针包被的微球和处理好(7.1)的样品进行杂交。

7.3 设置仪器每次只检测相应编码的荧光编码微球,将上样加热陶瓷底板预先加热至 52 ℃后取样品上机进行检测。

8. 结果判定及描述

液相芯片定性比值结果(Liquichip Qualitative Ratio Result, LQRR)等于样品的校正后的荧光强度中位值(Median Florescence Intensity, MFI)与空白对照 MFI 的平均值(MFIB)的比值,即 LQRR＝MFIS/MFIB。

如果 LQRR≥3,判定为阳性；如果 2≤LQRR<3,则判定为可疑,重做一次,如结果仍为可疑即判为阳性；如果 LQRR<2,则判定为阴性。

参 考 文 献

[1] Saad L. Seven in Ten American Reacted to a Food Scare in the Past Year [EB/OL]. (2007-08-01). http://www.gallup.com/poll/28264/Seven-Ten-Americans-Reacted-Food-Scare-Past-Year.aspx.

[2] 周星. 安全农产品认证监管信息系统的设计与实现[D]. 武汉:华中农业大学,2008.

[3] 郭艳丽. 农产品追溯编码体系的研究与应用[D]. 济南:山东大学,2006.

[4] 曹树国. 基于ASP.NET的农产品信息系统的开发[J]. 计算机科学,2008, 34(7):138-139.

[5] 谭广巍,王熙,庄卫东. 基于Web的有机农产品质量安全可追溯系统设计与实现[J]. 农机化研究,2010(7):81-84.

[6] Schwagele F. Traceability from a European perspective[J]. Meat Science, 2005,71:164-173.

[7] 边吉荣,宋丽亚. 基于RFID与二维码技术的农产品可追溯系统设计[J]. 网络安全技术应用,2010(10),39-41.

[8] Regattierri A,Gamberi M,Manzini R. Traceability of food products: General framework and experimental evidence[J]. Journal of Food Engineering,2007,81:347-356.

[9] 黄海龙,蒋平安,张霞,等. 基于Web的农产品追溯系统的设计与开发[J]. 新疆农业科学,2010,47(9):1832-1834.

[10] 高羽佳. QRCode技术及其在农产品可追溯物流中的应用研究[D]. 合肥: 合肥工业大学,2009.

[11] 刘世洪. 中国农村信息化测评理论与方法研究[D]. 北京:中国农业科学院,2008.

[12] 张永雄. 农村信息化与新农村建设研究[J]. 肇庆学院学报,2008,29(6): 49-51.

[13] 黄海龙. 基于.NET的农产品质量安全追溯系统研究与开发[D]. 乌鲁木齐:新疆农业大学,2010.

[14] Yasuda T, Bowen R E. Chain of custody as an organizing framework in seafood risk reduction[J]. Marine Pollution Bulletin,2006,51:640-649.

[15] Thompson M, Sylvia G, Morrissey M T. Seafood Traceability in the United States: Current Trends, System Design, and Potential Applications[J]. Institute of Food Technologists,2005,1:1-7.

[16] Arens S. Final Seafood Trace Guide[D]. National Fisheries Institute, 2011.

[17] Saltini R, Akkerman R. Testing improvements in the chocolate traceability system: Impact on product recalls and production efficiency [J]. Food Control,2012,23:221-226.

[18] Hall D. Food with a visible face: Traceability and the public promotion of private governance in the Japanese food system[J]. Geoforum,2010, 41:826-835.

[19] Voorhuijzen M M, Dijk J P, Theo W. Development of a multiplex DNA-based traceability toolfor crop plant materials[J]. Anal Bioanal Chem, 2012 (402):693-701.

[20] Sutcliffe T. Thisfish[EB/OL]. (2011-10). http://thisfish.info/.

[21] 陈文焘. 北京派得伟业主页[EB/OL]. (2011-10). http://www.pdwy.com.cn/.

[22] 施磊. 上海群科条码[EB/OL]. (2011-10). http://www.gencool.com/.

[23] 夏禹. 上海速成软件[EB/OL]. (2011-05). http://www.soonchange.net/.

[24] 熊本海, 傅润婷, 林兆辉, 等. 生猪及其产品从农场到餐桌质量溯源解决方案:以天津市为例[J]. 中国农业科学,2009,42(1):230-237.

[25] 林建材, 赵胜亭, 宋秀英, 等. 烟台苹果质量安全管理及追溯查询系统的设计与实现[J]. 山东农业科学,2010(10):15-23.

[26] 冯恩东. 南京农产品质量安全管理信息系统的研制与应用研究[D]. 南京:南京农业大学, 2005.

[27] 曹攀峰. 广东1223家合作社建立农产品质量溯源制度[EB/OL]. (2010-07). http://nf.nfdaily.cn/nfbcb/content/2010-07/05/content_13476190.htm.

[28] 万俊毅, 许世伟, 罗超, 等. 梅州农产品质量安全监管现状、问题与对策[J]. 广东农业科学,2011(1):159-161.

[29] Quality management systems: Fundamentals and vocabulary[S]. 3 ed. Switzerland. ISO 9001:2005: 1-5.

[30] Traceability in the feed and food chain-General principles and basicrequirements for system design andimplementation[S]. 3 ed.

Switzerland. ISO 22005:2007: 2-3.
[31] 李刚. 轻量级 Java EE 企业应用实战[M]. 2版. 北京:电子工业出版社,2009:2-10.
[32] Gao J Z, Prakash L, Jagatesan R. Understanding 2D-BarCode Technology and Applications in M-Commerce[C]-Design and Implementation of a 2D Barcode Procossing Soulution//31st Annual International Computer Software and Applications Conference. IEEE,2007:49-56.
[33] Braunstein R, Wright M H, Noble J J. ActionScript Bible[M]. Indiana: Wiley Publishing,Inc,2008.
[34] 梁越岭. 互联网舆情信息挖掘与群体行为分析[D]. 武汉:武汉理工大学,2010.
[35] 田鹤楠. 质检总局舆情监控系统中信息抽取的研究[D]. 北京:北京邮电大学,2011.
[36] 李敏. 互联网舆情监控系统设计与实现[D]. 上海:复旦大学,2009.
[37] 李业成. 网络论坛舆情监控系统的研究及设计[D]. 广州:华南理工大学,2011.
[38] Allan J. Introduction to topic detection and tracking, in Topic detection and tracking[J]. Springer,2002:1-16.
[39] Allan J, Carbonell J G, Doddington G, et al. Topic detection and tracking pilot study final report[R]. 1998.
[40] Laine M O, Frühwirth C. Monitoring Social Media: Tools, Characteristics and Implications, in Software Business[J]. Springer,2010:193-198.
[41] Mcglohon M, Leskovec J, Faloutsos C, et al. Finding patterns in blog shapes and blog evolution[M]. Tadley:Lightspeed GMI,2014.
[42] 王琦,张戈,何婧. 基于 Lucene 与 Heritrix 的图书垂直搜索引擎的研究与实现[J]. 计算机时代,2010(2):12-14.
[43] 刘毅. 试论舆情信息汇集和分析机制的建立和完善[J]. 理论月刊,2005,6:91-93.
[44] 杜言琦. 面向论坛页面的增量搜集技术研究[D]. 济南:山东大学,2010.
[45] 熊潇. 基于搜索引擎索引分析的互联网舆情监控研究[D]. 上海:上海交通大学,2009.
[46] 梁斌. 走进搜索引擎[M]. 北京:电子工业出版社,2007.
[47] Cho J, Garcia-Molina H, Page L. Efficient crawling through URL ordering [J]. Computer Networks and ISDN Systems. 1998,1(30):161-172.

[48] 徐健,张智雄.基于 Nutch 的 Web 网站定向采集系统[J].现代图书情报技术,2009,4:1-6.

[49] 罗刚,王振东.自己动手写爬虫程序[M].北京:清华大学出版社,2010.

[50] 罗浩.基于 CLucene 和 Larbin 的企业搜索引擎的研究与实现[D].成都:电子科技大学,2010.

[51] 赵文.基于本体的 Web 信息抽取系统的研究与实现[D].沈阳:沈阳工业大学,2007.

[52] 周明建,高济,李飞.基于本体论的 Web 信息抽取[J].计算机辅助设计与图形学学报,2004,16(4):535-541.

[53] 吴伟,陈建峡.基于 Heritrix 的 Web 信息抽取优化与实现[J].湖北工业大学学报,2012,27(2):23-26.

[54] 马腾.基于 ontology 的信息抽取系统的研究与实现[D].成都:电子科技大学,2006.

[55] Bia A, Muñoz R. Information extraction to feed digital library databases[J]. Canadian Lab. & Emp. l. j,2005,16(5):425-436.

[56] 周顺先.文本信息抽取模型及算法研究[D].长沙:湖南大学,2007.

[57] 谷文.基于概念树的 Web 信息抽取技术研究[D].长春:长春工业大学,2010.

[58] Tong S, Koller D. Support vector machine active learning with applications to text classification[J]. Journal of Machine Learning Research,2001,2(Nov),45-66.

[59] Rabiner L R. A tutorial on hidden Markov models and selected applications in speech recognition[J]. Proceedings of the IEEE,1989,77(2):257-286.

[60] Freitag D, McCallum A. Information extraction with HMM structures learned by stochastic optimization[J]. Proceedings of the National Conference on Artificial Intelligence,2000:584-589.

[61] Ray S, Craven M. Representing sentence structure in hidden Markov models for information extraction[C]//International joint conference on artificial intelligence. Lawrence Erlbaum Associations ltd,2001,17:1273-1279.

[62] Cai D, Yu S, Wen J R, et al. VIPS: a visionbased page segmentation algorithm[R]. Microsoft technical report,MSR-TR-2003-79,2003.

[63] 耿焕同,宋庆席,何宏强.一种基于视觉分块的 Web 信息抽取方法研究[J].情报理论与实践,2009,3:28.

[64] 耿香利.关于食品安全问题的理性思考[J].经济论坛,2013(8):149-151.

[65] 钱敏,陈海光,白卫东.食品安全问题背后的思考:构建食品安全预警体系和食品安全追溯体系[C]//广东省食品学会第六次会员大会暨学术研讨会论文集.2012:5.

[66] 洪宇,张宇,刘挺.话题检测与跟踪的评测及研究综述[J].中文信息学报,2007(6):71-87.

[67] Allan J, Carbonell J, Doddington G, et al. Topic detection and tracking pilot study: Final report [R]. Proceedings of the DARPA Broadcast News Transcription and Understanding Workshop, 1998.

[68] Fiscus J G, Doddington G R. Topic detection and tracking evaluation overview [M]. Topic Detection and Tracking: Kluwer Academic Publishers, 2002:17-31.

[69] Allan J, Jin H, Rajman M. Topic-based Novelty Detection [C]// Proceedings of the Johns Hopkins Summer Workshop. 1999.

[70] Stokes N, Hatch P, Carthy J. Lexical Semantic Relatedness and Online New Event Detection [C]//Proceedings of the 23rd annual international ACM SIGIR conference on Research and Development in Information Retrieval. ACM, 2000:324-325.

[71] Yang Y, Pierce T, Carbonell J. A Study of Retrospective and On-line Event Detection [C]//Proceedings of the 21st annual international ACM SIGIR conference on Research and Development in Information Retrieval. ACM, 1998:28-36.

[72] 陈忆金,曹树金,陈少驰,等.网络舆情信息监测研究进展[J].图书情报知识,2011(6):41-9.

[73] 贾自艳,何清,张俊海.一种基于动态进化模型的事件探测和追踪算法[J].计算机研究与发展,2004,41(7):1273-1280.

[74] Zhang K, Zi J, Wu L G. New event detection based on indexing-tree and named entity [C]//Proceedings of the 30th annual international ACM SIGIR conference on Research and development in information retrieval. ACM, 2007:215-222.

[75] 赵华,赵铁军,于浩.面向动态演化的话题检测研究[J].高技术通讯,2006,12(16):1230-1235.

[76] 金珠,林鸿飞,赵晶.基于HowNet的话题跟踪及倾向性分类研究[J].情报学报,2005,5(24):555-561.

[77] Chen C C, Chen Y T, Chen M C. An Aging Theory for Event Life Cycle

Modeling[J]. IEEE Trans Sys Man Cyber Part A, 2007, 37(2): 237-248.

[78] 张启宇,朱玲,张雅萍.中文分词算法研究综述[J].情报探索,2008(11): 53-56.

[79] 刘迁,贾惠波.中文信息处理中自动分词技术的研究与展望[J].计算机工程与应用,2006,3(3):175-182.

[80] Zhang H P, Liu Q, Cheng X Q, et al. Chinese Lexical Analysis Using Hierarchical Hidden Markov Model[C]// Proceedings of the second SIGHAN workshop on Chinese language processing. Association for Computational Linguistics,2003:63-70.

[81] Salton G, Wong A, Yang C S. A Vector Space Model for Automated Indexing[J]. Communications of the ACM, 1975,18(1):613-620.

[82] 尚文倩.文本分类及其相关技术研究[D].北京:北京交通大学,2007.

[83] Pelleg D, Moore A. X-means: Extending K-means with efficient estimation of the number of clusters[C]// Proc. 17th Int. Conf. Machine Learning(ICML). 2000:727-734.

[84] Papka R, Allan J. On-line New Event Detection Using Single Pass Clustering[R]. Technical Report UMass-CS-1998-021,1998.

[85] Chen H H, Ku L W. Description of a Topic Detection Algorithm on TDT3 Mandarin Test[J]. Proceedings of Topic Detection and Tracking Workshop, 2000:165-166.

[86] Seo Y W, Sycara K. Text clustering for topic detection[R]. CMU-RI-TR-04-03, 2004:1-11.

[87] 张小明,李舟军,巢文涵.基于增量型聚类的自动话题检测研究[J].软件学报,2012(6):1578-1587.

[88] Tan P N,Steinbach M,Kumar V.数据挖掘导论:完整版[M].2版.北京:人民邮电出版社,2011.

[89] Kumaran G, Allan J. Text Classification and Named Entities for New Event Detection[D]. Proceedings of the 27th Annual International ACM SIGIR Conference,2004:297-304.

[90] Steinbach M, Karypis G, Kumar V. A Comparison of Document Clustering Techniques[D]. KDD Workshop on Text Mining. 2000.

[91] 宋丹,卫东,陈英.基于改进向量空间模型的话题识别跟踪[J].计算机技术与发展,2006,9(16):62-67.

[92] 李伟,黄颖.文本聚类算法的比较[J].科技情报开发与经济,2006,22

(10):69-72.

[93] Bun K K, Ishizuka M. Topic Extraction from News Archive Using TF * PDF Algorithm [C] // The Third International Conference on Web Information System Engineering. IEEE Computer Society,2002:73-82.

[94] Bian G W, Chen H H. A new hybrid approach for Chinese-English query translation[C]//Proceedings of the First Asia Digital Library Workshop. 1998:156-167.

[95] Wu Z, Tseng G. ACTS:An automatic Chinese text segmentation system for full text retrieval[J]. Journal of the American Society for Information Science,1995,46(2):83-96.

[96] Su K Y, Chiang T H, Chang J S. An Overview of Corpus-Based Statistics-Oriented (CBSO) Techniques for Natural Language Processing [J]. Computational Linguistics and Chinese Language Processing,1996,1(1):101-157.

[97] 吴保珍,何婷婷,李立,等.基于全切分获取网络流行语方法研究[J].计算机应用研究,2009,26(4):1260-1262.

[98] Wong K F, Li W. Intelligent Chinese information retrieval-Why is it so difficult? [C]//Proceedings of the first Asia digital library workshop. 1998:47-56.

[99] Chien L. PAT-tree-based adaptive keyphrase extraction for intelligent Chinese information retrieval[J]. Inf. Process. Manage. ,1999,35(4):501-521.

[100] Chien L F. PAT-tree-based keyword extraction for Chinese information retrieval[C]//ACM SIGIR Forum. ACM,1997,31(SI):50-58.

[101] 李渝勤,孙丽华.面向互联网舆情的热词分析技术[J].中文信息学报,2011,25(1):48-53.

[102] Knuth D E. The Art of Computer Programming:Sorting and Searching [J]. 1973(3).

[103] Morrison D R. PATRICIA:practical algorithm to retrieve information coded in alphanumeric[J]. Journal of the ACM (JACM),1968,15(4):514-534.

[104] 杨文峰,李星.基于PAT TREE统计语言模型与关键词自动提取[J].计算机工程与应用,2001,37(15):17-19.

[105] 黄昌宁,赵海.中文分词十年回顾[J].中文信息学报,2007,21(3):8-19.

[106] 吕学强.面向机器翻译的E-Chunk获取与应用研究[D].沈阳:东北大

学,2003.

[107] 李超,王会珍,朱慕华,等.基于领域类别信息 C-value 的多词串自动抽取[J].中文信息学报,2010(1):94-98.

[108] 许峰.基于 Web 的实验室互联网舆情分析处理系统的研究与实现[J].科技情报开发与经济,2011,21(1):125-127.

[109] 郭冲.基于新闻标题的网络热词发现算法[J].计算机与现代化,2013(3):58-62.

[110] 柳佳刚,陈山.基于 PAT-tree 的中文关键词自动检索模式的研究[J].计算技术与自动化,2009,28(2):119-123.

[111] 汪洋,帅建梅,陈志刚.基于海量信息过滤的微博热词抽取方法[J].计算机系统应用,2012(11):131-136.

[112] 王文琳.使用层次聚类和 N-gram 模型的新闻热事件检测研究[D].武汉:华中科技大学,2011.

[113] Chen K Y, Luesukprasert L, Chou S T. Hot topic extraction based on timeline analysis and multidimensional sentence modeling [J]. IEEE transactions on knowledge and data engineering, 2007, 19(8): 1016.

[114] 杨文峰,李星.基于 PAT TREE 统计语言模型与关键词自动提取[J].计算机工程与应用,2001,37(15):17-19.

[115] 张普,孙茂松,陈群秀.基于 DCC 的流行语动态跟踪与辅助发现研究[C]//第 7 届全国计算语言学联席学术会议论文集.北京:清华大学出版社,2003.

[116] 周友泉.免疫胶体金的制备及其在医学检验中的应用[EB/OL].http://www.clinet.com.cn/Edu/resource/article/2001093010.htm.

[117] Agrawal R, Imieliński T, Swami A. Mining association rules between sets of items in large databases[C]//ACM SIGMOD Record. ACM, 1993, 22(2): 207-216.

[118] Ma W, Xue C, Zhou J. Mining time-series association rules from Western Pacific spatial-temporal data[C]//IOP Conference Series: Earth and Environmental Science. IOP Publishing, 2014, 17(1): 012224.

[119] Minaei-Bidgoli B, Barmaki R, Nasiri M. Mining numerical association rules via multi-objective genetic algorithms[J]. Information Sciences, 2013, 233: 15-24.

[120] Agrawal R, Shafer J C. Parallel mining of association rules[J]. IEEE Transactions on knowledge and Data Engineering, 1996, 8(6): 962-969.

[121] Ng R T, Lakshmanan L V S, Han J, et al. Exploratory mining and

pruning optimizations of constrained associations rules [C]//ACM SIGMOD Record. ACM, 1998, 27(2): 13-24.

[122] Tassa T. Secure Mining of Association Rules in Horizontally Distributed Databases[J]. IEEE Transactions on Knowledge and Data Engineering, 2014, 26(4): 970-983.

[123] Burda M, Pavliska V, Valasek R. Parallel mining of fuzzy association rules on dense data sets[C]//Fuzzy Systems (FUZZ-IEEE), 2014 IEEE International Conference on. IEEE, 2014: 2156-2162.

[124] Sheikhan M, Rad M S. Gravitational search algorithm – optimized neural misuse detector with selected features by fuzzy grids – based association rules mining[J]. Neural Computing and Applications, 2013, 23(7/8): 2451-2463.

[125] Tan J. Different Types of Association Rules Mining Review[J]. Applied Mechanics and Materials, 2013, 241: 1589-1592.

[126] Aref W G, Elfeky M G, Elmagarmid A K. Incremental, online, and merge mining of partial periodic patterns in time-series databases[J]. IEEE Transactions on Knowledge and Data Engineering, 2004, 16(3): 332-342.